北京课工场教育科技有限公司 出品

新技术技能人才培养系列教程

大数据开发实战系列

SSH 框架
企业级应用实战

肖睿 郭泰 王丁磊 / 主编

人民邮电出版社
北京

图书在版编目（CIP）数据

SSH框架企业级应用实战 / 肖睿，郭泰，王丁磊主编
. -- 北京 : 人民邮电出版社，2018.1(2019.11重印)
新技术技能人才培养系列教程
ISBN 978-7-115-47467-4

Ⅰ. ①S… Ⅱ. ①肖… ②郭… ③王… Ⅲ. ①JAVA语言－程序设计－教材 Ⅳ. ①TP312.8

中国版本图书馆CIP数据核字(2017)第304734号

内容提要

SSH 即 Struts 2+Spring+Hibernate，是目前比较流行的 Web 应用开源框架。本书紧密结合 SSH 框架实际应用，利用经典案例进行说明和实践，提炼含金量十足的开发经验，为读者提供与实际开发项目接近的案例，让读者既学到知识又丰富项目经验。

本书共 11 章。主要内容包括 Oracle 数据库入门，操作 Oracle 数据库，Hibernate 初体验，HQL 查询语言，配置 Hibernate 关联映射，HQL 连接查询与 Hibernate 注解，Struts2 初体验，Struts2 配置，OGNL 表达式，Struts2 拦截器，SSH 框架集合。

为保证最优学习效果，本书配套视频教程、案例素材下载、学习交流社区、讨论组等学习内容，为读者带来全方位的学习体验。

本书可以作为计算机相关专业的教材，还适合有一定 Java Web 基础，并且想从事或者已经从事企业级应用开发的人员阅读和参考，同时适合用作培训中心的教材。

◆ 主　　编　肖　睿　郭　泰　王丁磊
责任编辑　祝智敏
责任印制　马振武

◆ 人民邮电出版社出版发行　　北京市丰台区成寿寺路 11 号
邮编　100164　　电子邮件　315@ptpress.com.cn
网址　http://www.ptpress.com.cn
北京鑫正大印刷有限公司印刷

◆ 开本：787×1092　1/16
印张：21.5　　2018 年 1 月第 1 版
字数：502 千字　　2019 年 11 月北京第 5 次印刷

定价：58.00 元

读者服务热线：(010)81055256　印装质量热线：(010)81055316
反盗版热线：(010)81055315
广告经营许可证：京东工商广登字 20170147 号

大数据开发实战系列

编 委 会

序　　言

丛书设计

准备好了吗？进入大数据时代！大数据已经并将继续影响人类生产生活的方方面面。2015 年 8 月 31 日，国务院正式下发《关于印发促进大数据发展行动纲要的通知》。企业资本则以 BAT 互联网公司为首，不断进行大数据创新，实现大数据的商业价值。本丛书根据企业人才的实际需求，参考以往学习难度曲线，选取“Java + 大数据”技术集作为学习路径，首先从 Java 语言入手，深入学习理解面向对象的编程思想、Java 高级特性以及数据库技术，并熟练掌握企业级应用框架——SSM、SSH，熟悉大型 Web 应用的开发，积累企业实战经验，通过实战项目对大型分布式应用有所了解和认知，为“大数据核心技术系列”的学习打下坚实基础。本丛书旨在为读者提供一站式实战型大数据应用开发学习指导，帮助读者踏上由开发入门到大数据实战的“互联网 + 大数据”开发之旅！

丛书特点

1. 以企业需求为设计导向

满足企业对人才的技能需求是本丛书的核心设计原则，为此课工场大数据开发教研团队，通过对数百位 BAT 一线技术专家进行访谈、上千家企业人力资源情况进行调研、上万个企业招聘岗位进行需求分析，从而实现对技术的准确定位，达到课程与企业需求的强契合度。

2. 以任务驱动为讲解方式

丛书中的技能点和知识点都由任务驱动，读者在学习知识时不仅可以知其然，而且可以知其所以然，帮助读者融会贯通、举一反三。

3. 以实战项目来提升技术

每本书均增设项目实战环节，以综合运用每本书的知识点，帮助读者提升项目开发能力。每个实战项目都有相应的项目思路指导、重难点讲解、实现步骤总结和知识点梳理。

4. 以“互联网 +”实现终身学习

本丛书可配合使用课工场 APP 进行二维码扫描，观看配套视频的理论讲解和案例操作。同时课工场（www.kgc.cn）开辟教材配套版块，提供案例代码及作业素材下载。此外，课工场也为读者提供了体系化的学习路径、丰富的在线学习资源以及活跃的学习社区，欢迎广大读者进入学习。

读者对象

1．大中专院校学生
2．编程爱好者
3．初中级程序开发人员
4．相关培训机构的老师和学员

致谢

本丛书由课工场大数据开发教研团队编写。课工场是北京大学旗下专注于互联网人才培养的高端教育品牌。作为国内互联网人才教育生态系统的构建者，课工场依托北京大学优质的教育资源，重构职业教育生态体系，以学员为本，以企业为基，构建“教学大咖、技术大咖、行业大咖”三咖一体的教学矩阵，为学员提供高端、实用的学习内容！

读者服务

读者在学习过程中如遇疑难问题，可以访问课工场官方网站（www.kgc.cn），也可以发送邮件到 ke@kgc.cn，我们的客服专员将竭诚为您服务。

感谢您阅读本丛书，希望本丛书能成为您踏上大数据开发之旅的好伙伴！

“大数据开发实战系列”丛书编委会

前　言

本书是一门有关框架技术的图书。其中，Hibernate 是 Java 持久化技术领域的主流框架之一，而 Struts 2 是 MVC 领域的主流框架技术之一，它们与 Spring 框架共同组成了大名鼎鼎的 SSH 应用架构。

通过本书内容的学习，读者将逐步掌握如何使用 SSH 框架技术来开发结构合理、性能健壮的应用程序。同时，通过对相关知识的学习和运用，读者将理解框架原理、熟悉应用技巧，为今后在实际工作中胜任开发工作奠定扎实的技术基础。这一点是非常关键的。在本书中，大家将学习到以下几方面的内容。

第一部分（第 1 章、第 2 章）：讲解 Oracle 数据库技术，包括数据库安装、使用流程、数据库对象及 SQL 优化等实用技能。通过对本部分内容的学习，可以基本掌握 Oracle 数据库的使用和开发技术。

第二部分（第 3 章～第 6 章）：讲解 Hibernate 框架技术，包括 Hibernate 框架技术的基本原理、持久化、ORM、脏检查等技术概念，以及如何在项目中搭建 Hibernate 框架工作环境、使用 Hibernate API 完成增删改查操作、使用 HQL 查询语言完成实用查询等实用技巧；并进一步介绍了在 Hibernate 中实现面向对象领域的关联关系映射、延迟加载、使用注解配置映射关系等内容。通过对本部分内容的学习，将掌握使用 Hibernate 这一典型的对象关系映射框架实现持久化操作的实用技能。

第三部分（第 7 章～第 10 章）：讲解 Struts 2 框架技术，包括 Struts 2 的基本使用及其核心的 OGNL 表达式与拦截器技术。通过学习本部分内容，将逐步熟悉 Struts 2 框架的工作原理，掌握 Struts 2 的内部结构及详细配置，掌握 Struts 2 的两个核心技术：OGNL 与拦截器机制，从而大大简化基于 MVC 的 Web 应用程序的开发。

第四部分（第 11 章）：讲解 Struts 2+Spring+Hibernate 的集成，从整合 Spring 与 Hibernate，再到整合 Spring 与 Struts 2，从 XML 配置方式到注解方式，通过多种途径完成 SSH 集成。学完本部分内容，将能够开发层次结构清晰、可复用性好及方便维护的大型 Web 应用程序。

贯穿本书的案例是“租房网管理系统”，可利用各章所学技能对该案例功能进行实现或优化，在学习技能的同时获取项目的开发经验，一举两得。

俗话说，独乐乐不如众乐乐，学习过程中如遇到难点或疑问，要能够及时地和同学或老师沟通，将问题的解决思路及方案进行总结，也可以将自己的学习体会进行分享，从而创造出一个良好的学习氛围。

本书由课工场大数据开发教研团队组织编写，参与编写的还有郭泰、王丁磊等院校老师。尽管编者在写作过程中力求准确、完善，但书中不妥或错误之处仍在所难免，殷切希望广大读者批评指正！

编者

2017 年 9 月

关于引用作品的版权声明

为了方便读者学习，促进知识传播，本书选用了一些知名网站的相关内容作为学习案例。为了尊重这些内容所有者的权利，特此声明，凡在书中涉及的版权、著作权、商标权等权益均属于原作品版权人、著作权人、商标权人。

为了维护原作品相关权益人的权益，现对本书选用的主要作品的出处给予说明（排名不分先后）。

序号	选用的网站作品	版权归属
1	Struts 2 LOGO	The Apache Software Foundation
2	WebWork LOGO	OpenSymphony

以上列表中并未列出本书所选用的全部作品。在此，我们衷心感谢所有原作品的相关版权权益人及所属公司对职业教育的大力支持！

目　录

第 1 章

Oracle 数据库入门

技能目标

- ❖ 理解数据库基本概念
- ❖ 掌握安装、配置和连接数据库的方法
- ❖ 会使用 SQL 语句对数据进行操作
- ❖ 了解数据类型和操作符
- ❖ 会使用常用内置函数

本章任务

学习本章，完成以下 5 个工作任务。记录学习过程中遇到的问题，可以通过自己的努力或访问 kgc.cn 解决。

任务 1：安装并配置 Oracle 数据库服务器

任务 2：了解 Oracle 数据类型以及使用伪列实现分页查询

任务 3：使用 SQL 语句操作数据表

任务 4：使用 SQL 操作符操作数据表

任务 5：使用 SQL 函数操作数据表

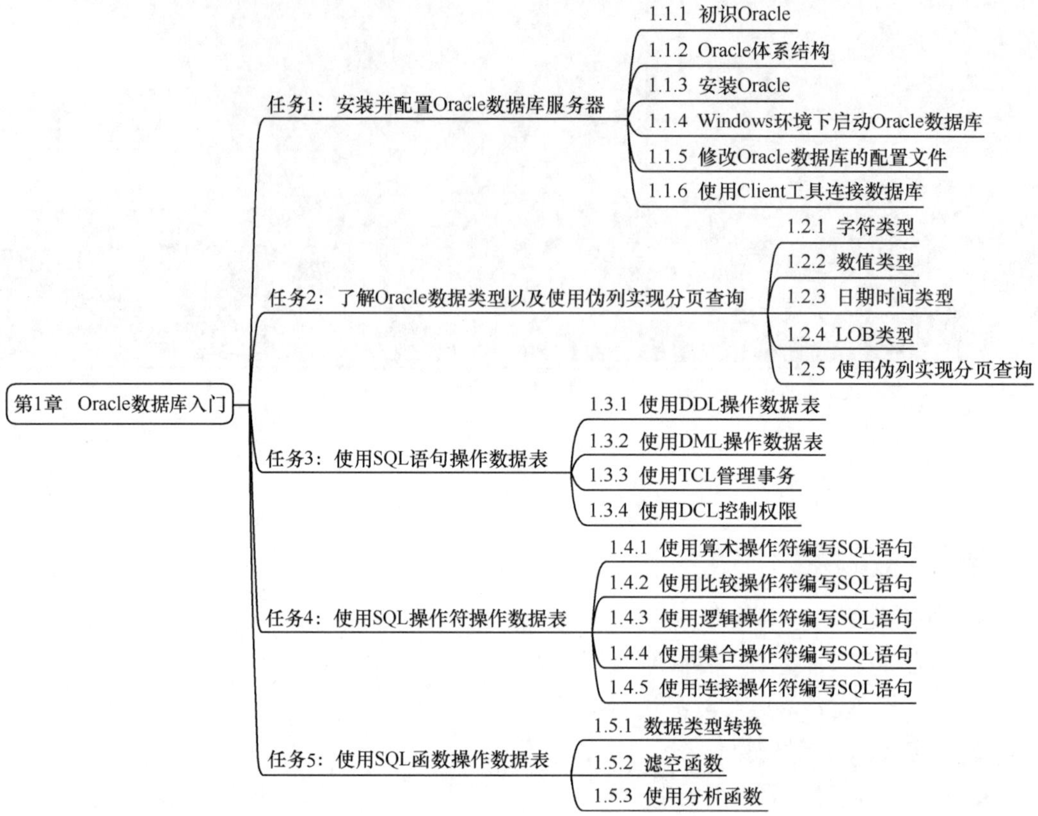

第1章　Oracle数据库入门

- 任务1：安装并配置Oracle数据库服务器
  - 1.1.1　初识Oracle
  - 1.1.2　Oracle体系结构
  - 1.1.3　安装Oracle
  - 1.1.4　Windows环境下启动Oracle数据库
  - 1.1.5　修改Oracle数据库的配置文件
  - 1.1.6　使用Client工具连接数据库
- 任务2：了解Oracle数据类型以及使用伪列实现分页查询
  - 1.2.1　字符类型
  - 1.2.2　数值类型
  - 1.2.3　日期时间类型
  - 1.2.4　LOB类型
  - 1.2.5　使用伪列实现分页查询
- 任务3：使用SQL语句操作数据表
  - 1.3.1　使用DDL操作数据表
  - 1.3.2　使用DML操作数据表
  - 1.3.3　使用TCL管理事务
  - 1.3.4　使用DCL控制权限
- 任务4：使用SQL操作符操作数据表
  - 1.4.1　使用算术操作符编写SQL语句
  - 1.4.2　使用比较操作符编写SQL语句
  - 1.4.3　使用逻辑操作符编写SQL语句
  - 1.4.4　使用集合操作符编写SQL语句
  - 1.4.5　使用连接操作符编写SQL语句
- 任务5：使用SQL函数操作数据表
  - 1.5.1　数据类型转换
  - 1.5.2　滤空函数
  - 1.5.3　使用分析函数

任务 1　安装并配置 Oracle 数据库服务器

关键步骤如下。

- 下载 Oracle 11g。
- Windows 环境下安装 Oracle 数据库。
- 修改 Oracle 数据库配置文件。
- 使用 SQL*Plus 工具连接数据库。

1.1.1　初识 Oracle

Oracle 是一个数据库管理系统，是 Oracle 公司的核心产品。Oracle 在信息管理系统、企业数据处理、Internet 及电子商务等领域的应用非常广泛，其在数据安全性与完整性控制方面的优越性能，以及跨操作系统、跨硬件平台的数据互操作能力，使得越来越多的用户将 Oracle 作为其应用数据的处理系统。与 MySQL 相同，两者均是关系数据库，均支持 SQL 92 标准。Oracle 是目前较为流行的数据库，占有一定的市场份额，其安全性高，可为大型数据库提供更好的支持。

本书使用的 Oracle 数据库版本是 Oracle 11g，基于“客户端 / 服务器”（Client/Server）系统结构。

Oracle 数据库的主要特点如下。

- 支持多用户、大事务量的事务处理。
- 在保持数据安全性和完整性方面性能优越。
- 支持分布式数据处理。将分布在不同物理位置的数据库用通信网络连接起来，在分布式数据库管理系统的控制下，组成一个逻辑上统一的数据库，共同完成数据处理任务。
- 具有可移植性。Oracle 可以在 Windows、Linux 等多个操作系统平台上使用。

1.1.2　Oracle 体系结构

下面介绍的基本概念是后续学习的基础，请读者认真理解并掌握。

1．**数据库**

这里的数据库不是我们通常所说的数据库，而是 Oracle 的一个专业名词。它是磁盘上存储的数据的集合，在物理上表现为数据文件、日志文件和控制文件等，在逻辑上则以表空间形式存在。使用时，必须首先创建数据库，然后才能使用 Oracle。其可以在安装 Oracle 软件的同时创建数据库，也可以在安装后单独创建数据库。

物理和逻辑的概念比较抽象，下面以图 1.1 所示的公司构成来解释。

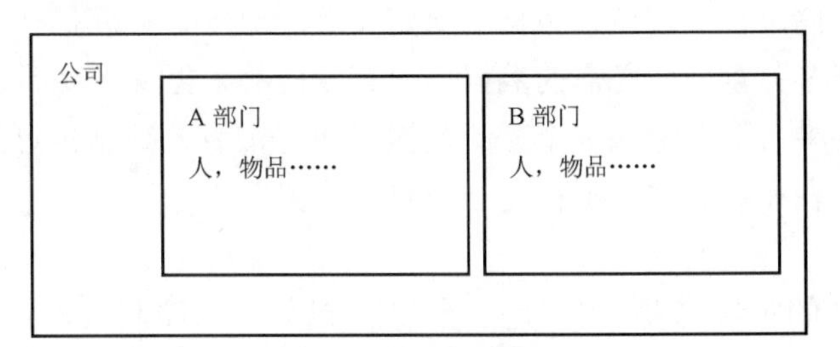

图 1.1　公司构成

在图 1.1 中，从逻辑概念上描述，公司由若干个部门组成；从物理概念上描述，公司由若干个人和物品组成。对于 Oracle 来说，数据库、表空间都属于逻辑概念，用以描述数据的组织方式；数据文件、日志文件等为物理概念，是操作系统中物理存在的实体。

2．**全局数据库名**

全局数据库名是用于区分一个数据库的标识，在安装数据库、创建新数据库、创建控制文件、修改数据库结构、利用 RMAN 备份时都需要使用。它由数据库名称和域名构成，类似网络中的域名，使数据库的命名在整个网络环境中是唯一的。例如，在一个网络中有两个数据库，数据库名都是 orcl，若要在这两个数据库之间建立连接，则必须使用不同的域名加以区分。例如“orcl.prd.com”，其中“prd.com”即为域名。

3. 数据库实例

每个启动的数据库都对应一个数据库实例，由这个实例来访问数据库中的数据。如果把数据库简单地理解为硬盘上的文件，具有永久性，则数据库实例就是通过内存共享运行状态的一组服务器后台进程。

4. 表空间

每个 Oracle 数据库都是由若干个表空间构成的，用户在数据库中建立的所有内容都被存储到表空间中。一个表空间可以由多个数据文件组成，但一个数据文件只能属于一个表空间。与数据文件这种物理结构相比，表空间属于数据库的逻辑结构，如图 1.2 所示。

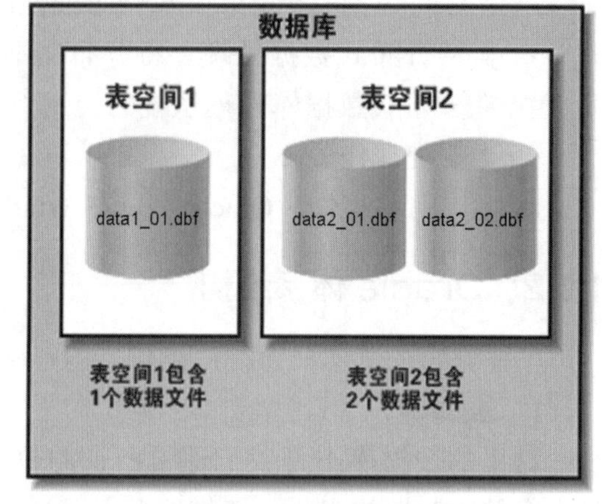

图 1.2　数据库、表空间与数据文件的关系

在每一个数据库中，都有一个名为 SYSTEM 的表空间，即系统表空间；还有 SYSAUX、TEMP、UNDO、USERS 等表空间。这些表空间都是在创建数据库时自动创建的。管理员可以创建自定义的表空间并分配给指定用户，也可以为表空间增加或删除数据文件。

5. 数据文件

通常数据文件的扩展名是 .dbf，是用于存储数据库数据的文件，如存储数据库表中的记录、索引、存储过程、视图、数据字典定义等。对于数据库操作中产生的一些临时数据，以及为保证事务重做所必需的数据，也有专门的数据文件负责存储。

一个数据文件中可能存储很多个表的数据，而一个表的数据也可能存放在多个数据文件中，即数据库表和数据文件不存在一一对应的关系。

6. 控制文件

通常控制文件的扩展名是 .ctl，是一个二进制文件。控制文件中存储的信息很多，包括数据文件和日志文件的名称和位置。控制文件是数据库启动及运行所必需的文件。当 Oracle 读写数据时，要根据控制文件中的信息查找数据文件。

由于控制文件的重要性，一个数据库至少要有一个以上的控制文件，Oracle 11g 默认包含 3 个控制文件。各个控制文件内容相同，以避免因为一个控制文件的损坏而无法启动数据库。

7. 日志文件

通常日志文件的扩展名是 .log，它记录了数据的所有更改信息，并提供了一种数据恢复机制，确保在系统崩溃或其他意外出现后能重新恢复数据库。

在 Oracle 数据库中，日志文件是成组使用的，每个日志文件组可以有一个或多个日志文件。在工作过程中，多个日志文件组之间循环使用，当一个日志文件组写满后，会转向下一个日志文件组。

8. **模式和模式对象**

模式是数据库对象（如表、索引等，也称模式对象）的集合。Oracle 会为每一个数据库用户创建一个模式，此模式为当前用户所拥有，和用户具有相同的名称。

9. **数据字典**

数据库是数据的集合，数据库负责维护和管理用户的数据，那么用户的这些数据是怎样存储的？存储这些用户数据的路径在哪里？这些信息虽然不属于用户的数据，却是数据库维护和管理用户数据的核心，这些信息就是使用数据库的数据字典来维护的。数据库的数据字典汇集了数据库运行需要的所有基础信息。简而言之，数据字典就是 Oracle 存放有关数据库信息的地方，其用途就是描述数据，如表的创建者信息、创建时间、所属表空间信息及用户访问权限信息等。Oracle 的数据字典主要分为以下两种。

- 静态数据字典：主要是指在用户访问数据字典时不会发生改变的信息。
  - dba_***：包含了数据库拥有的所有对象信息（注：当前用户必须具有管理员权限）。
  - all_***：包含了当前用户可以访问的全部对象信息（注：当前用户只需具有访问对象的权限）。
  - user_***：包含了当前用户拥有的对象信息（即所有在该用户模式下的对象）。
- 动态数据字典：以 v$ 为前缀，用来记录与数据库活动相关的动态性能统计信息。
  - v$sqlarea：记录 sql 区的 sql 基本信息。
  - v$session：记录当前会话信息。
  - v$database：记录数据库的基本信息。
  - v$instance：记录实例的基本信息。

1.1.3　安装 Oracle

在安装 Oracle 11g 之前，先来了解一下 Oracle 11g 的安装要求（见表 1-1）。

表1-1　Oracle 11g的安装要求

要　　求	说　　明
操作系统	Windows Server 2003 Windows 2000 SP1 Windows XP Professional Windows Vista Windows Server 2008 Windows 7
处理器主频	最小550MHz
内存	最小512MB，建议1GB以上
硬盘空间	基本安装需要3.04GB

要安装 Oracle Database 11g 第 2 版（11.2.0.1.0），可以直接从 Oracle 官方网站上下载其安装软件。

提示

第一次安装 Oracle 时，不要急于单击“下一步”按钮，一定要仔细阅读每一个安装页面中的说明文档。说明文档可以帮助我们更好地了解 Oracle 的相关知识。

详细的安装过程请参照附录 1。

Oracle 安装

1.1.4 Windows 环境下启动 Oracle 数据库

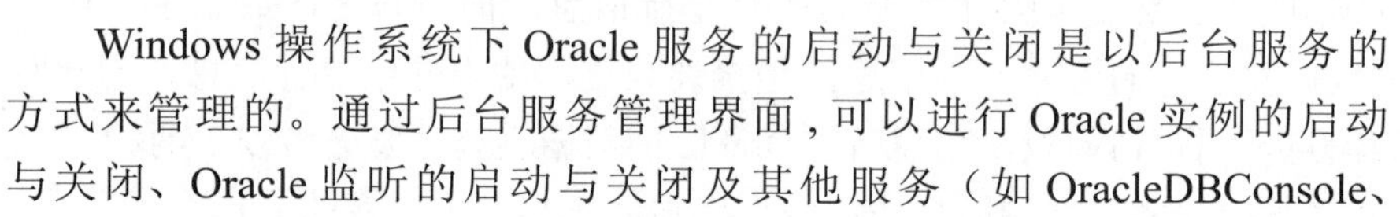

Windows 操作系统下 Oracle 服务的启动与关闭是以后台服务的方式来管理的。通过后台服务管理界面，可以进行 Oracle 实例的启动与关闭、Oracle 监听的启动与关闭及其他服务（如 OracleDBConsole、OracleJobScheduler 等）的启动与关闭。在 Windows 中，Oracle 的每个实例都作为一项服务来启动。服务是在 Windows 注册表中注册的可执行进程，由 Windows 操作系统管理。

下面简单介绍 Oracle 常用的 3 个服务。

（1）OracleServiceSID 服务是 Oracle 数据库服务。此服务是对应名为 SID（系统标识符）的数据库实例创建的，其中 SID 是在安装 Oracle 11g 时输入的数据库名称。该服务默认自启动，可自动启动数据库。如果此服务未启动，则数据库客户端应用程序，如 SQL*Plus 连接数据库服务器时就会出现错误，因此该服务必须启动。

（2）OracleOraDb11g_home1TNSListener 服务是监听器服务。此服务是 Oracle 服务器端的监听程序。客户端要远程连接数据库服务器，必须先连接驻留在数据库服务器上的监听进程。监听器接收从客户端发出的请求，然后将请求传递给数据库服务。一旦建立了连接，客户端与数据库服务就能直接通信。监听器监听并接收来自客户端应用程序的连接请求，该服务只有在数据库进行远程访问的时候才需要。

（3）OracleDBConsoleSID 服务是数据库控制台服务，EMC（企业管理控制台）的服务程序（SID 随安装的数据库而不同）是采用浏览器方式打开的，用于使用 Oracle 企业管理器的程序。

经验

（1）如果数据库安装在本地，并且使用自带的 SQL*Plus 进行访问，只需要启动 OracleServiceSID 服务即可，并且使用 SQL*Plus 连接时不能使用“@”。这种连接被视为本地连接，Oracle 中存在一个默认的数据库服务名，本地连接时会自动连接该默认的数据库服务。

（2）如果使用 PL/SQL Developer 等第三方工具来访问数据库，那么不管数据库是否安装在本地，都必须启动 OracleOraDb11g_home1TNSListener 服务，因为 Oracle 会将第三方工具的访问形式视为远程连接。

（3）如果进入基于 Web 形式的企业管理（EM）控制平台，则必须启动 Oracle DBConsoleSID 服务。

1.1.5　修改 Oracle 数据库的配置文件

在 Oracle 产品安装完成后，客户端为了与数据库服务器连接进行数据访问，必须进行网络连接配置，包括服务器端配置和客户端配置。Oracle 为服务器端和客户端配置提供了 Net Manager 工具。当一个数据库用户连接到一台数据库服务器时，就成为该数据库的一个客户端。客户端和服务器可以在同一台机器上，也可以通过网络连接不同操作系统、不同硬件平台的机器。步骤如下。

（1）在 Oracle 服务器端配置监听器（LISTENER）。监听器是 Oracle 基于服务器端的一种网络服务，主要用于监听客户端向数据库服务器端提出的连接请求。既然是基于服务器端的服务，那么它只存在于数据库服务器端，监听器的设置也只在数据库服务器端完成。

（2）客户端需要配置一个本地网络服务名（TNSNAME）。Oracle 常用的客户端配置就是采用本地网络服务名，另外还有 Oracle 名称服务器（Oracle Names Server）等，这里介绍的主要是基于本地网络服务名的配置。

（3）Oracle 客户端与服务器端的连接是通过客户端发出连接请求，由服务器端监听器对客户端的连接请求进行合法检查，如果连接请求有效，则进行连接；否则拒绝该连接。

提示

服务器端和客户端的配置，可以打开对应的配置文件查看两者之间的关系。配置信息都已经记录在 LISTENER.ora 和 TNSNAMES.ora 两个配置文件中。

1.1.6　使用 Client 工具连接数据库

当创建一个新数据库时，Oracle 将创建一些默认数据库用户，如 Sys、System 和 Scott 等，可以使用这些用户连接数据库。Sys 和 System 用户都是 Oracle 数据库的系统用户，而 Scott 用户是 Oracle 数据库的一个测试账户，里面包含一些测试样例表。每个用户所拥有的对象称为模式对象。

想要连接数据库，可以使用 Oracle 自带的 SQL*Plus 和 SQL Developer 工具，也可以使用第三方提供的 PL/SQL Developer 工具。

1．SQL*Plus 工具

SQL*Plus 是与 Oracle 数据库进行交互的客户端工具。在 SQL*Plus 中，可以运行 SQL*Plus 命令与 SQL 语句。

CREATE、SELECT、DROP、GRANT、REVOKE 等语句都是 SQL 语句，它们执行完后，都可以保存在一个称为 SQL BUFFER 的内存区域中，并且只能保存最近执行的一条 SQL 语句。我们可以对保存在 SQL BUFFER 中的 SQL 语句进行修改，然后再次执行。

除了 SQL 语句，在 SQL*Plus 中执行的其他语句称为 SQL*Plus 命令，如 CONN、SHOW 等。它们执行完后，不保存在 SQL BUFFER 的内存区域中，一般用来对输出的结构进行格式化显示，以便于制作报表。

在“开始”菜单中依次选择“所有程序”→“Oracle-OraDb11g_home1”→“应用

程序开发”→“SQL PLUS”命令，进入 DOS 界面并出现“请输入用户名”后输入“System/orcl@orclDB”，会出现“SQL>”提示符，输入如下代码。

```
SQL>SELECT ename FROM Scott.emp;
```

运行结果如图 1.3 所示。

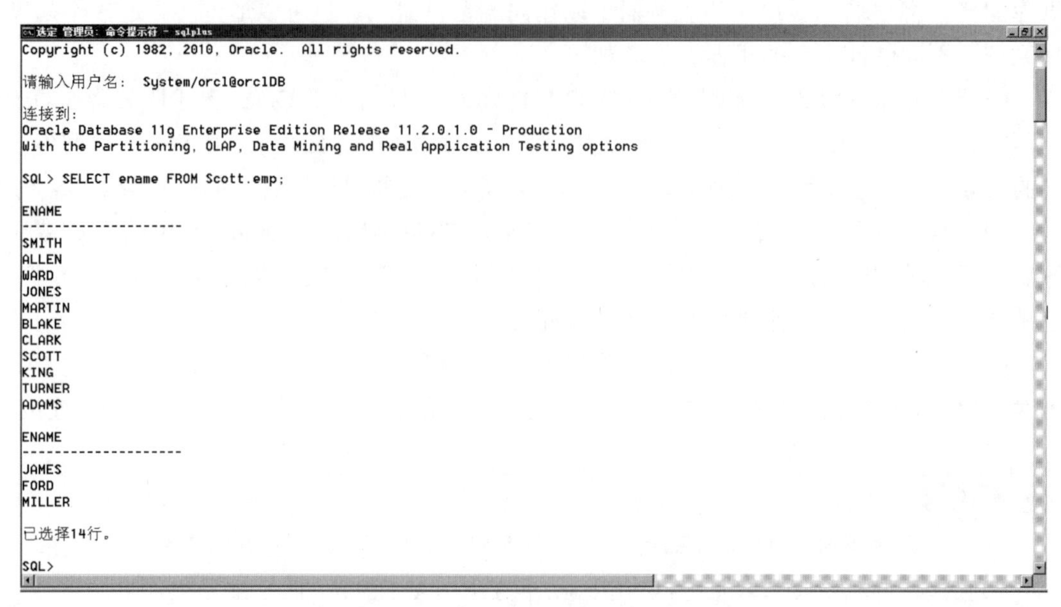

图 1.3　SQL*Plus 连接数据库

（1）System 为数据库已有的用户名。

（2）orcl 为此用户名对应的密码。安装 Oracle 软件时的密码统一为 orcl。

（3）@ 只是一个统一的符号，用于分隔用户名、密码和后面的网络服务名。如果是本地连接，则不需要该分隔符和后面的网络服务名。

（4）orclDB 是网络服务名，也叫本地网络服务名。在前面的客户端配置中曾介绍过。

SELECT ename FROM Scott.emp; 为 SQL 语句，注意结尾一定要有分号“;”。

2. PL/SQL Developer 工具

与 Oracle 自带的 SQL*Plus 工具相比，PL/SQL Developer 是第三方客户端工具。如果不熟悉命令行操作，使用 PL/SQL Developer 相对会比较方便。为了方便学习，该工具在后面会频繁使用，本书使用的 PL/SQL Developer 为 8.0.3.1510 版本，如图 1.4 所示。

图 1.4　PL/SQL Developer 连接数据库

值得注意的是，登录界面中有几个输入框需要说明。

（1）用户名：输入 System。

（2）口令：输入 orcl。

（3）数据库：输入已经配置好的

网络服务名，如 orclDB。

（4）连接为：输入 Normal。Normal 为普通用户；sysOper 为数据库操作员，主要功能包括打开数据库服务器、关闭数据库服务器、备份数据库、恢复数据库等；sysDBA 为数据库管理员，主要功能包括打开数据库服务器、关闭数据库服务器、备份数据库、恢复数据库、日志归档、管理功能、创建数据库等。

注意

掌握了 PL/SQL Developer 工具，再使用 Oracle 自带的 SQL Developer 工具就比较容易，这里不再详细讲解。

技能训练

上机练习 1——配置数据库，完成创建本地网络服务名，并使用 System 用户连接 Orcl 数据库

➢ 训练要点

（1）启动数据库。

（2）配置数据库。

（3）连接数据库。

➢ 需求说明

配置数据库，创建本地网络服务名 myOrcl，以 System 用户连接 Orcl 数据库，访问 Scott 用户的 emp 表。

➢ 实现思路及关键代码

（1）启动操作系统中的数据库服务和监听服务。

（2）使用 Net Manager 工具创建本地网络服务名“myOrcl”。

（3）使用 SQL*Plus 工具，以 System 用户连接 Orcl 数据库。

（4）访问 Scott 用户的 emp 表。

（5）使用 PL/SQL Developer 工具，以 System 用户连接 Orcl 数据库。

（6）访问 Scott 用户的 emp 表。

任务 2　了解 Oracle 数据类型以及使用伪列实现分页查询

关键步骤如下。

➢ 创建数据表并设置数据类型。

➢ 使用 ROWID 值来定位表中的一行。

➢ 使用 ROWNUM 伪列实现分页查询。

成功连接数据库后，就可以通过系统默认用户来操作数据库。当创建一个表时，必

须为各个列指定数据类型。下面介绍 Oracle 中常用的数据类型。

1.2.1 字符类型

1. CHAR 数据类型

当需要固定长度的字符串时，使用 CHAR 数据类型。这种数据类型的长度可以是 1 ～ 2000 字节。如果在定义时未指明大小，则默认其占用 1 字节。如果用户输入的值小于指定的长度，则数据库用空格填充至固定长度；如果用户输入的值大于指定的长度，则数据库返回错误报告。

2. VARCHAR2 数据类型

VARCHAR2 数据类型支持可变长度的字符串，该数据类型的长度为 1 ～ 4000 字节。在定义 VARCHAR2 数据类型时，应指定其大小。与 CHAR 数据类型相比，使用 VARCHAR2 数据类型可以节省磁盘空间。

例如，有一个列被定义为 VARCHAR2 数据类型，且大小为 30 字节。如果用户输入 10 字节的字符，将只占用 10 字节，而不是 30 字节；而如果是 CHAR 数据类型，则将占用 30 字节，剩余部分 Oracle 会以空格填充。

3. NCHAR 数据类型

NCHAR 即国家字符集，使用方法和 CHAR 相同。如果所开发的项目需要国际化，那么应选择 NCHAR 数据类型。NCHAR 和 CHAR 的区别在于 NCHAR 用来存储 Unicode 字符集类型，即双字节字符数据。例如，我们定义 CHAR(1) 和 NCHAR(1) 类型的两个字段，字段长度分别为 1 字节和 1 个字符（2 字节），分别插入 'a' 和 'a' 是没有问题的，但是占用的字节数分别是 1 和 2。如果分别插入 ' 的 ' 和 ' 的 '，则前者无法正常插入，而后者可以。

NVARCHAR2 与 NCHAR 类似，在使用上 NVARCHAR2 用于存储需要国际化的可变长字符串。

提示

VARCHAR2 数据类型也可以像 NVARCHAR2 数据类型一样根据定义的长度存储相应的汉字个数。如 VARCHAR2(10 CHAR) 的含义是存储 10 个字符。至于一个字符占几字节并不关心，也就是说，可以存储 10 个汉字。

1.2.2 数值类型

NUMBER 数据类型可以存储正数、负数、零、定点数和精度为 38 位的浮点数。该数据类型的格式如下。

```
NUMBER(p, s)
```

下面描述该数据类型的用法。

```
column_name NUMBER { p = 38, s = 0}
column_name NUMBER (p) { 定点数 }
column_name NUMBER (p, s) { 浮点数 }
```

其中，p 为精度，表示数字的有效位数，取值为 1 ～ 38。有效位数是从数字左侧第一个不为 0 的数算起的总位数，小数点和负号不计入有效位数。s 为范围，表示小数点右边数字的位数，取值为 -84 ～ +127。

规则：首先精确到小数点右边 s 位，并四舍五入。如果精确后值的有效位数不大于 p，则正确；否则报错。

例如：

实际数据	数据类型	结果	说明
123.89	NUMBER(4,2)	错误	精确到小数点右边 s 位值为 123.89, 该值有效位数 5 位，大于规定的 4 位，因此出错
12.789	NUMBER(4,2)	12.79	精确到小数点右边 s 位值为 12.79, 该值有效位数 4 位，等于规定的 4 位，输出 12.79
12.7	NUMBER(4,2)	12.70	精确到小数点右边 s 位值为 12.70, 该值有效位数 4 位，等于规定的 4 位，输出 12.70
1.6789	NUMBER(4,2)	1.68	精确到小数点右边 s 位值为 1.68,　该值有效位数 3 位，小于规定的 4 位，输出 1.68
1	NUMBER(3,4)	错误	精确到小数点右边 s 位值为 1.0000, 该值有效位数 5 位，大于规定的 3 位，因此出错
0.1	NUMBER(3,4)	错误	精确到小数点右边 s 位值为 0.1000, 该值有效位数 4 位，大于规定的 3 位，因此出错
0.01	NUMBER(3,4)	0.0100	精确到小数点右边 s 位值为 0.0100, 该值有效位数 3 位，等于规定的 3 位，输出 0.0100
0.001	NUMBER(3,4)	0.0010	精确到小数点右边 s 位值为 0.0010, 该值有效位数 2 位，小于规定的 3 位，输出 0.0010
0.0001	NUMBER(3,4)	0.0001	精确到小数点右边 s 位值为 0.0001, 该值有效位数 1 位，小于规定的 3 位，输出 0.0001
0.00001	NUMBER(3,4)	0.0000	精确到小数点右边 s 位值为 0.0000, 该值有效位数 0 位，小于规定的 3 位，输出 0.0000

1.2.3　日期时间类型

日期时间数据类型用于存储日期值和时间值。

1．DATE 数据类型

DATE 数据类型用于存储表中的日期和时间数据。Oracle 数据库使用自己的格式存储日期，为 7 字节固定长度，每个字节分别存储世纪、年、月、日、小时、分和秒。日期时间数据类型的取值为公元前 4712 年 1 月 1 日到公元 9999 年 12 月 31 日。Oracle 中的 SYSDATE 函数的功能就是返回当前的日期和时间。

2. TIMESTAMP 数据类型

TIMESTAMP 数据类型用于存储日期的年、月、日，以及时间的小时、分和秒，其中秒值要精确到小数点后 6 位。该数据类型同时包含时区信息。SYSTIMESTAMP 函数的功能就是返回当前日期、时间和时区。

在数据库里查询数据时，经常会遇到一些和日期时间格式有关的问题，如显示语言、显示格式等。可能数据在数据库里存放的格式是 YYYY-MM-DD HH24:MI:SS，但查询出来的却是 DD-MM-YY HH24:MI:SS，我们的第一反应是字符集出了问题。其实还有一个原因就是系统环境变量没有设置。下面我们来看系统环境变量的配置问题。

更新会话：

```
ALTER session SET nls_date_format='YYYY-MM-DD HH24:MI:SS';
```

只对当前窗口有效，如果不想每次都设置，就修改系统/用户环境变量。新增一个变量，如nls_date_format，值为YYYY-MM-DD HH24:MI:SS，如图1.5所示。

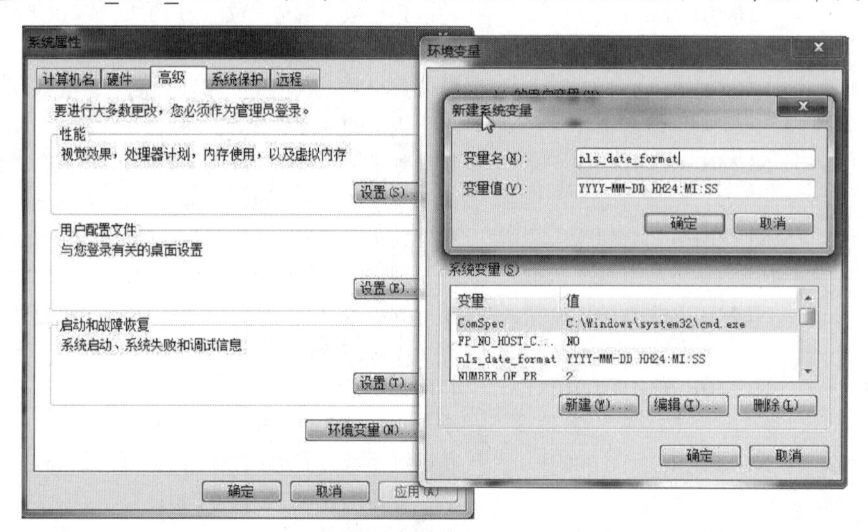

图 1.5 设置日期格式环境变量

1.2.4 LOB 类型

LOB 又称为“大对象”数据类型。该数据类型可以存储多达 4GB 的非结构化信息，如声音剪辑和视频剪辑等。LOB 允许对数据进行高效、随机、分段的访问。LOB 可以是外部的，也可以是内部的，这取决于它相对于数据库的位置。

修改 LOB 类型的数据可以用 SQL 数据操纵语言来完成，也可以通过 PL/SQL 中提供的程序包 DBMS_LOB 来完成。一个表中可以有多个列被定义为 LOB 数据类型。Oracle 中的 LOB 数据类型有 CLOB、BLOB、BFILE 和 NCLOB。

1．CLOB

CLOB（Character LOB，字符 LOB）能够存储大量字符数据。该数据类型可以存储单字节字符数据和多字节字符数据，主要用于存储非结构化的 XML 文档，如新闻、内容介绍等含大量文字内容的文档。

2．BLOB

BLOB（Binary LOB，二进制 LOB）可以存储较大的二进制对象，如图形、视频剪辑和声音剪辑等。

3．BFILE

BFILE（Binary File，二进制文件）能够将二进制文件存储在数据库外部的操作系统文件中。BFILE 列存储一个 BFILE 定位器，指向位于服务器文件系统上的二进制文件。支持的文件最大为 4GB。

4．NCLOB

NCLOB 数据类型用于存储大的 NCHAR 字符数据，同时支持固定宽度字符和可变宽度字符（Unicode 字符数据）。字符对象的大小不大于 4GB。NCLOB 类型的使用方法与 CLOB 类似。

Oracle 中的表可以有多个 LOB 列，每个 LOB 列可以是不同的 LOB 类型。

注意

Long 数据类型和 LOB 数据类型都可以存储大数据。但 LOB 数据类型较 Long 数据类型出现晚，所以早期使用 Long 数据类型存储大数据，目前多使用 LOB 数据类型存储大数据。

1.2.5　使用伪列实现分页查询

伪列就像 Oracle 中的一个表列，但实际上它并未存储在表中。伪列可以从表中查询，但是不能插入、更新或删除它们的值。这里主要讲解 ROWID 和 ROWNUM。

1．ROWID

数据库中的每一行都有一个行地址，ROWID 伪列用于返回该行地址，可以使用 ROWID 值来定位表中的一行。通常情况下，ROWID 值可以唯一地标识数据库中的一行。

ROWID 伪列有以下重要的用途。

- 能以最快的方式访问表中的一行。
- 能显示表的行是如何存储的。
- 可以作为表中行的唯一标识。

可以使用 SELECT 语句查看 ROWID 值，如：

```
SQL>SELECT ROWID,eName
      FROM SCOTT.emp
    WHERE eName='SMITH';
```

输出结果：

```
ROWID                    eName
-------------------------
AAAR3sAAEAAAACXAAA  SMITH
```

2．ROWNUM

对于一个查询返回的每一行，ROWNUM 伪列返回一个数值代表该行的次序。返回的第一行的 ROWNUM 值为 1，返回的第二行的 ROWNUM 值为 2，以此类推。通过使用 ROWNUM 伪列，用户可以限制查询返回的行数。

示例 1

使用 ROWNUM 从 emp 表中提取 10 条记录并显示序号。

```
SQL>SELECT emp.*,ROWNUM
        FROM SCOTT.emp
       WHERE ROWNUM<11;
```

ROWNUM 查询结果如表 1-2 所示。

表1-2　ROWNUM查询结果

查询条件	结　果
等于某值的查询条件	如果希望找到员工表中第一条员工的信息，可以使用ROWNUM=1作为条件。但是若想找到员工表中第二条员工的信息，使用ROWNUM=2则查不到数据
大于某值的查询条件	如果想找到第二行记录以后的记录，使用ROWNUM>2是查不出记录的，原因是ROWNUM是一个从1开始的伪列，Oracle认为ROWNUM>*n*（*n*为大于1的自然数）这种条件依旧不成立，所以查不到记录
小于某值的查询条件	如果想找到第11条记录以前的记录，则使用ROWNUM<11是能得到10条记录的

3．分页查询

在 MySQL 中，我们使用 LIMIT 关键字实现分页查询，在 Oracle 中则可以利用伪列 ROWNUM，轻松实现分页查询。

示例 2

使用 ROWNUM 从 emp 表中查询出薪水从高到低排序的第 5 ～ 9 条记录。

```
SQL> SELECT *
     FROM (SELECT e.*,rownum rn
     FROM (SELECT *
             FROM emp
             ORDER BY sal DESC
           ) e
     )
     WHERE rn>=5 AND rn<=9;
```

任务 3　使用 SQL 语句操作数据表

关键步骤如下。

- 使用 CREATE TABLE 创建数据表 stuInfo。
- 使用 SELECT 语句操作数据表 stuInfo。
- 使用 COMMIT、ROLLBACK、SAVEPOINT 管理事务。

SQL 是高级的结构化查询语言。当用户使用 SQL 语句进行数据操作时，只需要提出“做什么”，而不必指明“怎么做”，具体的执行过程由系统自动完成，大大减轻了用户负担。SQL 语句是数据库服务器和客户端之间的重要沟通手段，用于存取数据及查询、更新和管理关系型数据库系统。

经过多年的发展，SQL 已经成为关系型数据库的标准语言。SQL 支持如下类别的命令。

- 数据定义语言（DDL）：CREATE（创建）、ALTER（更改）、TRUNCATE（截断）和 DROP（删除）命令。
- 数据操纵语言（DML）：INSERT（插入）、SELECT（选择）、DELETE（删除）和 UPDATE（更新）命令。
- 事务控制语言（TCL）：COMMIT（提交）、SAVEPOINT（保存点）和 ROLLBACK（回滚）命令。
- 数据控制语言（DCL）：GRANT（授予）和 REVOKE（回收）命令。

1.3.1　使用 DDL 操作数据表

数据定义语言（DDL）中，CREATE TABLE 语句用来创建新表，ALTER TABLE 语句用来修改表结构，TRUNCATE TABLE 语句用来删除表中所有记录，DROP TABLE 语句用来删除表。本节结合以前学过的 DDL 的知识，主要介绍数据定义语言中较常用的 CREATE TABLE 命令和相对较陌生的 TRUNCATE TABLE 命令。

1. CREATE TABLE 命令

创建表的语法如下。

```
CREATE TABLE [schema.]table
(column datatype [, column datatype [, …]] );
```

其中：

- schema 表示对象的所有者，即模式的名称。如果用户在自己的模式中创建表，则可以不指定所有者名称。
- table 表示表的名称。
- column 表示列的名称。

➢ datatype 表示该列的数据类型及其宽度。

创建表时，需要指定唯一的表名称、表内唯一的列名称、列的数据类型及其宽度。

示例 3

创建一个 stuInfo 表，用来存储有关学员的个人信息，如姓名、学号和年龄等。

关键代码

```
SQL>CREATE TABLE stuInfo /*- 创建学员信息表 -*/
    (
    stuNo CHAR(6) NOT NULL, -- 学号 , 非空 ( 必填 )
    stuName VARCHAR2(20) NOT NULL, -- 学员姓名 , 非空 ( 必填 )
    stuAge NUMBER(3,0) NOT NULL, -- 年龄 , 非空 ( 必填 )
    stuID NUMBER(18,0), -- 身份证号 , 代表 18 位数字 , 小数位数为 0
    stuSeat NUMBER(2,0) -- 座位号
    );
```

如果上述命令执行成功，将显示消息“表已创建”。

由此可以看出，表名应该严格遵循下列命名规则。

➢ 首字符应该为字母。

➢ 不能使用 Oracle 保留字来为表命名。

➢ 表名的最大长度为 30 个字符。

➢ 同一用户模式下的不同表不能具有相同的名称。

➢ 可以使用下划线、数字和字母，但不能使用空格和单引号。

提示

Oracle 中的表名（还有列名、用户名和其他对象名）不区分大小写，系统会自动转换成大写。

Oracle 中也有 VARCHAR 数据类型，但不建议使用，建议使用 VARCHAR2，该数据类型是 Oracle 标准数据类型。

通过以上学习可以看出，Oracle 在创建表时与 MySQL 基本没有区别。两者之间部分数据类型的默认映射情况如表 1-3 所示。

表1-3　Oracle和MySQL之间数据类型的默认映射情况

Oracle数据类型	MySQL数据类型
BFILE	不支持
BLOB	BLOB
CLOB	TEXT([1～65535])
CHAR([1～2000])	CHAR([1～255])
VARCHAR2([1～4000])	VARCHAR([1～65535])

续表

Oracle数据类型	MySQL数据类型
DATE	DATE
TIMESTAMP	DATETIME
NUMBER(p,s)	DECIMAL、INT、BIGINT、FLOAT、DOUBLE

2. TRUNCATE TABLE 命令

如果存储在表中的数据不再使用，可以只删除表中的记录而不删除表结构。使用 TRUNCATE TABLE 命令将删除表中的所有行且不记录日志，因此与 DELETE 命令删除表中全部记录相比，既节省资源，执行速度也较快。

TRUNCATE TABLE 命令的语法如下。

```
TRUNCATE TABLE <tablename>;
```

1.3.2 使用 DML 操作数据表

数据操纵语言（DML）用于检索、插入和修改数据库信息，是最常用的 SQL 命令，如 INSERT（插入）、UPDATE（更新）、SELECT（选择）、DELETE（删除）。在学习 MySQL 时已经详细介绍过，这里只做补充介绍。

stuInfo 表中的数据如表 1-4 所示。

表1-4　stuInfo表中的数据

stuNo	stuName	stuAge	stuID	stuSeat
1	张三	18		1
2	李四	20		2
3	王五	15		3
4	张三	18		4
5	张三	20		5

1. 从语法的角度介绍 DML 操作

（1）选择无重复的行

要防止选择重复的行，可以在 SELECT 命令中包含 DISTINCT 子句。

示例 4

不重复显示所有学员的姓名和年龄。

```
SQL>SELECT DISTINCT stuName,stuAge
        FROM stuInfo;
```

输出结果：

```
      stuName      stuAge
---------------------------
      王五          15
      张三          18
      李四          20
      张三          20
```

注意

使用 DISTINCT 子句后，对筛除结果集中内容全部相同的行仅保留一行。

（2）带条件和排序的 SELECT 命令

要从表中选择特定的行，可以在 select 命令中包含 WHERE 子句，它只能出现在 FROM 子句后面，而且只检索符合 WHERE 条件的行。要根据某个预定义的顺序显示行，可以使用 ORDER BY 子句，它还可以以升序或降序来排列行和多个列。

示例 5

按照姓名升序排序。如果姓名相同，则按照年龄降序排序。

```
SQL>SELECT stuNo,stuName, stuAge
      FROM stuInfo
     WHERE stuAge>17
       ORDER BY stuName    ASC, stuAge DESC;
```

输出结果：

```
   stuNo   stuName        stuAge
----------------------------------------
     2       李四            20
     5       张三            20
     4       张三            18
     1       张三            18
```

（3）使用列别名

列别名是为列表达式提供的另一个名称，位于列表达式后面，并显示在列标题中。列别名不会影响列的实际名称。

示例 6

使用别名显示姓名、年龄和身份证号。

```
SQL> SELECT stuName as “姓 名 ",stuAge as “年 龄 ", stuID as 身份证号
          FROM stuInfo;
```

输出结果：

```
姓 名  年 龄  身份证号
--------------------------
张三     18
李四     20
王五     15
张三     18
张三     20
```

如列别名是含有特殊字符（如空格）的列标题，则使用双引号括起来。

（4）利用现有的表创建新表

Oracle 允许利用现有的表创建新表，完成此操作的语法如下。

```
CREATE TABLE <newtable>
    AS
SELECT { * | column(s) }
FROM <oldtable> [WHERE <condition> ];
```

此命令可以把现有表中的所有记录复制到新表中，也可以仅复制选定的列或只复制结构而不复制记录。

示例 7

```
SQL> CREATE TABLE newStuInfo1
         AS
     SELECT * FROM stuInfo;
```

上述语句将创建 newStuInfo1 表，此表是 stuInfo 表及其所有记录的完全复制。也可以用选定的列创建新表。下列语句将创建一个名为 newStuInfo2 的新表，它包括来自 stuInfo 表的学员姓名、学员编号和年龄的所有记录。

```
SQL> CREATE TABLE newStuInfo2
         AS
     SELECT stuName,stuNo,stuAge FROM stuInfo;
```

还可以仅复制表的结构，而不复制记录。下列语句将创建一个名为 newStuInfo3 的新表，没有任何记录。

```
SQL> CREATE TABLE newStuInfo3
         AS
     SELECT * FROM stuInfo WHERE 1=2;
```

2. 从使用技巧的角度介绍 DML 操作

（1）查看表中行数

示例 8

执行语句：

```
SQL> SELECT COUNT(*) FROM stuInfo;   -- 效率较低
```

执行语句：

```
SQL> SELECT COUNT(1) FROM stuInfo;    -- 效率较高
```

（2）取出 stuName、stuAge 列不存在重复数据的记录

示例 9

```
SQL> SELECT stuName,stuAge
         FROM stuInfo
          GROUP BY stuName,stuAge
       HAVING(COUNT(stuName||stuAge) <2);
```

输出结果：

```
stuName  stuAge
------------------------
王五        15
李四        20
张三        20
```

提示

“||”操作符为连接操作符，将在本章 SQL 操作符部分介绍，功能是将两部分内容连接在一起。因为示例 9 中 COUNT 函数的参数只能有一个，所以用连接操作符连接。

（3）删除 stuName、stuAge 列重复的行（保留一行）

示例 10

```
SQL>DELETE
       FROM stuInfo
    WHERE ROWID NOT IN(
                       SELECT MAX(ROWID)
                         FROM stuInfo
                             GROUP BY stuName,stuAge
      );
```

删除后查看输出结果：

```
SQL> SELECT * FROM stuInfo;

stuNo    stuName   stuAge    stuID    stuSeat
----------------------------------------
  1        张三       18        1
  2        李四       20        2
  3        王五       15        3
  5        张三       20        5
```

（4）查看当前所有数据量大于 100 万的用户表的信息

示例 11

```
SELECT table_name
  FROM user_all_tables a
 WHERE a.num_rows>1000000;
```

提示

user_all_tables 为系统提供的数据视图，使用者可以通过查询该视图获得当前用户表的描述。

1.3.3 使用 TCL 管理事务

在 Oracle 数据库中，事务控制语句（TCL）主要由以下部分组成。

（1）COMMIT：提交事务，即永久保存事务中对数据库的修改。

（2）ROLLBACK：回滚事务，即取消对数据库所做的任何修改。

（3）SAVEPOINT：在事务中创建存储点。

（4）ROLLBACK TO <SavePoint_Name>：将事务回滚到存储点。

问答

问题 1：何时开启事务？

解答：在 Oracle 中，事务在上一次事务结束以后，数据“第一次”被修改时自动开启。

问题 2：何时结束事务？

解答：有以下两种情况。

（1）数据被提交。

- 发出 COMMIT 命令。
- 执行 DDL 或 DCL 语句后，当前事务自动被提交。
- 与 Oracle 分离，如退出 PL/SQL Developer。

（2）数据被撤销。

- 发出 ROLLBACK 命令。
- 服务器进程异常结束。
- DBA 停止会话。

示例 12

需求说明

事务控制语句应用举例，创建部门表（dept），插入部门记录。

关键代码

```
-- 执行步骤一：创建 dept 表
SQL>CREATE TABLE dept
    (
    deptno NUMBER(2)    PRIMARY KEY,                -- 部门编号
    dname VARCHAR2(14) ,                            -- 部门名称
    loc VARCHAR2(13)                                -- 地址
    );
-- 执行步骤二：插入数据
SQL>INSERT INTO dept VALUES (10,’ACCOUNTING’,’NEW YORK’);
SQL>INSERT INTO dept VALUES (20,'RESEARCH','DALLAS');
SQL>INSERT INTO dept VALUES (30,'SALES','CHICAGO');
SQL>INSERT INTO dept VALUES (40,'OPERATIONS','BOSTON');
SQL>COMMIT;
-- 执行步骤三：操作 dept 表
SQL>INSERT INTO dept VALUES(50,'a',NULL);
SQL>INSERT INTO dept VALUES(60,'b',NULL);
SQL>SAVEPOINT a;
SQL>INSERT INTO dept VALUES(70,'c',NULL);
SQL>ROLLBACK TO SAVEPOINT a;
-- 执行步骤四：查看 dept 表 , 有 50、60 号部门
SQL>SELECT * FROM dept;
-- 执行步骤五：回滚
SQL>ROLLBACK;-- 没有 50、60 号部门
-- 执行步骤六：查看 dept 表
SQL>SELECT * FROM dept;
```

分析

（1）回滚到保存点“a”，表示保存点以后的所有数据操作取消，故只插入了两个部门。

（2）事务没有结束，必须再执行 COMMIT 或者 ROLLBACK 命令来结束事务。

注意

执行了 3 个 INSERT 语句，如果要提交，则只能提交所有的 SQL 语句，不能部分提交；

如果要回滚，则可以利用“事务保存点”来做局部回滚，此时事务并没有结束。

1.3.4 使用 DCL 控制权限

数据控制语言为用户提供权限控制命令。数据库对象（如表）的所有者对这些对象

拥有控制权限。所有者可以根据自己的意愿决定其他用户如何访问对象，授予其他用户权限（INSERT、SELECT、UPDATE…），使他们可以在其权限范围内执行操作。例如，如果一个用户仅被授予对某个表的 SELECT 权限，那么他只可以查看数据，而不能执行其他任何 DML 操作。授予的权限还可以由所有者随时撤销。第 2 章会详细介绍数据控制语言。

技能训练

上机练习 2——创建员工表，并对表中数据进行插入查询操作

➢ 训练要点

（1）创建员工表。

（2）插入数据。

（3）添加约束。

（4）添加列。

（5）删除列。

（6）查询数据。

➢ 需求说明

使用 System 用户登录，创建员工表 employee，并为员工编号创建主键约束，部门编号列创建外键约束。根据提供的资料插入数据，显示员工表中薪水从高到低排序的记录。

➢ 实现思路及关键代码

（1）使用 System 用户连接 orcl 数据库。

（2）创建 employee 表。

```
SQL>CREATE TABLE employee    /*- 创建员工信息表 -*/
      (empno NUMBER(4) NOT NULL ,          -- 员工编号
      ename VARCHAR2(10),                  -- 员工姓名
      job VARCHAR2(9),                     -- 员工工种
      mgr NUMBER(4),                       -- 上级经理编号
      hiredate DATE,                       -- 受雇日期
      sal NUMBER(7,2),                     -- 员工薪水
      comm NUMBER(7,2),                    -- 福利
      deptno NUMBER(2)                     -- 部门编号
      );
```

（3）插入数据。可以直接插入数据，也可以利用 Scott 用户下 emp 表中的数据进行插入。

插入 Scott.emp 表数据的代码如下。

```
INSERT INTO employee SELECT * FROM SCOTT.emp;
```

（4）添加约束。将员工编号作为主键，部门编号作为外键与部门表相关联。

外键约束的代码如下。

```
ALTER TABLE employee
    ADD CONSTRAINT FK_deptno
    FOREIGN KEY(deptno) REFERENCES dept(deptno);
```

（5）向 employee 表添加 empTel_no 和 empAddress 两列。创建 empTel_no 列以存储员工的电话号码，empAddress 列以存储地址。

添加列的代码如下。

```
ALTER TABLE employee
    ADD (empTel_no VARCHAR2 (12),
        empAddress VARCHAR2(20));
```

（6）删除 empTel_no 和 empAddress 两列。

（7）按照薪水从高到低显示数据。

上机练习 3——根据创建的员工表，实现分页查询

➢ 训练要点

分页查询。

➢ 需求说明

使用 System 用户登录，根据 employee 表的现有记录，查询员工表中按薪水从高到低排序的第 5 ~ 9 条记录。

➢ 实现思路及关键代码

（1）使用 System 用户连接 orcl 数据库。

（2）对员工表倒序排序并生成临时结果集 A。

```
SQL>SELECT *
        FROM   (SELECT *
                    FROM employee
                    ORDER BY sal DESC) A;
```

（3）利用 ROWNUM 为临时结果集 A 给出每行序号并生成临时结果集 B。

（4）对临时结果集 B 进行查询，查找序号为 5 ~ 9 的记录。

思考

该练习相对较复杂，一共用到 3 层子查询。当编写程序时，要认真思考每一步、每一个语句的原理。例如，ORDER BY 语句是针对结果集进行排序，即先产生查询结果集，再排序。在上面的练习中就用到了这个原理，你是否已经感受到了呢？如果将 SQL 语句写成

```
SELECT employee.*, ROWNUM FROM employee ORDER BY sal DESC;
```

得到的结果不符合上面练习的需求就是违背了这个原理。

任务 4　使用 SQL 操作符操作数据表

关键步骤如下。

- 认识 SQL 语句中的操作符。
- 使用集合操作符操作 employee 表。
- 使用连接操作符操作 employee 表。

1.4.1　使用算术操作符编写 SQL 语句

查询语句中要执行基于数值的计算，可以在 SQL 命令中使用算术表达式。算术表达式由 NUMBER 数据类型的列名、数值常量和连接它们的算术操作符组成。算术操作符包括 +（加）、－（减）、*（乘）和 /（除）。

1.4.2　使用比较操作符编写 SQL 语句

比较操作符用于比较两个表达式的值。比较操作符包括 =、!=、<、>、<=、>=、BETWEEN…AND（是否在两个值之间）、IN（与列表中的值相匹配）、LIKE（匹配字符模式）和 IS NULL（检查是否为空）。

1.4.3　使用逻辑操作符编写 SQL 语句

逻辑操作符用于组合多个比较运算的结果以生成一个或真或假的结果。逻辑操作符包括 AND（与）、OR（或）和 NOT（非）。

1.4.4　使用集合操作符编写 SQL 语句

集合操作符用于将两个查询的结果组合成一个结果集，可以在 SQL 中使用下面的集合操作符来组合多个查询中的行。

- UNION（联合）。
- UNION ALL（联合所有）。
- INTERSECT（交集）。
- MINUS（减集）。

用集合操作符连接起来的 SELECT 语句中的列遵循以下规则。

- 通过集合操作符连接的各个查询具有相同的列数，而且对应列的数据类型必须兼容。
- 不应含有 LONG 类型的列。列标题来自第一个 SELECT 语句。

1. UNION

union 操作符返回两个查询选定的所有不重复的行。示例 13 演示了如何用 UNION 操作符将两个查询的结果合并起来并删除重复的行。

假定已创建了一个退休员工表 retireEmp 并向其中插入记录。它与 employee 表有相似的列——员工编号 rempno。

示例 13

演示如何使用 UNION 操作符获得所有在公司工作过的员工编号。

```
SQL> SELECT empno FROM employee
        UNION
        SELECT rempno FROM retireEmp;
```

也可以对联合查询的结果进行排序。当使用 ORDER BY 子句时，必须将它放在最后一个 SELECT 语句之后，参考示例 14。

示例 14

```
SQL> SELECT empno FROM employee
        UNION
        SELECT rempno FROM retireEmp
        ORDER BY empno;
```

UNION 操作符返回 employee 和 retireEmp 表中所有不重复的列值，这是它与 UNION ALL 的区别。

2. UNION ALL

UNION ALL 操作符合并两个查询选定的所有行，包括重复的行。

3. INTERSECT

INTERSECT 操作符只返回两个查询都有的行。示例 15 演示如何使用交集操作符。

示例 15

查找已经退休但是被公司返聘仍在继续工作的员工编号。

```
SQL> SELECT empno FROM employee
        INTERSECT
        SELECT rempno FROM retireEmp;
```

4. MINUS

MINUS 操作符只返回由第一个查询选定而未被第二个查询选定的行，即在第一个查询结果中排除在第二个查询结果中出现的行。示例 16 演示如何使用减集操作符。

示例 16

查找没有退休的员工编号。

```
SQL> SELECT empno FROM employee
         MINUS
        SELECT rempno FROM retireEmp;
```

查询得到的结果将是从第一个 SELECT 语句选定的所有行中减去第二个 SELECT 语句所选定的公共行的内容。

1.4.5 使用连接操作符编写 SQL 语句

连接操作符（||）用于将两个或多个字符串合并成一个字符串，或者将一个字符串与一个数值合并在一起。

示例 17

输出岗位和员工姓名组合在一起的信息，格式“job_ename”，如“CLERK_SMITH”。

```
SQL> SELECT job|| '_' ||ename FROM employee;
```

提示

实际应用中，可以使用连接操作符将表中的多个地址列的数据合并在一起显示，也可以将多个部分组成的姓名列合并在一起显示。

任务 5 使用 SQL 函数操作数据表

关键步骤如下。

- 使用 TO_CHAR( )、TO_DATE( )、TO_NUMBER( ) 函数进行数据转换。
- 使用 NVL(exp1, exp2)、NVL2(exp1, exp2, exp3) 对空值进行控制。
- 使用 RANK、DENSE_RANK、ROW_NUMBER 函数解决累计排名问题。

Oracle 提供了用于执行特定操作的专用函数。Oracle 将函数大致划分为单行函数、聚合函数和分析函数。单行函数可以大致划分为字符函数、日期函数、数字函数、转换函数及其他函数。聚合函数（Aggregate Function）也称为分组函数，是基于数据库表的多行进行运算，返回一个结果，如对多行记录的某个字段进行求和、求最大值运算。分析函数是对一个查询结果中的每个分组进行运算，但每个分组对应的结果可以有多个，本章只讲解部分分析函数。

1.5.1 数据类型转换

数据类型转换即将值从一种数据类型转换为另一种数据类型。常用的数据类型转换函数如表 1-5 所示。

表1-5 常用的数据类型转换函数

函 数	功 能	实 例	结 果
TO_CHAR( )	转换成字符串类型	TO_CHAR(1234.5, '$9999.9')	$1234.5
TO_DATE( )	转换成日期类型	TO_DATE('1980-01-01', 'yyyy-mm-dd')	01-1月-80
TO_NUMBER( )	转换成数值类型	TO_NUMBER('1234.5')	1234.5

1. TO_CHAR( )

函数语法为 TO_CHAR（d |n [, fmt]），其中，d 是日期，n 是数字，fmt 是指定日期

或数字的格式。TO_CHAR 转换函数将日期以 fmt 指定的格式转换为 VARCHAR2 数据类型的值。如果省略了 fmt，那么日期将以默认的日期格式转换为 VARCHAR2 数据类型。TO_CHAR( ) 函数经常用作格式化显示日期类型的数据，参考示例 18。

示例 18

```
SQL> SELECT TO_CHAR(SYSDATE,'YYYY" 年 "fmMM” 月 "fmDD” 日 " HH24:MI:SS')
     FROM dual;
```

上述语句将根据格式模型中指定的格式来显示日期。

输出结果：

```
TO_CHAR(SYSDATE,'YYYY" 年 "fmMM" 月 "fmDD" 日 "HH24:MI:SS')
-----------------------
2013 年 7 月 13 日 14:15:47
```

在示例 18 中，使用了填充模式“fm”格式掩码来避免空格填充和数字零填充。如果不使用“fm”，则输出为“2013 年 07 月 13 日 14:15:47”，月份会自动补“0”。

TO_CHAR( ) 函数也可以用于格式化数值，示例 19 演示了如何将数值转换为字符串，并使用当前货币符号作为前缀。

示例 19

```
SQL> SELECT TO_CHAR(1210.7, '$9,999.00') FROM dual;
```

输出结果：

```
TO_CHAR(1210.7,'$9,999.00')
-----------------------
  $1,210.70
```

2. TO_DATE( )

函数语法为 TO_DATE（CHAR [,fmt]）。TO_DATE( ) 函数将 CHAR 或 VARCHAR 数据类型转换为日期数据类型。格式模型 fmt 指定字符的形式。TO_DATE( ) 函数经常用于将字符串类型的日期数据转化为日期类型的数据，从而完成对数据库中日期类型字段的操作。

示例 20

```
SQL> SELECT TO_DATE('2013-07-13' , 'yyyy-mm-dd’ )
         FROM dual;
```

结果将字符串“2013-07-13”转换为日期格式。

3. TO_NUMBER( )

TO_NUMBER( ) 函数将包含数字的字符串转换为 NUMBER 数据类型，从而可以对该数据类型执行算术运算。通常不必这样做，因为 Oracle 可以对数字字符串进行隐式转换。

示例 21

```
SQL> SELECT SQRT(TO_NUMBER('100'))FROM dual;
```

输出结果：

```
SQRT(TO_NUMBER('100'))
----------------------
                    10
```

1.5.2 滤空函数

除去字符函数、日期函数、数字函数、转换函数外，还有其他一些单行函数，在此统称为其他函数。表 1-6 列出了 Oracle 中常用的其他函数。

表1-6 常用的其他函数

函　数	功　能
NVL(exp1, exp2)	如果exp1的值为NULL，则返回exp2的值；否则返回exp1的值
NVL2(exp1, exp2, exp3)	如果exp1的值为NULL，则返回exp3的值；否则返回exp2的值
DECODE(value, if1, then1, if2,then2, …, else)	如果value的值为if1，则返回then1的值；如果value的值为if2，则返回then2的值……否则返回else的值

示例 22

查询员工的所有收入和入职月份。

分析：所有收入 = 薪水 + 福利。由于福利列（comm）中有的值为 NULL，当查询 sal+comm 列时，会发现 comm 列为 NULL 值的输出结果也为 NULL，和需求相违背。因为任意数和 NULL 值进行“+”运算，结果为 NULL。此时可以利用 NVL 函数来解决此问题，如果值为 NULL，则转换为 0 进行运算。sal1 和 sal2 获得结果值相同；mon 获得上半年入职月份，下半年统一显示为“下半年”。

关键代码

```
SQL> SELECT ename,
            sal+NVL(comm,0) sal1,
            NVL2(comm,sal+comm,sal) sal2,
            DECODE(TO_CHAR(hiredate,'MM'),'01',' 一月 ','02',' 二月 ','03',' 三月 ','04',' 四月 ','05',
                  ' 五月 ','06',' 六月 ',' 下半年 ') mon
            FROM employee;
```

1.5.3 使用分析函数

Oracle 从 8.1.6 版本开始提供分析函数。分析函数是对一组查询结果进行运算，然后获得结果的函数。从这个意义上说，分析函数非常类似于聚合函数，区别在于分析函数对每个组返回多行，聚合函数对每个组只返回一行。

分析函数的语法如下。

```
函数名 ([ 参数 ]) OVER( [ 分区子句 ] [ 排序子句 ])
```

其中：

- 函数名表示分析函数的名称。
- 参数表示函数需要传入的参数。
- 分区子句（PARTITION BY）表示将查询结果分为不同的组，功能类似于 GROUP BY 子句，是分析函数工作的基础。默认将所有结果作为一个分组。
- 排序子句（ORDER BY）表示对每个分区进行排序。

对于 Oracle 分析函数，本文只介绍 RANK、DENSE_RANK、ROW_NUMBER 的使用示例，让读者对分析函数能有初步了解。

RANK、DENSE_RANK、ROW_NUMBER 函数用于为每条记录产生一个从 1 ～ N 的自然数，N 的值可能小于等于记录的总数。这 3 个函数的唯一区别在于遇到相同数据时的排名策略。3 个函数都用于解决累计排名问题。

1. ROW_NUMBER

ROW_NUMBER 函数返回一个唯一的值，当遇到相同数据时，排名按照记录集中记录的顺序依次递增。

2. DENSE_RANK

DENSE_RANK 函数返回一个唯一的值，当遇到相同数据时，所有相同数据的排名都是一样的。

3. RANK

RANK 函数返回一个唯一的值，当遇到相同数据时，所有相同数据的排名都是一样的，同时会在最后一条相同记录和下一条不同记录的排名之间空出排名。

示例 23

分析函数举例。

关键代码

```
SELECT ename, deptno, sal,
        RANK( ) OVER (PARTITION BY deptno ORDER BY sal DESC) "RANK",
        DENSE_RANK( ) OVER (PARTITION BY deptno ORDER BY sal DESC) "DENSE_
                              RANK",
        ROW_NUMBER( ) OVER (PARTITION BY deptno ORDER BY sal DESC) "ROW_
                              NUMBER"
 FROM employee;
```

其中：

"RANK" 列：按照每个部门分组，对薪水从高到低排序，每个部门序号从 1 开始，同一个部门相同薪水的序号相同，且和下一条不同记录的排名之间空出排名。

"DENSE_RANK" 列：按照每个部门分组，对薪水从高到低排序，每个部门序号从 1 开始，同一个部门相同薪水的序号相同，且和下一条不同记录的排名之间不空出排名。

"ROW_NUMBER" 列：按照每个部门分组，对薪水从高到低排序，每个部门序号从 1 开始，同一个部门相同薪水的序号递增，顺序排名。

示例 23 的输出结果参照表 1-7。

表1-7　示例23的输出结果

ename	deptno	sal	RANK	DENSE_RANK	ROW_NUMBER
KING	10	5000	1	1	1
CLARK	10	2450	2	2	2
MILLER	10	1300	3	3	3
SCOTT	20	3000	1	1	1
FORD	20	3000	1	1	2
JONES	20	2975	3	2	3
ADAMS	20	1100	4	3	4
SMITH	20	800	5	4	5
BLAKE	30	2850	1	1	1
ALLEN	30	1600	2	2	2
TURNER	30	1500	3	3	3
MARTIN	30	1250	4	4	4
WARD	30	1250	4	4	5
JAMES	30	950	6	5	6

技能训练

上机练习 4——使用分析函数对员工表进行查询

➢ 需求说明

公司需要查询每个部门薪水第二高的员工的基本信息（包含并列第二）。

提示

（1）使用分析函数将员工按照部门分组并且进行组内排序。

（2）在上面结果集中选择排序编号为 2 的员工信息。

上机练习 5——SQL 语言综合练习

➢ 训练要点

（1）SELECT 语句。

（2）WHERE 语句。

（3）GROUP BY 语句。

（4）ORDER BY 语句。

（5）函数。

➢ 需求说明

公司要获得员工的以下信息。

（1）显示员工的就职年度，如果就职日期晚于当年的 6 月 30 日，则四舍五入到下一年。例如，2003 年 6 月 30 日就职则显示 2003 年度；2003 年 7 月 1 日就职则显示 2004 年度。编写语句以显示员工就职年度的详细信息。

（2）列出至少有一个员工的所有部门。

（3）列出薪金比“SMITH”多的所有员工。

（4）列出所有“CLERK”（办事员）的姓名及其部门名称。

（5）列出各种工作类别的最低薪金，显示最低薪金大于 1500 元的记录。

（6）找出各月最后一天受雇的所有员工。

➢ 实现思路及关键代码

（1）使用 System 用户连接 Orcl 数据库。

使用 ROUND 函数，将入职日期四舍五入到年份。

利用转换函数获得日期中的年份。

利用连接操作符将获得的年份和“年度”字符串做拼接。

显示查询结果如下。

```
    姓名        入职年度
----------------------------------------
    SMITH      1981 年度
    ALLEN      1981 年度
    ……
```

（2）练习中用到的函数（如获得当月最后一天函数 LAST_DAY(hiredate)）的用法请查询附录 3。

本章总结

➢ 掌握安装和配置数据库的基本步骤。

➢ 会使用 SQL*Plus 和 PL/SQL Developer 连接数据库。

➢ Oracle 中的常用数据类型有 VARCHAR2 字符数据类型、NUMBER 等数值数据类型、DATE 等日期数据类型和 LOB 数据类型。

➢ SQL 分为 DDL、DCL、TCL 和 DML。数据操纵语言（DML）用于检索、插入和修改数据库信息，包括 INSERT、UPDATE、DELETE 和 SELECT 语句。

➢ 分页查询使用 ROWNUM。

➢ SQL 函数分为单行函数、聚合函数和分析函数。

本章练习

1. 开发简单的订单输入系统，目前需要创建订单表，请按照如下步骤，使用 Oracle 完成相应的数据库操作。

（1）使用 System 登录数据库，根据表 1-8 和表 1-9 中的内容创建数据库表。

表1-8　订单（orders）表结构

列　名	字段说明	约　束	数据类型
order_id	订单编号	主键	NUMBER(12)
order_date	订货日期	NOT NULL	DATE
order_mode	订货模式		VARCHAR2(8)
customer_id	客户编号	NOT NULL	NUMBER(6)
order_status	订单状态		NUMBER(2)
order_total	总定价		NUMBER(8,2)
sales_rep_id	销售代表ID		NUMBER(6)
promotion_id	推广员ID		NUMBER(6)

表1-9　客户（customers）表结构

列　名	字段说明	约　束	数据类型
customer_id	客户编号	NOT NULL	NUMBER(6)
cust_first_name	名	NOT NULL	VARCHAR2(20)
cust_last_name	姓氏	NOT NULL	VARCHAR2(20)
nls_language	语言		VARCHAR2(3)
nls_territory	地域		VARCHAR2(30)
credit_limit	信贷限额		NUMBER(9,2)
cust_email	邮箱		VARCHAR2(30)
account_mgr_id	客户经理		NUMBER(6)
marital_status	婚姻状态		VARCHAR2(30)
gender	性别		CHAR(1)

（2）查询客户表中所有不重复的地域。

（3）在订单表中找出总定价在 1 万元到 10 万元之间的订单号、顾客姓氏（客户表的 cust_last_name 列）和客户经理名称（员工表的 ename 列）。

（4）在客户表中找出所在地域为 AMERICA 的客户经理名称（员工表的 ename 列）和薪水（员工表的 sal 列）。

（5）在客户表中找出所在地域为 AMERICA、ITALY、INDIA 和 CHINA 的客户编号及语言。

（6）在客户表中找出姓氏首字母为“F”的客户编号和邮箱。

（7）查找所有客户姓名及其所有的订单编号。

2．根据员工表编写一个语句，只有当最低工资少于 5000 元且最高工资超过 15000 元时，才显示部门 ID 及该部门支付的最低工资和最高工资。

3．根据员工表编写一个语句，显示各部门的每个工作类别支付的最高工资。

第 2 章

操作 Oracle 数据库

技能目标

- ❖ 会创建表空间
- ❖ 会创建用户并授权
- ❖ 掌握序列的使用方法
- ❖ 理解同义词的使用方法
- ❖ 了解索引，会创建常用索引
- ❖ 了解分区表
- ❖ 了解视图、数据库链
- ❖ 掌握数据导入导出的方法
- ❖ 掌握 SQL 优化技巧

本章任务

学习本章，完成以下 8 个工作任务。记录学习过程中遇到的问题，可以通过自己的努力或访问 kgc.cn 解决。

任务 1：创建表空间、自定义用户管理

任务 2：创建、访问、更改、删除、使用序列

任务 3：为员工表创建同义词

任务 4：创建员工表索引

任务 5：创建销售信息分区表

任务 6：为员工表创建视图、创建数据库链

任务 7：从 Oracle 数据库中导入导出数据

任务 8：优化 SQL 语句

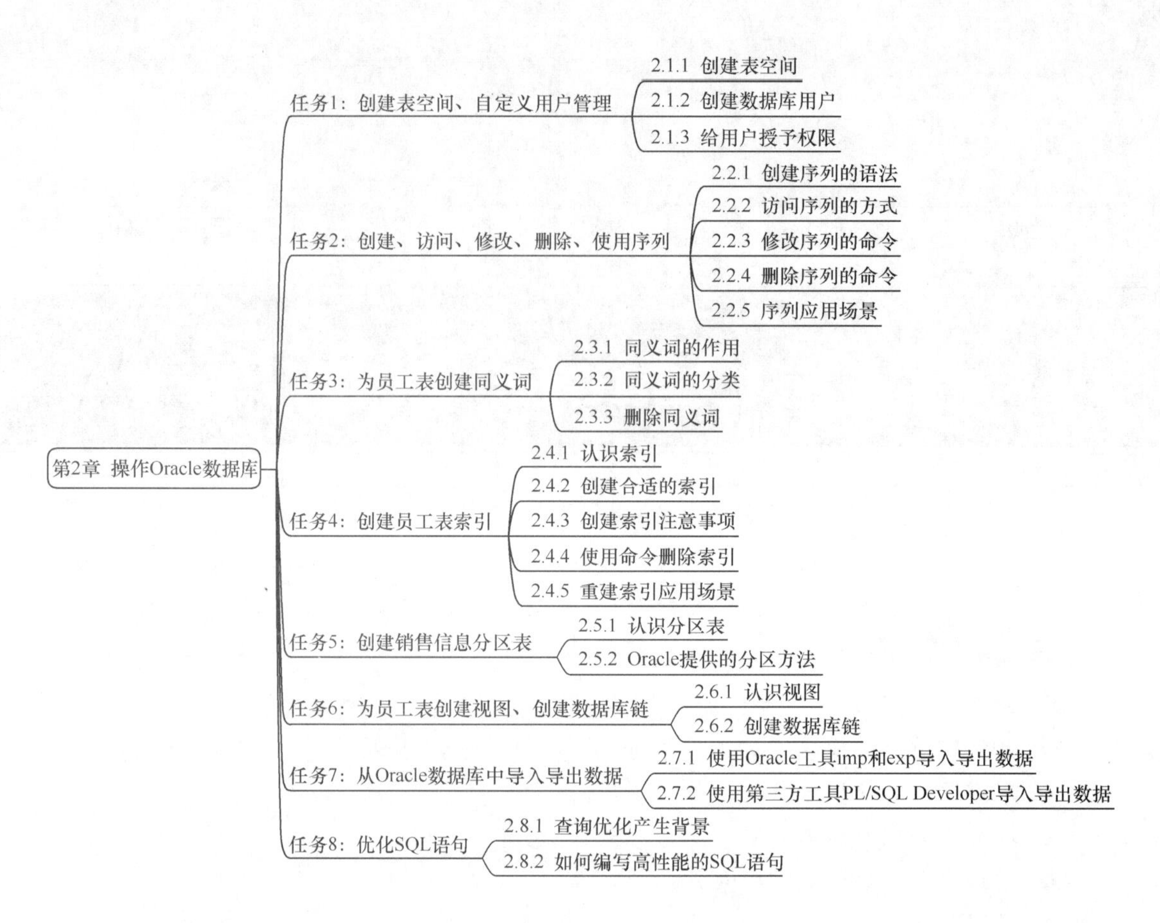

本章中我们将创建两个用户：A_hr 用户和 A_oe 用户，后面的内容会频繁使用这两个用户。还会重点用到 4 张表：A_hr 用户的 employee 表和 dept 表，A_oe 用户的 orders 表和 customers 表。本章用到的重点对象的说明如表 2-1 所示。

表2-1 重点对象说明

对　象	说　明	来　源
A_hr	自定义用户	本章教材上机练习中创建的
A_oe	自定义用户	本章教材上机练习中创建的
scott	系统默认用户	系统提供
employee	A_hr模式下的表	第1章教材示例
dept	A_hr模式下的表	第1章教材练习
orders	A_oe模式下的表	第1章作业
customers	A_oe模式下的表	第1章作业
emp	Scott模式下的表	系统提供

本章上机练习背景描述如下。

某软件公司数据库管理员小王负责为 A 公司搭建数据库系统并部署应用，根据需求调研获知 A 公司业务主要包括两个子系统，即人力资源（HR）子系统和订单目录（OE）子系统。

小王提供的解决方案如下。

（1）为用户安装 Oracle 并创建 ORCL 数据库。

（2）启动 ORCL 数据库。

（3）配置数据库，使系统管理员 System 用户能够连接 ORCL 数据库。

（4）创建表空间。分别为两个子系统创建表空间，一个是 tp_hr 表空间，一个是 tp_orders 表空间。

（5）创建用户。分别在两个表空间上创建用户。一个用户 A_hr 为 HR 子系统的用户，一个用户 A_oe 为 OE 子系统的用户，并为这两个用户授予一定的权限。

（6）创建数据库对象。为 HR 子系统创建 employee 和 dept 表，为 OE 子系统创建 orders 和 customers 表，并使用 emp_seq 序列生成器作为 employee 表的主键，使用 dept_seq 序列生成器作为 dept 表的主键。使用相同方法为 orders 和 customers 表创建主键。

（7）分别为 4 张表插入数据。

（8）为了使 A_oe 用户访问 A_hr 模式下的 employee 和 dept 表更方便，可以创建同义词简化操作。

（9）为了提高对 customers 表的访问速度，应为 customers 表创建索引。

（10）根据订单业务的需要和订单表的特点，将订单表创建为范围分区表。

（11）由于预先无法预测分区的最大限度，因此将订单表创建为间隔分区表。

（12）根据订单业务的需要，为订单表创建相应的视图以方便查询。

（13）为了保证数据库安全运行，需要对数据进行备份与恢复。

（14）随着业务数据量的增加，需要对数据库进行相应的 SQL 查询优化。

以上功能的一部分需要在本章上机任务中完成。

任务 1　创建表空间、自定义用户管理

关键步骤如下。

- 创建一个自动增长的表空间 worktbs。
- 创建名称为 martin 的用户。
- 将 martin 的口令修改为 mpwd。
- 给 martin 用户授予权限。

2.1.1　创建表空间

Oracle 数据库包含物理结构和逻辑结构。数据库的物理结构是指构成数据库的一组操作系统文件。数据库的逻辑结构是指描述数据组织方式的一组逻辑概念及它们之间的

关系。表空间是数据库逻辑结构的一个重要组件。表空间可以存放各种应用对象，如表、索引。而每一个表空间由一个或多个数据文件组成。

1. **表空间的分类**

表空间可分为 3 类，如表 2-2 所示。

表2-2　表空间的分类

类　别	说　明
永久性表空间	一般用于保存表、视图、过程和索引等的数据。SYSTEM、SYSAUX、USERS、EXAMPLE表空间是默认安装的
临时性表空间	只用于保存系统中短期活动的数据，如排序数据等
撤销表空间	用来帮助回退未提交的事务数据，已提交了的数据在这里是不可以恢复的

一般不需要创建临时性表空间和撤销表空间，除非把它们转移到其他磁盘中以提高性能。

2. **表空间的目的**

使用表空间的目的如下。

（1）对不同的用户分配不同的表空间，对不同的模式对象分配不同的表空间，方便对用户数据的操作，以及对模式对象的管理。

（2）可以将不同数据文件创建到不同的磁盘中，有利于管理磁盘空间、提高 I/O 性能，以及备份和恢复数据等。

一般在完成 Oracle 系统的安装并创建 Oracle 实例后，Oracle 系统会自动建立多个表空间。

3. **创建表空间**

创建表空间的语法如下。

```
CREATE   TABLESPACE   tablespacename
DATAFILE 'filename' [ SIZE integer [ K | M ]   ]
[ AUTOEXTEND [ OFF | ON ] ];
```

其中：

- tablespacename 是需要创建的表空间名称。
- DATAFILE 指定组成表空间的一个或多个数据文件，当有多个数据文件时使用逗号分隔。
- filename 是数据文件的路径和名称。
- SIZE 指定文件的大小，用 K 指定千字节大小，用 M 指定兆字节大小。
- AUTOEXTEND 子句用来启用或禁用数据文件的自动扩展，设置为 ON 则空间使用完毕会自动扩展，设置为 OFF 则很容易出现表空间剩余容量为 0 的情况，使数据不能存储到数据库中。

示例 1

创建一个自动增长的表空间 worktbs 的 SQL 语句如下。

```
CREATE TABLESPACE worktbs
DATAFILE 'D:\ORACLE\ORADATA\APTECH\WORKTBS01.DBF'
SIZE 10M AUTOEXTEND ON;
```

4. **删除表空间**

可以通过 DROP 语句（DROP TABLESPACE 加上表空间的名称）来删除用户自定义的表空间。

删除表空间的语法如下。

```
DROP TABLESPACE tablespacename;
```

删除表空间之前最好对数据库进行备份。

2.1.2　创建数据库用户

当创建一个新数据库时，Oracle 将创建一些默认数据库用户，如 Sys、System 和 Scott 等。Sys 和 System 用户都是 Oracle 的系统用户，而 Scott 用户是 Oracle 数据库的一个示例账户，里面包含一些测试样例表。

下面简单介绍 Sys、System 和 Scott 用户的模式。

1. **Sys 用户**

Sys 用户是 Oracle 数据库中的一个超级用户。数据库中的所有数据字典和视图都存储在 SYS 模式中。数据字典存储了用来管理数据库对象的所有信息，是 Oracle 数据库中非常重要的系统信息。Sys 用户主要用来维护系统信息和管理实例。Sys 用户只能以 SYSOPER 或 SYSDBA 角色登录系统。

2. **System 用户**

System 用户是 Oracle 数据库中默认的系统管理员，它拥有 DBA 权限。System 用户拥有 Oracle 管理工具使用的内部表和视图。通常通过 System 用户管理 Oracle 数据库的用户、权限和存储等。但不建议在 System 模式中创建用户表。System 用户不能以 SYSOPER 或 SYSDBA 角色登录系统，只能以默认方式登录。

3. **Scott 用户**

Scott 用户是 Oracle 数据库的一个示例用户，一般在数据库安装时创建。Scott 用户模式包含 4 个示例表，其中一个是 Emp 表。Scott 用户使用 USERS 表空间存储模式对象。

通常情况下，出于安全考虑，对于不同的数据表需要设置不同的访问权限。此时，就需要创建不同的用户。Oracle 中的 CREATE USER 命令用于创建新用户。每个用户都有一个默认表空间和一个临时表空间。如果没有指定，那么 Oracle 就将 USERS 设为默认表空间，将 TEMP 设为临时表空间。

创建用户的语法如下。

```
CREATE USER user
IDENTIFIED BY password
[DEFAULT TABLESPACE tablespace]
[TEMPORARY TABLESPACE tablespace]
```

其中：

- user 是用户名，用户名必须是一个标识符。
- password 是用户口令，口令必须是一个标识符，且不区分大小写。
- DEFAULT 或 TEMPORARY TABLESPACE 为用户确定默认表空间或临时表空间。

示例 2

以下代码演示了如何创建名称为 martin 的用户。

```
CREATE USER martin
IDENTIFIED BY martinpwd
DEFAULT TABLESPACE worktbs
TEMPORARY TABLESPACE temp;
```

将创建一个名称为 martin 的用户，其口令为 martinpwd，默认表空间为 worktbs，临时表空间为 temp。

示例 3

以下代码将 martin 的口令修改为 mpwd。

```
ALTER USER  martin
IDENTIFIED BY mpwd;
```

Oracle 数据库中的 DROP USER 命令用于删除用户，但当用户拥有模式对象时则无法直接删除用户，而必须使用 CASCADE 选项删除用户和用户模式对象。以下代码演示了如何删除用户 martin。

```
DROP USER martin CASCADE;
```

2.1.3 给用户授予权限

权限是用户对一项功能的执行权利。在 Oracle 数据库中，根据系统管理方式的不同，可将权限分为系统权限与对象权限两类。

1．系统权限

系统权限是指被授权用户是否可以连接到数据库上及在数据库中可以执行哪些系统操作。系统权限是在数据库中执行某种系统级别的操作或者针对某一类的对象执行某种操作的权利。例如，在数据库中创建表空间的权利，在数据库中创建表的权利，这些都属于系统权限。

常见的系统权限如下。

（1）CREATE SESSION：连接到数据库。

（2）CREATE TABLE：创建表。

（3）CREATE VIEW：创建视图。

（4）CREATE SEQUENCE：创建序列。

2. **对象权限**

对象权限是指用户对数据库中具体对象所拥有的权限。对象权限是针对某个特定的模式对象执行操作的权利，只能针对模式对象来设置和管理对象权限，如数据库中的表、视图、序列、存储过程、存储函数等。

Oracle 数据库用户有两种途径获得权限。

（1）管理员直接向用户授予权限。

（2）管理员将权限授予角色，然后将角色授予一个或多个用户。

因为使用角色能够更加方便和高效地对权限进行管理，所以数据库管理员通常使用角色向用户授予权限，而不是直接向用户授予权限。在 Oracle 数据库系统中预定义了很多的角色，其中较常用的有 CONNECT 角色、RESOURCE 角色、DBA 角色等。一般程序使用的用户只要授予 CONNECT 和 RESOURCE 两个角色即可。DBA 角色具有所有的系统权限，并且可以给其他用户和角色授权。由于 DBA 角色权限比较多，这里就不列出来了。

Oracle 数据库中常用的系统预定义角色如下。

- CONNECT：需要连接上数据库的用户，特别是那些不需要创建表的用户，通常会授予该角色。
- RESOURCE：更为可靠和正式的数据库用户可以授予该角色，可以创建表、触发器、过程等。
- DBA：数据库管理员角色，拥有管理数据库的最高权限。一个具有 DBA 角色的用户可以撤销任何其他用户甚至其他 DBA 的权限，这是很危险的，所以不要轻易授予该角色。

新创建的用户必须授予一定的权限才能进行相关数据库操作。授权通过 GRANT 语句来实现，而取消授权则通过 REVOKE 语句来实现。

（1）授予权限的语法如下。

```
GRANT   权限 | 角色   TO   用户名 ;
```

（2）撤销权限的语法如下。

```
REVOKE   权限 | 角色 FROM   用户名 ;
```

以下代码演示了如何授予和撤销 martin 用户的 CONNECT 和 RESOURCE 两个角色。

示例 4

```
GRANT connect, resource TO martin;            -- 授予 CONNECT 和 RESOURCE 两个角色
REVOKE connect, resource FROM martin;         -- 撤销 CONNECT 和 RESOURCE 两个角色
GRANT SELECT ON SCOTT.emp TO martin;          -- 允许用户查看 emp 表中的记录
GRANT UPDATE ON SCOTT.emp TO martin;          -- 允许用户更新 emp 表中的记录
```

数据库用户安全设计原则如下。

（1）数据库用户权限授予按照最小分配原则。

（2）数据库用户分为管理、应用、维护、备份 4 类。

（3）不允许使用 Sys 和 System 用户建立数据库应用对象。

（4）禁止 GRANT dba TO user。

技能训练

上机练习 1——创建表空间和用户，并授予访问数据库权限

➢ 需求说明

以 System 用户连接 ORCL 数据库，创建 tp_orders 表空间，大小为 10MB，文件大小可自动扩展，允许文件扩展的最大限度为无限制。创建 A_oe 用户的默认表空间为 tp_orders，密码为 bdqn，授予 connect、resource 权限和访问 A_hr 用户的 employee 表的权限。

提示

（1）启动操作系统中的两个服务。

（2）使用 System 用户连接 ORCL 数据库。

（3）使用 System 用户创建 tp_orders 表空间。

（4）使用 System 用户创建 A_hr 用户，默认表空间为 tp_orders，授予 connect 和 resource 权限。

（5）使用 A_hr 用户创建 employee 表（参考第 1 章上机练习 2 代码），并添加测试数据。

（6）使用 System 用户创建 A_oe 用户，默认表空间为 tp_orders。

（7）使用 System 用户给 A_oe 用户授予 connect 和 resource 权限。

（8）将 A_hr. employee 表的访问权限授予 A_oe 用户。

（9）使用 A_oe 用户连接 ORCL 数据库，访问 A_hr.employee 表。

任务 2 创建、访问、修改、删除、使用序列

关键步骤如下。

➢ 创建一个自动增长的序列 seq1。

➢ 使用序列的值进行表数据插入。

2.2.1 创建序列的语法

序列是用来生成唯一、连续的整数的数据库对象。序列通常用来自动生成主键或唯一键的值。序列可以按升序排列，也可以按降序排列。例如，销售流水表中的流水号可

以使用序列自动生成。

创建序列的语法如下。

```
CREATE SEQUENCE sequence_name
    [START WITH integer]
    [INCREMENT BY integer]
    [MAXVALUE integer|NOMAXVALUE]
    [MINVALUE integer|NOMINVALUE]
    [CYCLE|NOCYCLE]
    [CACHE integer|NOCACHE];
```

其中：

- START WITH：指定要生成的第一个序列号。对于升序序列，其默认值为序列的最小值；对于降序序列，其默认值为序列的最大值。
- INCREMENT BY：用于指定序列号之间的间隔，其默认值为 1。如果 n 为正值，则生成的序列将按升序排列；如果 n 为负值，则生成的序列将按降序排列。
- MAXVALUE：指定序列可以生成的最大值。
- NOMAXVALUE：如果指定了 NOMAXVALUE，Oracle 将升序序列的最大值设为 10^{27}，将降序序列的最大值设为 -1。这是默认选项。
- MINVALUE：指定序列的最小值。MINVALUE 必须小于或等于 START WITH 的值，并且必须小于 MAXVALUE。
- NOMINVALUE：如果指定了 NOMINVALUE，Oracle 将升序序列的最小值设为 1，将降序序列的最小值设为 -10^{26}。这是默认选项。
- CYCLE：指定序列在达到最大值或最小值后，将继续从头开始生成值。
- NOCYCLE：指定序列在达到最大值或最小值后，将不能再继续生成值。这是默认选项。
- CACHE：使用 CACHE 选项可以预先分配一组序列号，并将其保留在内存中，这样可以更快地访问序列号。当用完缓存中的所有序列号时，Oracle 将生成另一组数值，并将其保留在缓存中。
- NOCACHE：使用 NOCACHE 选项，则不会为加快访问速度而预先分配序列号。如果在创建序列时忽略了 CACHE 和 NOCACHE 选项，Oracle 将默认缓存 20 个序列号。

示例 5

需求说明

创建序列。从序号 10 开始，每次增加 1，最大为 2000，不循环，再增加则会报错，缓存 30 个序列号。

关键代码

```
CREATE SEQUENCE seq1
        START WITH 10
```

```
INCREMENT BY 1
MAXVALUE 2000
NOCYCLE
CACHE 30;
```

2.2.2 访问序列的方式

创建了序列之后，可以通过 NEXTVAL 和 CURRVAL 伪列来访问序列的值。可以从伪列中选择值，但是不能操纵它们的值。下面分别说明 NEXTVAL 和 CURRVAL。

- NEXTVAL：创建序列后第一次使用 NEXTVAL 时，将返回该序列的初始值。以后再引用 NEXTVAL 时，将使用 INCREMENT BY 子句来增加序列值，并返回这个新值。
- CURRVAL：返回序列的当前值，即最后一次引用 NEXTVAL 时返回的值。

示例 6

需求说明

在玩具表中，需要将列 toyid 作为标识，不需要其有任何含义，可以将其作为主键。

提示：该列可以考虑用序列自动插入。

关键代码

```
-- 插入数据
INSERT INTO toys (toyid, toyname, toyprice)
    VALUES (seq1.NEXTVAL, 'TWENTY', 25);
INSERT INTO toys (toyid, toyname, toyprice)
    VALUES (seq1.NEXTVAL,'MAGIC PENCIL',75);
-- 查询数据
SELECT * FROM toys;
```

上述语句从序列 seq1 中选择值插入 toys 表的 toyid 列中。如果语句执行成功，则将在该表的 toyid 列插入值“10”和“11”。

查看序列的当前值：

```
SELECT seq1.CURRVAL FROM dual;
```

上述语句将显示序列的 CURRVAL 值为 11。

2.2.3 修改序列的命令

ALTER SEQUENCE 命令用于修改序列的定义。如果执行下列操作，则会修改序列。

（1）设置或删除 MINVALUE 或 MAXVALUE。

（2）修改增量值。

（3）修改缓存中序列号的数目。

更改序列的语法如下。

```
ALTER SEQUENCE [schema.]sequence_name
    [INCREMENT BY integer]
```

```
[MAXVALUE integer|NOMAXVALUE]
[MINVALUE integer|NOMINVALUE]
[CYCLE|NOCYCLE]
[CACHE integer|NOCACHE];
```

注意

不能修改序列的 START WITH 参数。在修改序列时，应注意升序序列的最小值必须小于最大值。

2.2.4　删除序列的命令

DROP SEQUENCE 命令用于删除序列。还可以使用此语句重新开始一个序列，方法是先删除序列，再重新创建序列。例如，一个序列的当前值为 100，现在想用值 25 重新开始此序列。可以先删除此序列，然后再以相同的名称重新创建它，并将 START WITH 参数设置为 25。

删除序列的语法如下。

```
DROP SEQUENCE [schema.]sequence_name;
```

下面的命令用于从数据库中删除 seq1 序列。

```
DROP SEQUENCE seq1;
```

2.2.5　序列应用场景

可以使用序列设置 Oracle 的主关键字，所得值为从给定的起点开始的一系列整数值。序列所生成的数字只能保证在单个实例里是唯一的，这就不适合将它用作并行或者远程环境里的主关键字。因为各自环境里的序列可能会生成相同的数字，从而导致冲突的发生，所以在不需要并行的环境中，可选择使用序列作为主关键字。

还可以使用 SYS_GUID 函数生成 32 位的唯一编码作为主键。它源自不需要对数据库进行访问的时间戳和机器标识符，这会保证创建的标识符在每个数据库里都是唯一的。但管理 SYS_GUID 函数生成的值比较困难，所以除非是在一个并行的环境里或者希望避免使用序列的情况下，才可以选择 SYS_GUID 函数来设置主关键字。

可以多运行几次以下这行代码来观察结果的变化。

```
SELECT SYS_GUID() FROM dual;
```

提示

当使用序列设置主关键字时，在进行数据库迁移时需要特别注意。由于迁移后的表中已经存在数据，如果不修改序列的起始值，将会在表中插入重复数据，违背主键约束。因此，在创建序列时要修改序列的起始值。

技能训练

上机练习 2——使用序列生成部门表中部门编号的值

➢ 需求说明

创建一个从 60 开始、间隔为 10、最大值是 10000 的序列对象 dept_seq，将该序列产生的值作为部门编号列的值进行插入，至少插入两条。因为工作需要，数据库要迁移到另一台服务器，请模拟重新创建部门表。具体要求如下。

（1）创建新表，命名为 deptBak，将其作为模拟迁移后的 dept 表，并把迁移前 dept 表的数据完全插入 deptBak 中。

（2）删除序列，重新创建序列并完成对迁移后 deptBak 表的插入。

提示

迁移前:

（1）创建序列 dept_seq。

（2）从序列中取值插入部门表 dept 中。

迁移后:

（1）删除序列 dept_seq。

（2）创建 deptBak 表并将 dept 表的全部数据插入 deptBak 表中。

（3）重新创建序列 dept_seq。（思考序列的起始值如何变化？）

（4）使用序列将数据插入 deptBak 表中。

任务 3 为员工表创建同义词

关键步骤如下。

➢ 在 A_oe 模式下创建私有同义词访问 A_hr 模式下的 employee 表。

➢ 在 A_hr 模式下对 employee 表创建公有同义词 public_sy_emp。

2.3.1 同义词的作用

同义词的作用如下。

（1）简化 SQL 语句。

（2）隐藏对象的名称和所有者。

（3）为分布式数据库的远程对象提供了位置透明性。

（4）提供对对象的公共访问。

2.3.2 同义词的分类

同义词可分为两类：私有同义词和公有同义词。

1. 私有同义词

私有同义词只能被当前模式的用户访问，且名称不可与当前模式的对象名称相同。要在当前模式下创建私有同义词，用户必须拥有 CREATE SYNONYM 系统权限；要在其他用户模式下创建私有同义词，用户必须拥有 CREATE ANY SYNONYM 系统权限。

创建私有同义词的语法如下。

```
CREATE [OR REPLACE] SYNONYM [schema.]synonym_name
FOR [schema.]object_name;
```

其中：

- OR REPLACE：表示在同义词存在的情况下替换该同义词。
- synonym_name：表示要创建的同义词的名称。
- object_name：指定要为之创建同义词的对象的名称。

示例 7

需求说明

在 A_oe 模式下创建私有同义词访问 A_hr 模式下的 employee 表。

关键代码

```
-- 获得访问 A_hr 模式下的 employee 表的权限
……
-- 创建同义词 SY_EMP
CREATE SYNONYM SY_EMP FOR A_hr.employee;
-- 访问同义词
SELECT * FROM SY_EMP;
```

2. 公有同义词

公有同义词可以被所有数据库用户访问，可以隐藏数据库对象的所有者和名称，并降低 SQL 语句的复杂性。要创建公有同义词，用户必须拥有 CREATE PUBLIC SYNONYM 系统权限。

创建公有同义词的语法如下。

```
CREATE [OR REPLACE] PUBLIC SYNONYM synonym_name
FOR [schema.]object_name;
```

示例 8

需求说明

在 A_hr 模式下对 employee 表创建公有同义词 public_sy_emp，目的是使 A_oe 用户可以直接访问 public_sy_emp。

```
-- 在 A_hr 模式下创建公有同义词 public_sy_emp 作为 A_hr 用户 employee 表的别名
CREATE PUBLIC SYNONYM public_sy_emp FOR employee;
-- 在 A_oe 模式下访问公有同义词
SELECT * FROM public_sy_emp;
```

3. 私有同义词和公有同义词的区别

私有同义词只能在当前模式下访问，且不能与当前模式的对象同名。公有同义词可被所有的数据库用户访问。

注意

（1）使用同义词前，要获得同义词对应对象的访问权限。

（2）对象（如表）、私有同义词、公有同义词是否可以三者同名？对象与私有同义词不能同名；当对象和公有同义词同名时，数据库优先选择对象作为目标；当私有同义词和公有同义词同名时，数据库优先选择私有同义词作为目标。

2.3.3 删除同义词

DROP SYNONYM 语句用于从数据库中删除同义词。要删除同义词，用户必须拥有相应的权限。

删除同义词的语法如下。

```
DROP [PUBLIC] SYNONYM [schema.]synonym_name;
```

示例 9

要删除同义词 sy_emp 和 public_sy_emp，可以执行如下语句。

```
-- 删除私有同义词
DROP SYNONYM A_oe.sy_emp;
-- 删除公有同义词
DROP PUBLIC SYNONYM A_hr.public_sy_emp;
```

此命令只会删除同义词，不会删除对应的对象。

技能训练

上机练习 3——在 A_hr 模式下创建 dept 表的公有同义词 p_sy_dept

➢ 需求说明

创建 A_hr 模式下 dept 表的公有同义词，可以允许任何能够连接上数据库的用户访问。

提示

（1）使用 A_hr 用户连接 ORCL 数据库。

（2）创建 dept 表的公有同义词 p_sy_dept。

（3）将查询 dept 表的权限授予 public 角色。（需求中要求创建的公有同义词可以允许任何能够连接上数据库的用户访问，请结合解决方案中授予 public 角色一同思考。）

（4）使用 A_oe 用户连接 ORCL 数据库。

（5）在 A_oe 模式下访问公有同义词 p_sy_dept。

任务 4　创建员工表索引

关键步骤如下。

- ➢ 在薪水级别（salgrade）表中，为级别编号（grade）列创建唯一索引。
- ➢ 在员工（employee）表中，为员工编号（empno）列创建反向键索引。
- ➢ 在员工（employee）表中，为工种（job）列创建位图索引。
- ➢ 在员工（employee）表中，为员工名称（ename）列创建大写函数索引。

2.4.1　认识索引

索引是与表关联的可选结构，是一种快速访问数据的途径，可以提高数据库性能。数据库可以明确地创建索引，以加快对表执行 SQL 语句的速度。当将索引键作为查询条件时，该索引将直接指向包含这些值的行的位置。即便删除索引，也无须修改任何 SQL 语句的定义。

2.4.2　创建合适的索引

在 Oracle 中，索引的分类如表 2-3 所示。

表2-3　索引的分类

物理分类	逻辑分类
分区或非分区索引	单列或组合索引
B树索引（标准索引）	唯一或非唯一索引
正常或反向键索引	基于函数索引
位图索引	

1．B 树索引

B 树索引通常也称为标准索引。索引的顶部为根，其中包含指向索引中下一级的项。下一级为分支块，分支块又指向索引中下一级的块。最低一级为叶节点，其中包含指向表行的索引项。叶块为双向链接，有助于按关键字值的升序和降序扫描索引。

创建普通索引的语法如下。

```
CREATE [UNIQUE] INDEX index_name ON table_name（column_list）
[TABLESPACE tablespace_name];
```

在语法中：

- ➢ UNIQUE：用于指定唯一索引，默认情况下为非唯一索引。
- ➢ index_name：所创建索引的名称。
- ➢ table_name：表示为之创建索引的表名。

➢ column_list：在其上创建索引的列名的列表，可以基于多列创建索引，列之间用逗号分隔。

➢ tablespace_name：为索引指定表空间。

2. 唯一索引和非唯一索引

➢ 唯一索引：定义索引的列中任何两行都没有重复值。唯一索引中的索引关键字只能指向表中的一行。在创建主键约束和唯一约束时都会创建一个与之对应的唯一索引。

➢ 非唯一索引：单个关键字可以有多个与其关联的行。

示例 10

在薪水级别（salgrade）表中，为级别编号（grade）列创建唯一索引，代码如下。

```
SQL>CREATE UNIQUE INDEX index_unique_grade ON salgrade(grade);
```

3. 反向键索引

与常规 B 树索引相反，反向键索引在保持列顺序的同时反转索引列的字节。反向键索引通过反转索引键的数据值来实现。其优点是对于连续增长的索引列，反转索引列可以将索引数据分散在多个索引块间，减少 I/O 瓶颈的发生。

反向键索引通常建立在一些值连续增长的列上，如系统生成的员工编号，但不能执行范围搜索。

示例 11

在员工（employee）表中，为员工编号（empno）列创建反向键索引，代码如下。

```
SQL>CREATE INDEX index_reverse_empno ON employee(empno) REVERSE;
```

4. 位图索引

位图索引的优点在于，它最适用于低基数数列（即该列的值是有限的，理论上不会是无穷大）。例如，员工表中的工种（job）列，即便是有几百万条员工记录，工种也是可计算的。工种列可以作为位图索引，类似的还有图书表中的图书类别列等。

位图索引具有以下优点。

（1）对于大批即时查询，可以减少响应时间。

（2）相比其他索引技术，占用空间明显减少。

（3）即使是在配置很低的终端硬件上，也能获得显著的性能。

位图索引不应当用在频繁发生 INSERT、UPDATE 和 DELETE 操作的表上，因为这些 DML 操作在性能方面的代价很高。位图索引最适合于数据仓库和决策支持系统。

示例 12

在员工（employee）表中，为工种（job）列创建位图索引，代码如下。

```
SQL>CREATE BITMAP INDEX index_bit_job ON employee(job);
```

5. 其他索引

➢ 组合索引：在表内多列上创建。索引中的列不必与表中的列顺序一致，也不必相互邻接，类似于 MySQL 中的复合索引，如员工表中部门列和职务列上的索引。组合索引最多包含 32 列。

➢ 基于函数的索引：若使用的函数或表达式涉及正在建立索引的表中的一列或多列，则创建基于函数的索引。可以将基于函数的索引创建为 B 树索引或位图索引。

示例 13

在员工（employee）表中，为员工名称（ename）列创建大写函数索引，代码如下。

```
SQL>CREATE INDEX index_ename ON employee(UPPER(ename));
```

创建组合索引时请将唯一性高（该列上存储的大部分数据是唯一的）的列放在第一位。

2.4.3　创建索引注意事项

创建索引时需遵循的原则如下。

（1）频繁搜索的列可作为索引。

（2）经常排序、分组的列可作为索引。

（3）经常用作连接的列（主键 / 外键）可作为索引。

（4）将索引放在一个单独的表空间中，不要放在有回退段、临时段和表的表空间中。

（5）对大型索引而言，可考虑使用 NOLOGGING 子句创建大型索引。

（6）根据业务数据发生的频率，定期重新生成或重新组织索引，并进行碎片整理。

（7）仅包含几个不同值的列不可以创建为 B 树索引，但可根据需要创建位图索引。

（8）不要在仅包含几行的表中创建索引。

2.4.4　使用命令删除索引

1. DROP INDEX 语句用于删除索引

例如，删除员工（employee）表中的 index_bit_job 位图索引，代码如下。

```
SQL>DROP INDEX index_bit_job;
```

2. 何时应删除索引

（1）应用程序不再需要索引。

（2）执行批量加载前。大量加载数据前应先删除索引，加载后再重建索引有以下好处：①提高加载性能；②更有效地使用索引空间。

（3）索引已损坏。

2.4.5　重建索引应用场景

1. ALTER INDEX…REBUILD 语句用于重建索引

例如，将反向键索引更改为正常的 B 树索引，代码如下。

```
SQL>ALTER INDEX index_reverse_empno REBUILD NOREVERSE;
```

2. 何时应重建索引

（1）用户表被移动到新的表空间后，表上的索引不会自动转移，此时需将索引移到指定表空间。

```
ALTER INDEX index_name REBUILD TABLESPACE tablespace_name;
```

（2）索引中包含很多已删除的项。当对表进行频繁删除，造成索引空间浪费时，可以重建索引。

（3）需将现有的正常索引转换成反向键索引。

技能训练

上机练习 4——为客户表创建合适的索引

➢ 需求说明

为了提高客户（customers）表的数据检索效率，需要为该表创建索引。请针对客户编号、名、姓氏、地域列创建合适的索引。

提示

建议步骤如下。

（1）根据反向键索引的特点为客户编号列创建反向键索引或者唯一索引。

（2）根据位图索引的特点为地域列创建位图索引。

（3）根据组合索引的特点为名和姓氏列创建组合索引。

任务 5 创建销售信息分区表

关键步骤如下。

➢ 使用范围分区对购物中心销售系统某季度的销售信息进行统计。

➢ 使用间隔分区对购物中心销售系统某季度的销售信息进行统计。

2.5.1 认识分区表

Oracle 允许用户把一个表中的所有行分为几个部分，并将这些部分存储在不同的位置。被分区的表称为分区表，分成的每个部分称为一个分区。

对于包含大量数据的表来说，分区很有用。表分区有以下优点。

➢ 改善表的查询性能，在对表进行分区后，用户执行 SQL 查询时可以只访问表中的特定分区而非整个表。

- 表更容易管理，因为分区表的数据存储在多个部分，按分区加载和删除数据比在表中加载和删除更容易。
- 便于备份和恢复，可以独立地备份和恢复每个分区。
- 提高数据安全性，将不同的分区分布在不同的磁盘，可以减小所有分区的数据同时损坏的可能性。

符合以下条件的表可以建成分区表。

（1）数据量大于 2GB。

（2）已有的数据和新添加的数据有明显的界限划分。

表分区对用户来说是透明的，即应用程序可以不知道表已被分区，在更新和查询分区表时当作普通表来操作，但 Oracle 优化程序知道表已被分区。

注意

要分区的表不能具有 LONG 和 LONG RAW 数据类型的列。

2.5.2　Oracle 提供的分区方法

Oracle
分区方法

Oracle 提供的分区方法有以下几种：范围分区、列表分区、散列分区、复合分区、间隔分区和虚拟列分区等。其中，间隔分区和虚拟列分区是 Oracle 11g 的新增特性。下面介绍两种比较重要的分区方法。

1．范围分区

范围分区（range）是应用比较广的表分区方式，它以列的值的范围作为分区的划分条件，将记录存放到列值所在的 range 分区中。

示例 14

需求说明

在某购物中心销售系统中，要求统计某季度的销售信息，如表 2-4 所示。

表2-4　销售信息表（SALES）

列　名	说　明	类　型
SALES_ID	销售流水号	NUMBER
PRODUCT_ID	产品ID	VARCHAR2(5)
SALES_DATE	销售日期	DATE
SALES_COST	销售金额	NUMBER(10)
AREACODE	销售区域	VARCHAR2(5)

提示

在按时间分区时，如果某些记录暂时无法预测范围，则可以创建 maxvalue 分区，所有不在指定范围内的记录都会被存储到 maxvalue 所在的分区中。

关键代码

```
CREATE TABLE sales1
(
    sales_id NUMBER,
    product_id VARCHAR2(5),
    sales_date DATE NOT NULL,
     ……
)
PARTITION BY RANGE (sales_date)
(
    PARTITION P1 VALUES LESS THAN (to_date('2013-04-1', 'yyyy-mm-dd' )),
    PARTITION P2 VALUES LESS THAN (to_date('2013-07-1', 'yyyy-mm-dd' )),
    PARTITION P3 VALUES LESS THAN (to_date('2013-10-1', 'yyyy-mm-dd' )),
    PARTITION P4 VALUES LESS THAN (to_date('2014-01-1', 'yyyy-mm-dd' )),
    PARTITION P5 VALUES LESS THAN (maxvalue)
);
```

要查看第三季度的数据，则输入以下语句。

```
SELECT  *  FROM sales1 PARTITION(P3);
```

要删除第三季度的数据，则输入以下语句。

```
DELETE FROM sales1 partition(P3);
```

（1）一般创建范围分区时，都会将最后一个分区设置为 maxvalue，以使其他数据落入此分区。一旦需要某一数据时，可以利用拆分分区的技术将需要的数据从最后一个分区中分离出来，单独形成一个分区。如果没有创建足够大的分区，则插入的数据超出范围就会报错。

（2）如果插入的数据就是分区键上的值，则该数据落入下一个分区。例如，插入数据为 '2013-10-1'，则数据会落入 P4 分区。

2. 间隔分区

间隔分区（Interval）是 Oracle 11g 版本新引入的分区方法，是范围分区的一种增强，可以实现范围分区的自动化。

它的优点是在不需要创建表时就将所有分区划分清楚。间隔分区随着数据的增加会划分更多的分区，并自动创建新的分区。

示例 15

需求说明

参照示例 14，统计某季度的销售信息。

关键代码

```
-- 创建间隔分区表
CREATE TABLE sales2
(
      sales_id NUMBER,
      product_id VARCHAR2(5),
      sales_date DATE NOT NULL,
      ……
)
      PARTITION BY RANGE(sales_date)
      INTERVAL(NUMTOYMINTERVAL(3,'MONTH'))
      (PARTITION P1 VALUES LESS THAN (TO_DATE('2013-04-1','yyyy/mm/dd’)));
      -- 插入数据
      INSERT INTO sales2 VALUES (1,'a',TO_DATE('2013-08-1'),10,'1');
      -- 获得分区情况
      SELECT table_name,partition_name
      FROM user_tab_partitions
      WHERE table_name=UPPER('sales2');
      -- 查询输出结果，系统自动根据输入数据情况创建新分区“SYS_P82”
            TABLE_NAME      PARTITION_NAME
            ----------------------------
            SALES2            P1
            SALES2            SYS_P82
      -- 查询分区数据
      SELECT * FROM sales2 PARTITION(sys_P82);
```

说明

（1）只需创建第一个开始分区，如示例 15 中的 P1。

（2）INTERVAL(NUMTOYMINTERVAL(3,'MONTH')) 语句中，INTERVAL 代表“间隔”，即按照后面括号中的定义间隔添加分区。

（3）NUMTOYMINTERVAL(3,'MONTH') 表示每 3 个月为一个分区。

NUMTOYMINTERVAL(n, 'interval_unit') 函数用于将 n 转换成 interval_unit 所指定的值。

➢ interval_unit 可以为 YEAR 或 MONTH。

举例：

NUMTOYMINTERVAL(1,'YEAR')：每 1 年为一个分区。

NUMTOYMINTERVAL(1,'MONTH')：每 1 个月为一个分区。

与该类型相关的函数还有 NUMTODSINTERVAL(n, 'interval_unit')，用于将 n 转换成 interval_unit 所指定的值。

➢ interval_unit 可以为 DAY、HOUR、MINUTE、SECOND。

➢ 注意该函数不支持 YEAR 和 MONTH。

（4）系统会根据数据自动创建分区。

经验

可以利用间隔分区将开始创建时没有分区的表创建为新的间隔分区表，代码如下。

```
CREATE TABLE sales3
PARTITION BY RANGE(sales_date)
INTERVAL(NUMTOYMINTERVAL(3,'MONTH'))
(PARTITION P1 VALUES LESS THAN (TO_DATE('2013-04-1','yyyy/mm/dd')))
AS SELECT * FROM sales; --sales 表为已经创建的表
```

技能训练

上机练习 5——根据订单表创建范围分区表

➢ 需求说明

使用 A_oe 用户登录，根据订单（orders）表创建范围分区表 rangeOrders，插入 '2013/01/01' 数据并查看，删除第三个分区内容并查看。

提示

（1）创建 A_oe 用户并连接 ORCL 数据库。

（2）根据 orders 表创建范围分区表 rangeOrders。要求创建 5 个分区:

① part1 分区为 '2005/01/01' 前的数据;

② part2 分区为 '2006/01/01' 前的数据;

③ part3 分区为 '2007/01/01' 前的数据;

④ part4 分区为 '2008/01/01' 前的数据;

⑤ part5 分区为 '2009/01/01' 前的数据。

（3）查询每一个分区的数据。

（4）插入 '2013/01/01' 数据并查看。（查看结果报错，请思考如何修改。）

（5）删除第三个分区的数据。

上机练习 6——根据订单表创建间隔分区表

➢ 需求说明

使用 A_oe 用户登录，创建间隔分区订单表，按订单日期以年为间隔单位创建间隔分区，并查询指定分区内容，删除分区内容。

提示

（1）创建 A_oe 用户并连接 ORCL 数据库。

（2）根据 orders 表创建间隔分区表 intervalOrders。要求第一个分区为 2005/01/01 年以前的数据，以后每隔一年为一个分区。

（3）查询每一个分区的数据。

请先查找一共有几个分区，每个分区的名称是什么。

```
SELECT table_name, partition_name
FROM user_tab_partitions
WHERE table_name=UPPER('intervalOrders');
```

（4）插入数据并查看。

（5）删除任意一个分区的数据。

任务 6　为员工表创建视图、创建数据库链

关键步骤如下。

- 为员工表（employee）创建视图实现查询所有员工的信息，最后使用 DROP 删除视图。
- 使用数据库链来实现对远程数据库的访问。

2.6.1　认识视图

1．视图的基本概念

简单地说，视图就是一个虚拟的表，是经过查询操作后形成的一个结果，其输出形式类似于一个表。虽然视图被看作一个虚拟的表，但它与普通的表一样，也包含一系列带有名称的列和数据记录。然而，视图并不在数据库中存储数据值。用户可以通过触发器对视图所对应的表进行插入、更新和删除操作。与此对应的是，如果对真实表的数据进行修改，则修改结果将会在视图中体现和反映。

2．视图的应用

（1）视图的创建

最简单的视图实际上就是对一个真实表的引用，但这种引用只是从真实表中检索数据，而不允许对数据进行修改。随着查询表达式越来越复杂，视图也越复杂。创建视图的基本语法如下。

```
CREATE [ OR REPLACE ] VIEW view_name AS
<select statements> [ WITH CHECK OPTION ]
```

在语法代码中，使用了 VIEW 关键字来创建视图，注意当系统执行到 CREATE VIEW 语句时，只是将视图的定义存入数据字典，并没有执行其中的 SELECT 语句。而 WITH CHECK OPTION 语句的作用是要求进行插入或修改的数据记录必须满足视图定义的约束。

（2）删除视图

视图的删除也非常简单，使用 DROP 关键字就可以实现视图的删除，其语法格式

如下。

```
DROP    VIEW    view_name
```

下面我们就创建一个视图，实现查询所有员工的信息，最后删除视图。实现代码如示例 16 所示。

示例 16

```
-- 创建视图 --
create or replace view v_employee    as select * from employee ;
-- 从视图中检索数据 --
select * from v_employee;
-- 删除视图 --
DROP VIEW v_employee;
```

2.6.2　创建数据库链

1．数据库链的基本概念

数据库链（Database Link）用来更方便地从一个数据库访问另一个数据库（可以是本地和远程），是在本地建立的一个路径。简单地说，就是通过创建数据库链，能够实现不同数据库之间的通信，即在 A 数据库中可以实现对 B 数据库中数据的访问。

注意，在数据库中数据库链会被看作本地数据库的一个使用对象。

2．数据库链的应用

（1）数据库链的创建

创建数据库链时，要求数据库链的名字与链所指向的数据库的全名相同，其语法格式如下。

```
CREATE [ PUBLIC ]    DATABASE LINK     link_name
CONNECT TO    username    IDENTIFIED    BY    password
USING    'SERVERNAME / SERVERURL';
```

其中：

- PUBLIC：使用该关键字表示创建公有的数据库链。
- link_name：表示的是数据库链的名称，该名称通常为 xxx.xxx.xxx.xxx 的形式。
- username/password：表示远程数据库的用户账户和密码。
- SERVERNAME/SERVERURL：表示在连接时使用的服务名或者包含服务完整信息的路径。

（2）通过数据库链实现远程数据库的访问

数据库链创建完毕后，就可以使用数据库链进行远程数据库的访问，访问的语法也非常简单，语法格式如下。

```
select    *    from    tablename@link_name
```

通常情况下在创建数据库链时，可以使用远程数据库的服务名，如 using"TEST"，但是这种使用会受到编译环境的影响，出现无法解析的情况。因此，建议使用完整路径的方式。

完整路径的形式及内容如下所示。

```
(DESCRIPTION =
    (ADDRESS_LIST =
      (ADDRESS = (PROTOCOL = TCP)(HOST = 10.0.0.11)(PORT = 1521))
    )
    (CONNECT_DATA =
      (SERVICE_NAME = TEST)
    )
  )
```

其中包含了远程数据库的相关信息，可以通过这种完整路径的方式实现对远程数据库的访问。

现在我们来演示如何使用数据库链来实现对远程数据库的访问。我们在一个远程数据库中创建了一个物品表，用于保存物品信息。现在通过数据库链来实现远程访问查询物品表的记录。实现代码如示例 17 所示。

示例 17

```
-- 创建名称为 link_goods 的数据库链 --
create database link link_goods
    connect to jbit identified by bdqn
    using '(DESCRIPTION =
              (ADDRESS_LIST =
                  (ADDRESS = (PROTOCOL = TCP)(HOST = 10.0.0.34)(PORT = 1521))
              )
              (CONNECT_DATA =
                  (SERVICE_NAME = prd34)
              )
    )';
-- 访问数据库链 --
select * from goods@link_goods
```

运行示例 17 的代码，运行效果如图 2.1 所示。

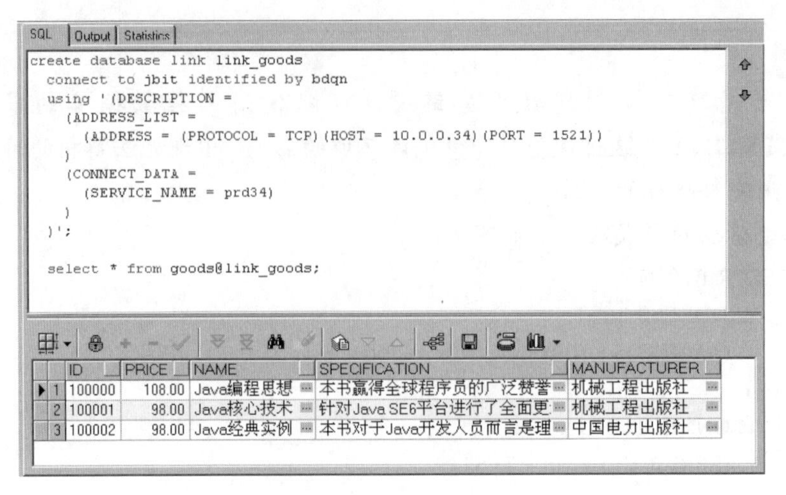

图 2.1　数据库链的访问

技能训练

上机练习 7——通过视图查询员工表中的记录

➢ 需求说明

将 employee 表和 dept 表的信息进行一一对应，编写一个视图显示出所有员工信息及其部门名称。

上机练习 8——使用数据库链实现远程访问数据库

➢ 需求说明

有一个名称为 ORCL 的数据库，其中包含了 employee 表的相关信息，编写一个数据库链实现对该数据库的远程访问，并显示 employee 表中所有人的姓名。

任务 7　从 Oracle 数据库中导入导出数据

关键步骤如下。

➢ 使用 imp 和 exp 导入导出数据。

➢ 使用 PL/SQL Developer 导入导出数据。

数据的备份与恢复是保证数据库安全运行的一项重要内容。当数据库因为意外情况而无法正常运行时，可以利用事先做好的备份进行恢复，将损失减少到最小。备份和恢复的方法很多，本节主要讲解利用 Oracle 的导入导出功能实现数据的备份和恢复。导入导出可以通过 Oracle 的 exp 和 imp 命令实现，也可以通过 PL/SQL 提供的图形界面方式实现。

2.7.1　使用 Oracle 工具 imp 和 exp 导入导出数据

1. 使用 exp 导出数据

exp 是 Oracle 提供的一个导出工具，它是操作系统下的一个可执行文件，存放目录

为 \ORACLE_HOME\BIN，ORACLE_HOME 是指 Oracle 的主目录，此处为 E:\oracle\product\10.2.0\db_1。在命令提示符窗口中输入 exp 即可启动数据的导出，主要步骤如下。

（1）按照提示输入用户名和密码进行登录。此处输入用户名“epet”，密码“bdqn”。

（2）登录成功后，提示输入数组提取缓冲区大小，如果采用默认值，直接按 Enter 键即可。

（3）提示输入导出文件的路径和文件名，默认为 export.dmp，如果采用默认值，则直接按 Enter 键即可。此处输入 epet.dmp，然后按 Enter 键。

（4）提示选择导出方式。当使用 exp 导出数据时，支持 3 种导出方式：表方式，导出一个指定表，包括表的定义、数据和表上建立的索引和约束等；用户方式，导出属于一个用户的所有对象，包括表、视图、序列、存储过程等；全数据库方式，导出数据库中的所有对象，只有 DBA 可以选择这种导出方式。此处选择用户方式，它是默认选项。

（5）提示是否导出权限、导出表数据，是否对导出数据进行压缩，采用默认项即可。

（6）开始导出数据，导出完毕后提示成功，终止导出。执行过程如图 2.2 所示。

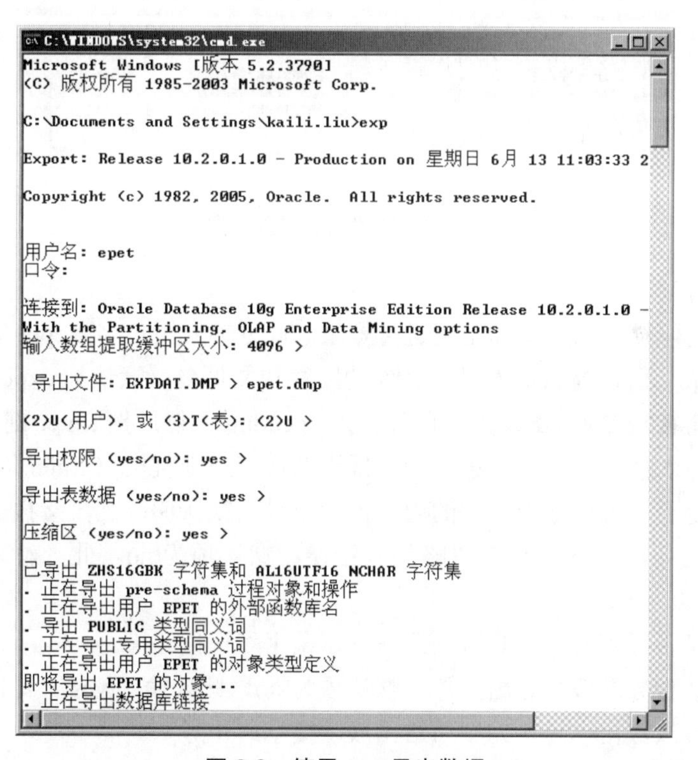

图 2.2　使用 exp 导出数据

2. 使用 imp 导入数据

imp 是 Oracle 提供的一个导入工具，它也是操作系统下的一个可执行文件，存放目录与 exp 相同。使用 exp 导出数据后，可以再使用 imp 将数据导入数据库。可以导入自己导出的数据，也可以导入由其他用户导出的数据。

此处演示导入自己导出的数据，首先删除 epet 用户模式下创建的数据库表和序列

（便于演示导入效果），然后在命令提示符窗口中输入 imp 启动数据的导入，执行过程如图 2.3 所示。导入成功后可以看到 epet 用户模式下删除的数据库表和序列已经恢复。

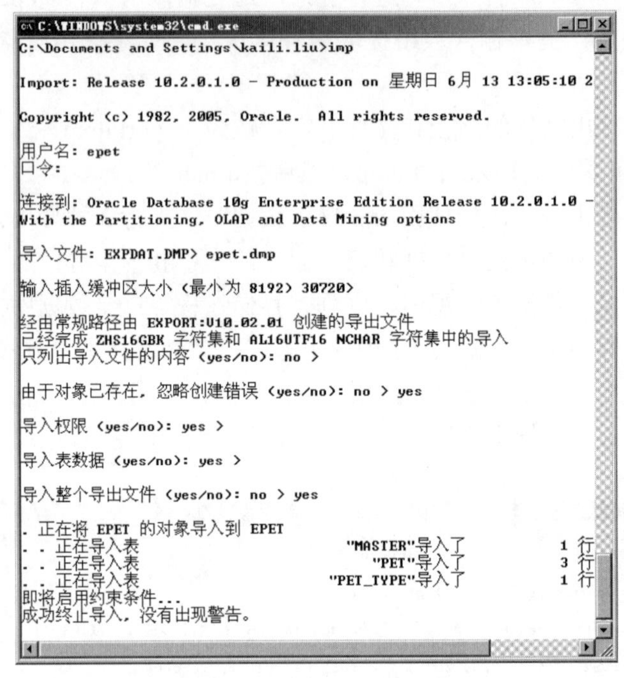

图 2.3 使用 imp 导入数据

主要步骤描述如下。

（1）按照提示输入用户名和密码进行登录。此处输入用户名“epet”，密码“bdqn”。

（2）登录成功后，提示输入导入文件的路径和文件名，默认为 export.dmp，如果采用默认值，则直接按 Enter 键即可。此处输入 epet.dmp，然后按 Enter 键。

（3）提示输入插入缓冲区大小，如果采用默认值，则直接按 Enter 键即可。

（4）提示是否只列出导入文件的内容，如果采用默认值，则直接按 Enter 键即可。

（5）提示对象已存在，是否忽略创建错误，默认项为 no。此处输入 yes，按 Enter 键继续。

（6）提示是否导入权限、是否导入数据，采用默认值即可。

（7）提示是否导入整个导出文件，默认项为 no。此处输入 yes，按 Enter 键继续。

（8）开始导入数据，导入完毕后给出成功提示终止导入。

2.7.2 使用第三方工具 PL/SQL Developer 导入导出数据

PL/SQL Developer 中提供了更直观方便和更多的导入导出方法。

1. ***使用 PL/SQL Developer 导出数据***

登录 PL/SQL Developer 成功后，选择 Tools → Export Tables…，出现如图 2.4 所示的窗口。

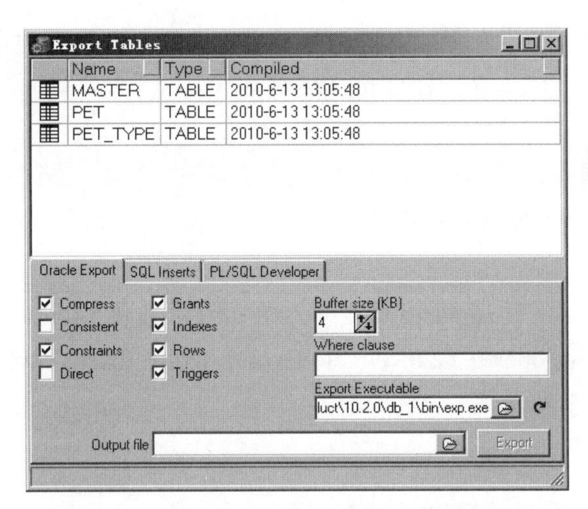

图 2.4　使用 PL/SQL Developer 导出数据

可以看到有 3 种导出方式，分别为 Oracle Export、SQL Inserts、PL/SQL Developer，它们的区别如下。

Oracle Export：使用的就是 exp 命令，导出为 .dmp 文件格式。.dmp 文件是二进制的，无法查看，但可以跨平台，效率高且使用最广。

SQL Inserts：导出为 .sql 文件格式，可以使用记事本等文本编辑器查看，效率不如第一种，适合小数据量导入导出。如果表中含有 blob、clob 等字段，则不能采用此方式。

PL/SQL Developer：导出为 .pde 文件格式，它是 PL/SQL Developer 的自有文件格式，只能使用该软件来导入导出。

如图 2.4 所示，首先在窗口上侧选中要导出的数据库表（可以多选，默认导出所有数据库表），然后在窗口左下侧勾选要导出的具体内容（如表的权限、索引、触发器等，一般采用默认项即可），最后在下侧指定导出文件的路径和文件名，单击 Export 按钮即可完成导出。

2. 使用 PL/SQL Developer 导入数据

登录 PL/SQL Developer 成功后，选择 Tools → Import Tables…，出现如图 2.5 所示的窗口。

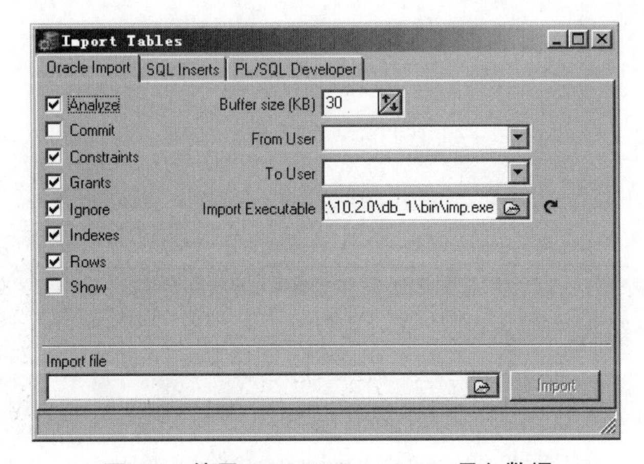

图 2.5　使用 PL/SQL Developer 导入数据

同样可以看到 3 种导入方式，分别与 3 种导出方式对应。在窗口下侧指定导入文件的路径和文件名，单击 Import 按钮即可完成导入。

技能训练

上机练习 9——数据的导入导出

➢ 需求说明

在命令提示符窗口使用 imp/exp 命令导入导出订单目录（OE）子系统中的两个数据库表，在 PL/SQL Developer 中使用 Oracle Export、SQL Inserts 和 PL/SQL Developer 三种方式导入导出这两个数据库表。

任务 8 优化 SQL 语句

关键步骤如下。

➢ 了解 SQL 优化的场景。

➢ 编写高性能的 SQL 语句。

数据库优化包含多个方面，对于数据库编程方向的学习者，重点是从开发角度保证写出高质量的 SQL 语句；对于数据库管理方向的学习者，重点应避免磁盘 I/O 瓶颈，减少 CPU 利用率和资源竞争。那么作为 Java 开发工程师，则需要重点掌握对 SQL 语句的优化。在本小节中，我们将了解一些基本的优化技巧。

2.8.1 查询优化产生背景

有关优化的内容，请先思考以下问题。

1. 谁进行优化

和数据库有关的人员，包括以下几类。

➢ 应用程序设计者。

➢ 应用程序开发者。

➢ 数据库管理员。

➢ 系统管理员。

2. 为何要优化

数据库优化的最好方法是认真设计系统和应用程序。提高性能主要是通过优化应用程序获得的。

如果满足下列条件，则设计的系统很少会出现性能问题。

➢ 硬件能够满足用户的需求。

➢ 数据库是经过认真设计的。

➢ 应用程序开发人员编写了高效的 SQL 程序。

如果在系统开发过程的早期就做出了错误的决策或者用户现在对系统的要求比原

来提高了，可能需要认真考虑提高性能，优化过程进行得越晚，耗费的时间和资源就越多。

3. 优化到什么程度

在开始优化时，应该对试图达到的目标有一个明确的概念，用现实世界的话来说，就是尽可能精确地量化目标。例如：

➢ 每天处理 10000 个订单。
➢ 在月末的一个晚上制作 200000 份账单报表。

总之，SQL 性能的指标就是时间。随着查询速度的不断提升，也就意味着 SQL 执行时间的不断缩短。最后要知道，优化是一个反复的过程，而不是一个只执行一次的活动。

4. 优化的目标是什么

优化 Oracle 服务器的基本目标是确信以下内容。

➢ SQL 语句访问尽可能少的 Oracle 块。
➢ 如果需要某个块，那么它一定是被高速缓存在内存中。
➢ 多个用户共享相同的代码。
➢ 当需要代码时，它一定是被高速缓存在内存中。
➢ 在不能避免读写操作的地方，以尽可能快的速度完成这些操作。
➢ 用户从来不必等待其他用户所占有的资源。
➢ 能够以尽可能快的速度进行备份和处理其他必要的任务。

5. 优化步骤谁先谁后

建议按照以下次序实施优化。

（1）设计。
（2）应用程序。
（3）内存。
（4）输入 / 输出（I/O）。
（5）争用。
（6）操作系统。

按照这个次序进行优化的原因是：此顺序中前面的改进可以避免以后遇到问题。例如，如果应用程序使用大量的全表扫描，则可能发生过多的 I/O 操作；但是如果可以重写这些查询使它们只需访问 4 个块而不是 4000 个块，那么就没有必要调整缓冲区高速缓存的大小或重新分配磁盘文件。前两个步骤通常是系统体系结构设计者和应用程序开发人员的责任，但是 DBA（数据库管理员）也可能参与应用程序的优化。

如果未达到目标，那么请重复这个优化过程。

在数据库设计中要考虑合理使用数据库对象，有些数据库对象可以直接提升数据库的性能，如在前面章节中学习过的索引和表分区。除此之外，与 Java 开发工程师关系最紧密的就是 SQL 的优化，下面我们就来学习 SQL 优化的一般技巧。

2.8.2 如何编写高性能的 SQL 语句

1. SQL 语句与优化的关系

- 对数据库（数据）进行操作的唯一途径。
- 消耗了 70% ~ 90% 的数据库资源。
- 独立于程序设计逻辑，相比于对程序源代码的优化，对 SQL 语句的优化在时间成本和风险上的代价都很低。
- 可以有不同的写法。
- 易学，难精通。

2. 需要优化的 SQL

- 运行时间较长的 SQL。
- 逻辑读较高的 SQL。
- 物理读较高的 SQL。

3. SQL 优化的途径

- 选择合适的 Oracle 优化器。
- 选择恰当的扫描方式。
- 善于利用共享 SQL 语句。
- 高质量的 SQL 语句。

在应用系统开发初期，由于数据库中数据比较少，对于查询 SQL 语句、复杂视图的编写等，体会不出 SQL 语句各种写法的性能优劣，但是如果将应用系统提交实际应用后，随着数据库中数据的增加，系统的响应速度就成为目前系统需要解决的主要问题之一。系统优化中一个很重要的方面就是对 SQL 语句的优化。对于海量数据，劣质 SQL 语句和优质 SQL 语句之间的速度差别可以达到上百倍，可见对于一个系统，不是简单地实现其功能即可，而是要写出高质量的 SQL 语句，提高系统的可用性。

在多数情况下，Oracle 使用索引来更快地遍历表，优化器主要根据定义的索引来提高性能。但是，如果在 SQL 语句的 WHERE 子句中写的 SQL 代码不合理，就会造成优化器删去索引而使用全表扫描，一般这种 SQL 语句就是所谓的劣质 SQL 语句。在编写 SQL 语句时，应清楚优化器根据何种原则来删除索引，这将有助于写出高性能的 SQL 语句。

4. 一般优化技巧

- 在 SELECT 子句中避免使用“*”代替所有列名。

Oracle 在解析过程中，会将“*”依次替换成所有的列名，这个工作是通过查询数据字典完成的，意味着将耗费更多的时间。

- 用 TRUNCATE 代替 DELETE 删除所有数据。

并非所有删除操作都需要按照此条规则执行，回顾 TRUNCATE 与 DELETE 的区别，需要根据不同业务场景来进行最合适的选择。

➢ 用 EXISTS 代替 IN、用 NOT EXISTS 代替 NOT IN。

示例 18

需求说明

查询所有拥有部门的员工的名称。

关键代码

```
--in--
select e.ename from employee e where e.deptno
         in (select deptno from dept);
-- exists 优化 --
select e.ename from employee e where exists
         (select 'x' from dept where deptno = e.deptno);
```

➢ 用 EXISTS 代替 DISTINCT。

示例 19

需求说明

查询在员工表中出现的不同部门编号。

关键代码

```
-- distinct --
select distinct e.deptno from employee e where e.deptno is not null;
-- exists 优化 --
select d.deptno from dept d where exists
           (select 'x' from employee e where d.deptno = e.deptno);
```

➢ 驱动表的选择。
  - ♦ from 后面靠右的表是驱动表（注：所有表都没有索引的情况下）。
  - ♦ 在有索引的情况下，没索引的表为驱动表。
  - ♦ 驱动表要选择小表（注：所谓的小表是指过滤后的数据量小）。

➢ WHERE 子句的连接顺序。
  - ♦ 表连接关系放在前面。
  - ♦ 过滤数据越多的条件子句应放置在后面。

本章总结

➢ 一个数据库由一个或多个表空间组成，每个表空间中的数据保存在一个或多个数据文件中。

➢ 使用 CREATE USER 命令创建用户，同时为用户设置相应的表空间。

➢ 用户授权有两种方式，一种是直接授权，另一种是通过角色授权。

➢ 了解 CONNECT、RESOURCE 和 DBA 三个常用的角色。

➢ 序列用于生成唯一、连续的序号，这些序号可以作为主键或唯一键的值。

➢ 同义词是表、视图、序列、过程、函数、程序包或其他数据库对象的别名。

- 同义词简化了 SQL 语句，用于隐藏对象的名称和所有者。
- 索引是与表相关的可选结构，用于更快地检索数据。除了标准索引外，还有唯一索引、组合索引、位图索引、反向键索引、基于函数的索引等。
- 表分区用于管理存储在大表中的数据。
- 分区方法包括范围分区、散列分区、列表分区、复合分区、间隔分区和虚拟列分区。
- 视图就是虚拟的表，只能进行查询操作，而不能进行更新（增、删、改）操作，主要用于报表查询。
- 使用数据库链来实现不同数据库之间的通信。
- 使用 imp 和 exp 命令进行数据的导入导出。
- 数据库优化包括很多方面，其中 SQL 优化是非常重要的。SQL 性能的指标是执行时间，掌握一般的 SQL 优化技巧，根据业务量的增加，不断地优化查询，可以有效地提升系统的用户体验。

本章练习

1．在 A_hr 用户下创建一个名为 Stock_Received 的表，其中包括 Stock_ID、Stock_ Date 和 Cost 列。创建一个名为“myseq”的序列，该序列的起始值为 1000，并在每次查询时增加 10，直到该序列达到 1100，然后重新从 1000 开始。

2．为表 Stock_Received 创建公有同义词 p_Stock_Received，并通过 A_oe 用户访问。

3．在表 Stock_Received 中，根据 Stock_Date 列为该表创建三个范围分区。

4．在表 Stock_Received 中的 Stock_ID 列上创建一个唯一索引。

5．使用 imp/exp 命令导入导出 Stock_Received 数据表。

6．列举出 SQL 优化的一般技巧。

第3章

Hibernate初体验

技能目标

- ❖ 理解类和表的映射关系
- ❖ 理解持久化对象的状态及其转换
- ❖ 掌握单表的增删改
- ❖ 掌握按主键查询

本章任务

学习本章，完成以下5个工作任务。记录学习过程中遇到的问题，可以通过自己的努力或访问kgc.cn解决。

任务1：搭建Hibernate环境

任务2：使用Hibernate API完成持久化操作

任务3：Hibernate中Java对象的生命周期

任务4：Hibernate脏检查及如何刷新缓存

任务5：使用Hibernate API更新数据

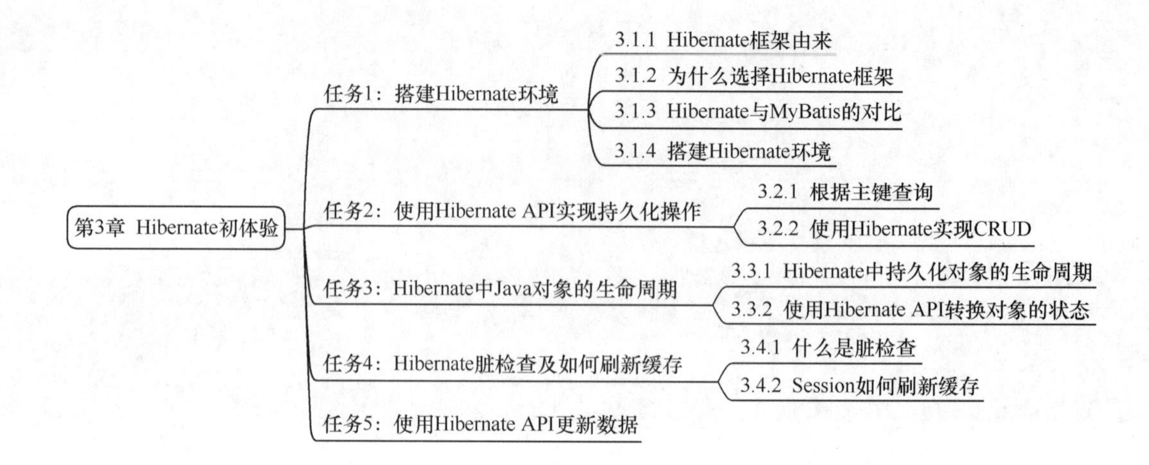

任务 1 搭建 Hibernate 环境

关键步骤如下。

- 下载需要的 jar 文件。
- 部署 jar 文件。
- 创建 Hibernate 核心配置文件 hibernate.cfg.xml。
- 创建持久化类和映射文件。

3.1.1 Hibernate 框架由来

1. Hibernate 框架

Hibernate 是数据持久化工具，也是一个开放源代码的 ORM 解决方案。Hibernate 内部封装了通过 JDBC 访问数据库的操作，向上层应用提供面向对象的数据访问 API。

Gavin King 是 Hibernate 的创始人、EJB 3.0 专家委员会成员、JBoss 核心成员之一，也是《*Hibernate in Action*》一书的作者。

2001 年，Gavin King 使用 EJB 的 Entity bean 1.1 时，觉得开发效率太低，于是，便开始试图寻找更好的方案。经过两年多的努力，在 2003 年，Gavin King 和他的开发团队推出了 Hibernate。

Gavin King 成为全世界 Java EE 数据库解决方案的领导者，Hibernate 也成为全世界最流行的开源 ORM 解决方案。

2. Hibernate 是 ORM 解决方案

基于 ORM，Hibernate 在对象模型和关系数据库的表之间建立了一座桥梁。通过 Hibernate，程序员就不需要再使用 SQL 语句操作数据库中的表，而是使用 API 直接操作 JavaBean 对象就可以实现数据的存储、查询、更改和删除等操作，显著降低了由于对象与关系数据库在数据表现方面的范例不匹配而导致的开发成本。

3.1.2 为什么选择 Hibernate 框架

回顾一下 DAO 层代码，以查找所有用户为例，直接使用 JDBC 查询用户的代码如下。

```
List users = new ArrayList();
User user = null;
try {
  Connection conn = DBUtil.getConnection();
  Statement statement = conn.createStatement();
  ResultSet resultSet =
        statement.executeQuery("select * from users");
  while (resultSet.next()) {
        user = new User();
        user.setId(resultSet.getInt(1));
        user.setUserName(resultSet.getString(2));
        user.setPassword(resultSet.getString(3));
        user.setTelephone(resultSet.getString(4));
        user.setRegisterDate(resultSet.getDate(5));
        user.setSex(resultSet.getInt(6));
        users.add(User);
  }
} catch (Exception e) {
  // 省略异常处理代码
} finally {
  DBUtil.close(resultSet, statement, conn);
}
```

用 JDBC 查询返回的是 ResultSet 对象，ResultSet 往往不能直接使用，还需要转换成 List，并且通过 JDBC 查询不能直接得到具体的业务对象。这样在整个查询的过程中，就需要做很多重复性的转换工作。

使用 Hibernate 完成持久化操作，只需要编写如下代码。

```
Session session = HibernateUtil.currentSession();
Query query = session.createQuery("from User");
List<User> users = (List<User>) query.list();
```

HibernateUtil 是一个自定义的工具类，用于获取 Hibernate 的 Session 对象，Session 是 Hibernate 执行持久化操作的核心 API。Hibernate 处理数据库查询时，编写的代码非常简洁。作为查询结果，可以直接获得一个存储着 User 实例的 List 集合实例，能够直接使用，从而避免了烦琐的重复性的数据转换过程。

1. Hibernate 框架的优点

（1）Hibernate 功能强大，是 Java 应用与关系数据库之间的桥梁，较之 JDBC 方式操作数据库，代码量大大减少，提高了持久化代码的开发速度，降低了维护成本。

（2）Hibernate 支持许多面向对象的特性，如组合、继承、多态等，使得开发人员不必在面向业务领域的对象模型和面向数据库的关系数据模型之间来回切换，方便开发人员进行领域驱动的面向对象的设计与开发。

（3）可移植性好。系统不会绑定在某个特定的关系型数据库上，对于系统更换数据库，通常只需要修改 Hibernate 配置文件即可正常运行。

（4）Hibernate 框架开源免费，可以在需要时研究源代码，改写源代码，进行功能的定制，具有可扩展性。

2. Hibernate 框架的缺点

（1）不适合以数据为中心大量使用存储过程的应用。

（2）大规模的批量插入、修改和删除不适合使用 Hibernate。

3.1.3 Hibernate 与 MyBatis 的对比

Hibernate 与 MyBatis 都属于 ORM 框架，为数据层提供持久化操作的支持。下面从几个方面对 Hibernate 和 MyBatis 做一下比较，也为选择框架提供一些参考依据。

（1）相对于 MyBatis 的“SQL-Mapping”的 ORM 实现，Hibernate 的 ORM 实现更加完善，提供了对象状态管理的功能。Hibernate 对数据操作，针对的是 Java 对象，即使使用 Hibernate 的查询语言（HQL 语句），其书写规则也是面向对象的。

（2）Hibernate 与具体数据库的关联只需要在 XML 中配置即可，Hibernate 开发者不需要关注 SQL 的生成与结果的映射，所有的 HQL 语句与具体使用的数据库无关，便于修改，可移植性好。而 MyBatis 直接使用 SQL 语句，不同数据库之间可能会有差异，修改工作量大，可移植性差。

（3）由于直接使用 SQL 语句，因此 MyBatis 的使用灵活性更高，而 Hibernate 对于关系模型设计不合理、不规范的系统则不适用。在不考虑缓存的情况下，MyBatis 的执行效率也比 Hibernate 高一些。

3.1.4 搭建 Hibernate 环境

在 MyEclipse 中新建工程后，使用 Hibernate，需做以下准备工作，如图 3.1 所示。

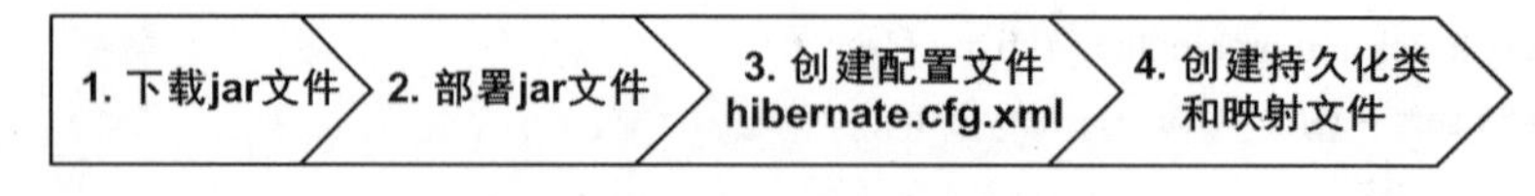

图 3.1 Hibernate 环境准备步骤

1. 下载需要的 jar 文件

Hibernate 的官方网站是 http://hibernate.org，在该网站可以下载到较新版本的 Hibernate，其他版本可以通过其托管网站 https://sourceforge.net/projects/hibernate/files/ 下载。推荐下载 hibernate3 目录中的 hibernate-distribution-3.6.10.Final-dist.zip，解压后的目录结构如图 3.2 所示。

注意查看根目录（hibernate-distribution-3.6.10.Final）和 lib\required 目录。在根目录

下存放着 hibernate3.jar，如图 3.3 所示， Hibernate 的接口和类就在这个文件中。

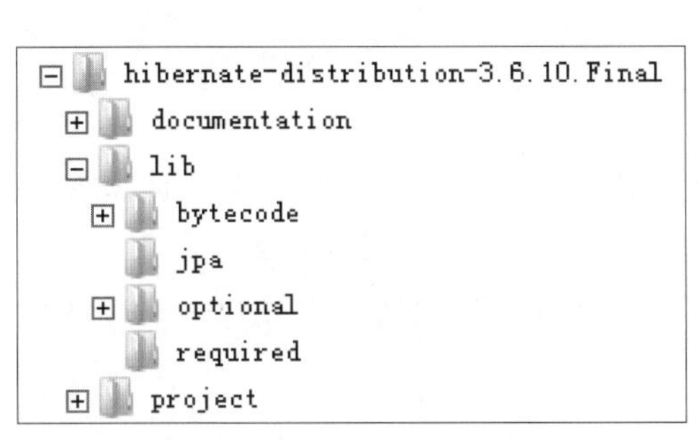

图 3.2　解压后的目录结构

图 3.3　根目录包含的文件和文件夹

Hibernate 会使用到一些第三方类库，这些类库放在了 lib\required 及 lib\jpa 目录下，如图 3.4 所示。这些 jar 文件的作用如表 3-1 所示。

hibernate-distribution-3.6.10.Final ▸ lib ▸ required
名称
antlr-2.7.6.jar
commons-collections-3.1.jar
dom4j-1.6.1.jar
javassist-3.12.0.GA.jar
jta-1.1.jar
slf4j-api-1.6.1.jar

hibernate-distribution-3.6.10.Final ▸ lib ▸ jpa
名称
hibernate-jpa-2.0-api-1.0.1.Final.jar

图 3.4　Hibernate 运行时所需要的 jar 文件

表3-1　Hibernate所需jar文件说明

名　　称	说　　明
antlr-2.7.6.jar	语法分析器
commons-collections-3.1.jar	各种集合类和集合工具类的封装
dom4j-1.6.1.jar	XML的读写
javassist-3.12.0.GA.jar	分析、编辑和创建Java字节码的类库
jta-1.1.jar	Java事务API
slf4j-api-1.6.1.jar	日志输出
hibernate-jpa-2.0-api-1.0.1.Final.jar	提供对JPA（Java持久化API）规范的支持

2. 部署 jar 文件

在项目中引用下载好的 hibernate3.jar 文件、lib\required、lib\jpa 目录下的 jar 文件及 Oracle 数据库驱动 jar 文件。

3. 创建 Hibernate 配置文件 hibernate.cfg.xml

Hibernate 配置文件主要用于配置数据库连接和 Hibernate 运行时所需的各种特性。

在工程的 src 目录下添加 Hibernate 配置文件（可在 project\etc 目录下找到示例文件），默认文件名为“hibernate.cfg.xml”。该文件需要配置数据库连接信息和 Hibernate 的参数，如示例 1 所示。

说明

Hibernate 的教学示例使用的是 Oracle 中 scott 用户的部门表、员工表。上机练习使用的是租房系统中的数据表，租房系统将在随后进行介绍。

若没有特别说明，则教学示例和上机练习都在测试类中运行，运行结果在控制台输出。

示例 1

```
<!DOCTYPE hibernate-configuration PUBLIC
    "-//Hibernate/Hibernate Configuration DTD 3.0//EN"
    "http://www.hibernate.org/dtd/hibernate-configuration-3.0.dtd">
<hibernate-configuration>
    <session-factory>
        <!-- 数据库 URL-->
        <property name="connection.url">
            jdbc:oracle:thin:@10.0.0.176:1521:orcl
        </property>
        <!-- 数据库用户 -->
        <property name="connection.username">scott</property>
        <!-- 数据库用户密码 -->
        <property name="connection.password">tiger</property>
        <!-- 数据库 JDBC 驱动 -->
        <property name="connection.driver_class">
            oracle.jdbc.driver.OracleDriver
        </property>
        <!-- 每个数据库都有其对应的方言（Dialect）以匹配其平台特性 -->
        <property name="dialect">
            org.hibernate.dialect.Oracle10gDialect
        </property>
        <!-- 指定当前 session 范围和上下文 -->
        <property name="current_session_context_class">thread</property>
        <!-- 是否将运行期生成的 SQL 输出到日志以供调试 -->
        <property name="show_sql" >true</property>
        <!-- 是否格式化 SQL-->
        <property name="format_sql" >true</property>
    </session-factory>
</hibernate-configuration>
```

其中几个常用参数的作用如下。

（1）connection.url：表示数据库 URL。jdbc:oracle:thin:@10.0.0.176:1521:orcl 是 Oracle 数据库的URL。其中jdbc:oracle:thin:@是固定写法，10.0.0.176是IP地址，1521是端口号，orcl 是数据库实例名。

（2）connection.username：表示数据库用户名。

（3）connection.password：表示数据库用户密码。

（4）connection.driver_class：表示数据库驱动。oracle.jdbc.driver.OracleDriver 是 Oracle 数据库的驱动类。

（5）dialect：用于配置 Hibernate 使用的数据库类型。Hibernate 支持几乎所有的主流数据库，包括 Oracle、DB2、MS SQL Server 和 MySQL 等。org.hibernate.dialect.Oracle10gDialect 指定当前数据库类型是 Oracle 10g 及以上版本。

（6）current_session_context_class：指定 org.hibernate.context.CurrentSessionContext.currentSession() 方法得到的 Session 由谁来跟踪管理。thread 指定 Session 由当前执行的线程来跟踪管理。

（7）show_sql：如果设置为 true，则程序运行时在控制台输出 SQL 语句。

（8）format_sql：如果设置为 true，则程序运行时在控制台输出格式化后的 SQL 语句。

提示

因为 Hibernate 的配置属性较多，可在 hibernate-distribution-3.6.10.Final 的 documentation\manual\zh-CN\pdf 目录中查看 hibernate_reference.pdf 的第 3 章 3.4 节，以了解可选的配置属性。

完成了 Hibernate 的配置文件 hibernate.cfg.xml，接下来就要准备持久化类和映射文件了。

4. 创建持久化类和映射文件

持久化类是指其实例状态需要被 Hibernate 持久化到数据库中的类。在应用的设计中，持久化类通常对应需求中的业务实体。Hibernate 对持久化类的要求很少，它鼓励采用 POJO 编程模型来实现持久化类，与 POJO 类配合完成持久化工作是 Hibernate 最期望的工作模式。Hibernate 要求持久化类必须具有一个无参数的构造方法。

下面首先以 Oracle 中 scott 用户的部门表为例，定义部门持久化类，添加一个无参数的构造方法。注意该类实现了 java.io.Serializable 接口，这并不是 Hibernate 所要求的，为了在将持久化类用于数据传输等用途时能够对其实例正确执行序列化操作，建议实现该接口。

部门持久化类 Dept.java 的代码如示例 2 所示。

示例 2

```
public class Dept implements Serializable {
    /* 字段 */
    private Byte deptNo;
```

```
        private String deptName;
        private String location;
        public Dept() {
        }
        // 省略 getter/setter 方法
}
```

Dept 持久化类有一个 deptNo 属性，用来唯一标识 Dept 类的每个实例。deptNo 属性又称为 id 属性。在 Hibernate 中，这个 id 属性被称为对象标识符（Object Identifier，OID），一个 Dept 实例和 DEPT 表中的一条记录对应。

创建持久化类后，还需要“告诉”Hibernate，持久化类 Dept 映射到数据库的哪个表，以及哪个属性对应到数据库表的哪个字段，这些都要在 Dept 类的映射文件 Dept.hbm.xml 中配置。Dept.hbm.xml 的代码如示例 3 所示。

注意

在 Hibernate 中，映射文件通常与对应的持久化类同名，并以“.hbm.xml”作为后缀。

示例 3

```
<!DOCTYPE hibernate-mapping PUBLIC
        "-//Hibernate/Hibernate Mapping DTD 3.0//EN"
        "http://www.hibernate.org/dtd/hibernate-mapping-3.0.dtd">
<hibernate-mapping>
        <class name="cn.hibernatedemo.entity.Dept" table="'DEPT'">
                <id name="deptNo" type="java.lang.Byte" column="'DEPTNO'" >
                        <generator class="assigned"/>
                </id>
                <property name="deptName" type="java.lang.String" column= "'DNAME'"/>
                <property name="location" type="java.lang.String">
                        <column name="'LOC'"></column>
                </property>
        </class>
</hibernate-mapping>
```

经验

如果表名或字段名是数据库关键字，或包含空格等特殊字符，可以使用反单引号（'）进行约束。为了避免不必要的错误，建议使用反单引号（'）对数据库表名和字段名统一进行约束。

示例 3 中 Dept.hbm.xml 定义了 Dept 类到数据库表 DEPT 的映射，其中各元素的含义如下。

➢ class：定义一个持久化类的映射信息。常用属性如下。
  ♦ name 表示持久化类的全限定名。
  ♦ table 表示持久化类对应的数据库表名。
➢ id：表示持久化类的 OID 和表的主键的映射。常用属性如下。
  ♦ name 表示持久化类属性的名称，和属性的访问器相匹配。
  ♦ type 表示持久化类属性的类型。
  ♦ column 表示持久化类属性对应的数据库表字段的名称，也可在子元素 column 中指定。

这里所指的持久化类属性的名称，是指符合 JavaBean 命名规范的属性名称，即通过 getter 和 setter 访问器得到的默认属性名称。如无特别说明，书中涉及的属性名称均属此类。

➢ generator：id 元素的子元素，用于指定主键的生成策略。常用属性及子元素如下：
  ♦ class 属性用来指定具体主键生成策略。
  ♦ param 元素用来传递参数。示例 3 使用的主键生成策略是 assigned，不需要配置 param 元素。

常用的主键生成策略如下。

（1）assigned：主键由应用程序负责生成，无须 Hibernate 参与。这是没有指定 <generator> 元素时的默认生成策略。

（2）increment：对类型为 long、short 或 int 的主键，以自动增长的方式生成主键的值。主键按数值顺序递增，增量为 1。

（3）identity：对 SQL Server、DB2、MySQL 等支持标识列的数据库，可使用该主键生成策略生成自动增长主键，但要在数据库中将相应的主键字段设置为标识列。

（4）sequence：对 Oracle、DB2 等支持序列的数据库，可使用该主键生成策略生成自动增长主键，通过子元素 param 可传入数据库中序列的名称，语法如下。

```
<generator class="sequence">
    <param name=” sequence” > 序列名 </param>
</generator>
```

（5）native：由 Hibernate 根据底层数据库自行判断采用何种主键生成策略，即由使用的数据库生成主键的值。

➢ property：定义持久化类中的属性和数据库表中的字段的对应关系。常用属性如下。
  ♦ name 表示持久化类属性的名称，和属性的访问器相匹配。
  ♦ type 表示持久化类属性的类型。
  ♦ column 表示持久化类属性对应的数据库表字段的名称，也可在子元素 column 中指定。
➢ column 元素：用于指定其父元素代表的持久化类属性所对应的数据库表中的字

段。其常用属性如下。

- name 表示字段的名称。
- length 表示字段的长度。
- not-null 设定是否不能为 null，设置为 true 表示不能为 null。

映射文件定义完毕，还需要在配置文件 hibernate.cfg.xml 中声明，如示例 4 所示。

示例 4

```
<!DOCTYPE hibernate-configuration PUBLIC
    "-//Hibernate/Hibernate Configuration DTD 3.0//EN"
    "http://www.hibernate.org/dtd/hibernate-configuration-3.0.dtd">
<hibernate-configuration>
    <session-factory>
        <!-- 省略其他配置 -->
        <!-- 映射文件配置，注意文件名必须包含其相对于 classpath 的全路径 -->
        <mapping resource="cn/hibernatedemo/entity/Dept.hbm.xml" />
    </session-factory>
</hibernate-configuration>
```

通过前面的学习，了解了 Hibernate 框架及如何搭建 Hibernate 环境。接下来为租房系统搭建 Hibernate 环境。

技能训练

租房系统是一个 B/S 架构的信息发布平台，包括两种角色：非注册用户和注册用户。其主要功能如下。

（1）发布房屋信息（注册用户）。

（2）浏览房屋信息（注册用户与非注册用户）。

（3）查看房屋详细信息（注册用户与非注册用户）。

（4）查询房屋信息（注册用户与非注册用户）。

（5）修改房屋信息（注册用户）。

（6）删除房屋信息（注册用户）。

系统使用 Oracle 数据库实现，请按以下描述创建数据表，如图 3.5 所示。

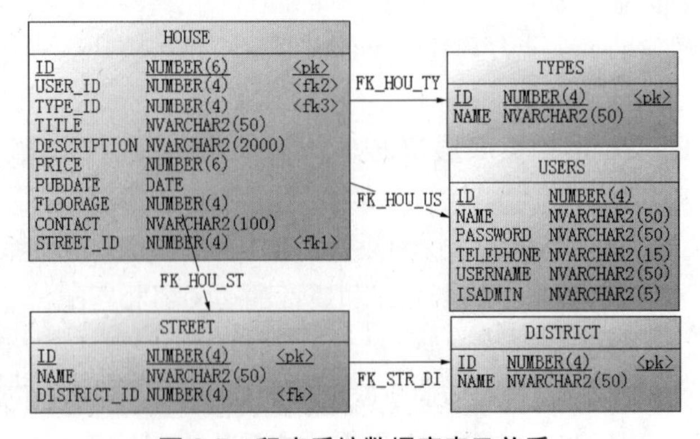

图 3.5 租房系统数据库表及关系

图 3.5 描述了租房系统中的 5 张表，以及它们之间的关系。下面通过表 3-2 至表 3-6 对这 5 张表进行说明。

表3-2 用户表结构

表名：USERS（用户表）			
字 段 名	字段说明	数据类型	说 明
ID	用户编号	NUMBER(4)	主键
NAME	用户名	NVARCHAR2(50)	不允许为空
PASSWORD	密码	NVARCHAR2(50)	
TELEPHONE	电话	NVARCHAR2(15)	
USERNAME	姓名	NVARCHAR2(50)	
ISADMIN	是否是管理员	NVARCHAR2(5)	

表3-3 房屋类型表结构

表名：TYPE（房屋类型表）			
字 段 名	字段说明	数据类型	说 明
ID	类型编号	NUMBER(4)	主键
NAME	类型名称	NVARCHAR2(50)	不允许为空

表3-4 区县表结构

表名：DISTRICT（区县表）			
字 段 名	字段说明	数据类型	说 明
ID	区县编号	NUMBER(4)	主键
NAME	区县名称	NVARCHAR2(50)	不允许为空

表3-5 街道表结构

表名：STREET（街道表）			
字 段 名	字段说明	数据类型	说 明
ID	街道编号	NUMBER(4)	主键
NAME	街道名称	NVARCHAR2(50)	不允许为空
DISTRICT_ID	所属区县编号	NUMBER(4)	外键，引用区县表主键

表3-6 房屋信息表结构

表名：HOUSE（房屋信息表）			
字 段 名	字段说明	数据类型	说 明
ID	房屋信息编号	NUMBER(6)	主键
TITLE	标题	NVARCHAR2(50)	

续表

表名：HOUSE（房屋信息表）			
字 段 名	字段说明	数据类型	说 明
DESCRIPTION	描述	NVARCHAR2(2000)	
PRICE	出租价格	NUMBER(6)	
PUBDATE	发布时间	DATE	
FLOORAGE	面积	NUMBER(4)	
CONTACT	联系人	NVARCHAR2(100)	
USER_ID	用户编号	NUMBER(4)	外键，引用用户表主键
TYPE_ID	类型编号	NUMBER(4)	外键，引用房屋类型表主键
STREET_ID	街道编号	NUMBER(4)	外键，引用街道表主键

数据表中字符串类型字段被定义为 NVARCHAR2。NVARCHAR2 能根据定义的长度存储相应的汉字个数，避免了字母和汉字一起存储时数据长度的混乱。如果数据库的字符集是支持中文的字符集（如 GBK、UTF-8 等），那么字符串类型字段也可以采用 VARCHAR2 类型。例如，VARCHAR2(20 char) 代表可以保存 20 个汉字，或者 VARCHAR2(40) 代表 40 个字节，也可以保存 20 个汉字。

上机练习 1——为租房系统搭建 Hibernate 环境

➢ 需求说明

为租房系统搭建 Hibernate 环境。

提示

（1）在 MyEclipse 中创建工程，导入 Hibernate 所需的 jar 文件。

（2）创建 Hibernate 配置文件 hibernate.cfg.xml。

（3）创建用户表对应的持久化类 User 和映射文件 User.hbm.xml。

任务 2 使用 Hibernate API 实现持久化操作

关键步骤如下。

➢ 使用 get()、load() 方法查询部门表数据。

➢ 使用 save()、delete() 方法对部门表数据进行增删改。

为工程准备了 Hibernate 环境后，就可以通过 Hibernate API 操纵数据库。Hibernate 内部也是采用 JDBC 来访问数据库的。图 3.6 和图 3.7 展示了通过 JDBC API 及 Hibernate API 访问数据库的差异。

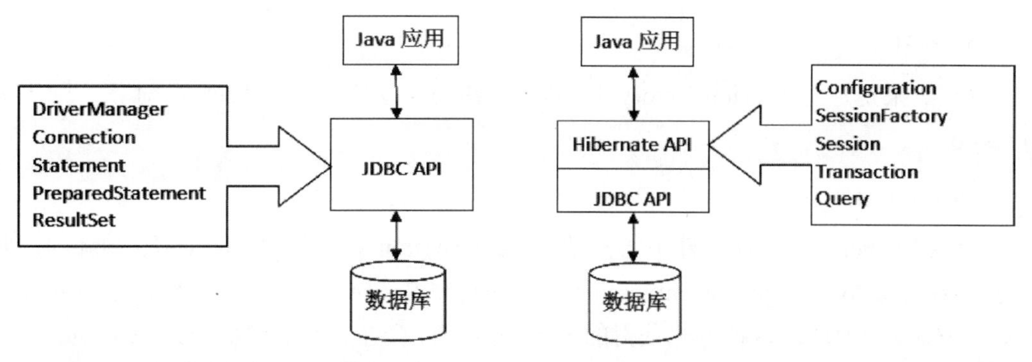

图 3.6　通过 JDBC API 访问数据库　　　图 3.7　通过 Hibernate API 访问数据库

使用 Hibernate 操作数据库包括 7 个步骤。

（1）读取并解析配置文件及映射文件。

```
Configuration conf = new Configuration().configure();
```

根据默认位置的 Hibernate 配置文件中的信息，构建 Configuration 对象。Configuration 对象负责管理 Hibernate 的配置信息。

（2）依据配置文件和映射文件中的信息，创建 SessionFactory 对象。

```
SessionFactory sf = conf.buildSessionFactory();
```

Configuration 对象会根据当前的数据库配置信息，构造 SessionFactory 对象。SessionFactory 对象一旦构造完毕，Configuration 对象的任何变更将不会影响已经创建的 SessionFactory 对象。如果 Hibernate 配置信息有改动，那么需要基于改动后的 Configuration 对象重新构建一个 SessionFactory 对象。

（3）打开 Session。

```
Session session = sf.getCurrentSession();     // 或者使用 sf.openSession();
```

SessionFactory 对象负责创建 Session 对象。

Session 是 Hibernate 持久化操作的基础。Session 作为贯穿 Hibernate 的持久化管理器的核心，提供了众多持久化方法，如 save( )、delete( )、update( )、get( )、load( ) 等。通过这些方法，即可透明地完成对象的增删改查（CRUD）。

（4）开始一个事务。

```
Transaction tx = session.beginTransaction();
```

（5）数据库操作。

```
session.save(user);          // 保存操作
```

（6）结束事务。

```
tx.commit();                 // 提交事务
```

或

```
tx.rollback();            //回滚事务
```

（7）如果是通过 SessionFactory 的 openSession( ) 方法获取的 Session 对象，则需关闭 session。

```
session.close();
```

如果在 Hibernate 配置文件中将参数 current_session_context_class 设置为 thread，并采用 SessionFactory 的 getCurrentSession( ) 方法获得 Session 对象，则不需要执行 session.close( ) 方法，因为通过这种方式获得的 Session 对象，会在关联的事务结束（提交或回滚）时自动关闭。

在项目开发过程中，通常使用工具类来管理 SessionFactory 和 Session，参考代码如下：

```
public class HibernateUtil {
    private static Configuration configuration;
    private final static SessionFactory sessionFactory;

    // 初始化 Configuration 和 SessionFactory
    static {
        try {
            configuration = new Configuration().configure();
            sessionFactory = configuration.buildSessionFactory();
        } catch (HibernateException ex) {
            throw new ExceptionInInitializerError(ex);
        }
    }

    private HibernateUtil() {}

    // 获取 Session 对象
    public static Session currentSession() {
        return sessionFactory.getCurrentSession();
    }
}
```

在此工具类中，采用 SessionFactory 的 getCurrentSession( ) 方法获取 Session 对象，结合 Hibernate 配置文件中的以下设置：

```
<property name="current_session_context_class">thread</property>
```

可以在多线程的应用环境中获得线程安全的 Session 对象。多线程情况下共享 Session 是不安全的，通过以上配置，在每个执行的线程中首次调用 getCurrent-

Session( )方法时，会为该执行线程创建并保持一个Session对象。其后，该线程在执行中再次调用getCurrentSession( )方法，只会返回和该线程绑定的那个Session对象。这就保证了每个执行线程都使用自己独立的Session对象，并且保证了在任何情况下获取Session对象时都拥有统一的方法调用风格。

值得注意的是，这种方式获得的 Session 对象，在关联的事务结束（提交或回滚）时，会自动关闭并和当前执行线程解绑，无须显式调用相关代码，从而自动执行了对当前执行线程的清理工作，为使用该线程处理另一个用户请求做好准备。

如无特别说明，本书中的示例都将采用该工具类来管理 Session。

3.2.1　根据主键查询

在进行修改或删除操作时，应先加载对象，再执行修改或删除操作。Hibernate 提供了两种方法按照主键加载对象：get( ) 和 load( )。

- Object get(Class clazz, Serializable id)。
- Object load(Class clazz, Serializable id)。

虽然两个方法都能够加载对象，但它们是有区别的。下面以部门表为例，通过示例 5 和示例 6 讲解它们的部分区别。

按主键查询数据

get( ) 方法加载部门对象的代码如示例 5 所示。

示例 5

DeptDao 中的关键代码：

```
public class DeptDao {
    public Dept get(Serializable id) {
        // 通过 Session 的 get() 方法根据 OID 加载指定对象
        return (Dept) HibernateUtil.currentSession().get(Dept.class, id);
    }
}
```

业务层的关键代码：

```
public class DeptBiz {
    private DeptDao deptDao = new DeptDao();

    public Dept findDeptById(Byte id) {
        Transaction tx = null;
        Dept result = null;
        try {
            tx = HibernateUtil.currentSession().beginTransaction(); // 开启事务
            result = deptDao.get(id); // 调用 DAO 方法，根据 OID 加载指定 Dept 对象
            tx.commit(); // 提交事务
```

```
        } catch (HibernateException e) {
            e.printStackTrace();
            if (tx != null)
                tx.rollback(); // 回滚事务
        }
        return result;
    }
    // 省略 getter/setter 及其他方法
}
```

测试方法的关键代码：

```
// 1. 加载数据操作
Dept dept = new DeptBiz().findDeptById(new Byte("10"));
// 2. 输出数据
System.out.println(dept.getDeptName());
```

在示例 5 中，使用 Session 的 get( ) 方法查询主键为 10 的部门信息。如果数据表中没有主键为 10 的数据，get( ) 方法返回的是 null。

load( ) 方法加载数据如示例 6 所示。

示例 6

DeptDao 中的关键代码：

```
public class DeptDao {
    public Dept load(Serializable id) {
        // 通过 Session 的 load( ) 方法根据 OID 加载指定对象
        return (Dept) HibernateUtil.currentSession().load(Dept.class, id);
    }
}
```

业务层的关键代码：

```
public class DeptBiz {
    private DeptDao deptDao = new DeptDao();

    public Dept findDeptById(Byte id) {
        Transaction tx = null;
        Dept result = null;
        try {
            tx = HibernateUtil.currentSession().beginTransaction(); // 开启事务
            result = deptDao.load(id); // 调用 DAO 方法，根据 OID 加载指定 Dept 对象
            // 输出结果，与调用 get() 方法时不同，须在会话关闭前测试查询效果
            // 原因会在后续章节中有关延迟加载的内容中进行分析
            System.out.println(result.getDeptName());
            tx.commit(); // 提交事务
        } catch (HibernateException e) {
```

```
                e.printStackTrace();
                if (tx != null)
                    tx.rollback(); // 回滚事务
            }
            return result;
        }
        // 省略 getter/setter 及其他方法
    }
```

测试方法的关键代码：

```
// 加载数据操作
Dept dept = new DeptBiz().findDeptById(new Byte("10"));
```

在示例 6 中，使用 Session 的 load( ) 方法查询主键为 10 的部门信息。如果数据表中没有主键为 10 的数据，程序运行到 result.getDeptName( ) 时会抛出异常，如图 3.8 所示。

```
org.hibernate.ObjectNotFoundException: No row with the given identifier exists:
[cn.hibernatedemo.entity.Dept#10]
 at org.hibernate.impl.SessionFactoryImpl$2.handleEntityNotFound(SessionFactoryImpl.java:419)
 at org.hibernate.proxy.AbstractLazyInitializer.checkTargetState(AbstractLazyInitializer.java:154)
 at org.hibernate.proxy.AbstractLazyInitializer.initialize(AbstractLazyInitializer.java:143)
 at org.hibernate.proxy.AbstractLazyInitializer.getImplementation(AbstractLazyInitializer.java:174)
 at org.hibernate.proxy.pojo.javassist.JavassistLazyInitializer.invoke(JavassistLazyInitializer.java:190)
 at cn.hibernatedemo.entity.Dept_$$_javassist_0.getDeptName(Dept_$$_javassist_0.java)
 at cn.hibernatedemo.test.T1.m3(T1.java:73)
```

图 3.8　使用 load( ) 方法抛出的异常信息

当使用 Session 的 get( ) 方法时，如果加载的数据不存在，则 get( ) 方法会返回一个 null；但是使用 load( ) 方法，若加载的数据不存在，则会抛出异常。这是 get( ) 方法和 load( ) 方法的区别之一，两个方法的其他区别会在后续的内容中介绍。

在后续编码过程中，DAO 层的代码中会频繁出现对 HibernateUtil.currentSession( ) 方法的调用，为了简化编码，不妨定义一个 DAO 的基类，对该方法调用进行封装，参考代码如下。

```
public class BaseDao {
    public Session currentSession() {
        return HibernateUtil.currentSession();
    }
}
```

在此基础上，其他 DAO 类就可以简化获取 Session 对象的编码。

```
public class DeptDao extends BaseDao {
    public Dept get(Serializable id) {
        return (Dept) currentSession().get(Dept.class, id);
    }
}
```

3.2.2 使用 Hibernate 实现 CRUD

1. 使用 Hibernate 实现增加部门记录

示例 7

DeptDao 中的关键代码：

```
public class DeptDao extends BaseDao {
    public void save(Dept dept) {
        currentSession().save(dept); // 保存指定的 Dept 对象
    }
    // 省略其他 DAO 方法
}
```

业务层中的关键代码：

```
public class DeptBiz {
    private DeptDao deptDao = new DeptDao();

    public void addNewDept(Dept dept) {
        Transaction tx = null;
        try {
            tx = deptDao.currentSession().beginTransaction(); // 开启事务
            deptDao.save(dept); // 调用 dao 保存 Dept 对象的数据
            tx.commit(); // 提交事务
        } catch (HibernateException e) {
            e.printStackTrace();
            if (tx != null)
                tx.rollback(); // 回滚事务
        }
    }
    // 省略 getter/setter 和其他业务方法
}
```

测试方法中的关键代码：

```
// 构建测试数据
Dept dept = new Dept();
dept.setDeptNo(new Byte("11"));
dept.setDeptName(" 测试部 ");
dept.setLocation(" 东区 ");
// 保存新部门信息
new DeptBiz().addNewDept(dept);
```

2. 使用 Hibernate 实现部门的修改和删除

下面学习如何使用 Hibernate 修改和删除数据。对于 Hibernate 这种 ORM 工具，操作都是针对对象的。要修改和删除数据，首先要获得数据，然后才能修改和删除数据，如示例 8 和示例 9 所示。

示例 8

DeptDao 中的关键代码：

```
public class DeptDao {
    // 通过 Session 的 get( ) 或 load( ) 方法加载指定对象
    public Dept load(Serializable id) {
        return (Dept) currentSession().load(Dept.class, id);
    }
    // 省略其他 DAO 方法
}
```

业务层中的关键代码：

```
public class DeptBiz {
    private DeptDao deptDao = new DeptDao();

    public void updateDept(Dept dept) {
        Transaction tx = null;
        try {
            tx = deptDao.currentSession().beginTransaction(); // 开启事务
            // 通过 get() 或 load() 方法加载要修改的部门对象
            Dept deptToUpdate = deptDao.load(dept.getDeptNo());
            // 更新部门数据
            deptToUpdate.setDeptName(dept.getDeptName());
            deptToUpdate.setLocation(dept.getLocation());
            tx.commit(); // 提交事务
        } catch (HibernateException e) {
            e.printStackTrace();
            if (tx != null)
                tx.rollback(); // 回滚事务
        }
    }
    // 省略 getter/setter 和其他业务方法
}
```

测试方法中的关键代码：

```
// 构建测试数据
Dept dept = new Dept();
dept.setDeptNo(new Byte( "11" ));
dept.setDeptName(" 质管部 "); // 发生变化的属性
dept.setLocation(" 东区 ");
// 更新部门信息
new DeptBiz().updateDept(dept);
```

在使用 Hibernate 修改数据时，首先要加载对象，然后才能修改对象的属性，最后提交事务。Hibernate 会生成并执行修改的 SQL 语句，其中的原理在后续的小节中详细说明。

示例 9

DeptDao 中的关键代码：

```
public class DeptDao extends BaseDao {
    // 通过 Session 的 get( ) 或 load( ) 方法加载指定对象
    public Dept load(Serializable id) {
        return (Dept) currentSession().load(Dept.class, id);
    }

    public void delete(Dept dept) {
        currentSession().delete(dept); // 删除指定的 Dept 对象
    }
    // 省略其他 DAO 方法
}
```

业务层中的关键代码：

```
public class DeptBiz {
    private DeptDao deptDao = new DeptDao();

    public void deleteDept(Byte id) {
        Transaction tx = null;
        try {
            tx = deptDao.currentSession().beginTransaction(); // 开启事务
            // 通过 get() 或 load() 方法加载要删除的部门对象
            Dept deptToDelete = deptDao.load(id);
            deptDao.delete(deptToDelete); // 删除部门数据
            tx.commit(); // 提交事务
        } catch (HibernateException e) {
            e.printStackTrace();
            if (tx != null)
                tx.rollback(); // 回滚事务
        }
    }
    // 省略 getter/setter 和其他业务方法
}
```

测试方法中的关键代码：

```
new DeptBiz().deleteDept(new Byte("11"));
```

与修改类似，删除时也需要先加载数据。在使用 Hibernate 编写持久化代码时，业务不需要再有数据库表、字段等概念。从面向业务领域对象的角度，要删除的是某个业务对象。以面向对象的方式编写代码是 Hibernate 持久化操作接口的一个设计理念。

需要注意的是，操作一定要在事务环境中完成。

注意

所谓删除一个持久化对象，并不是从内存中删除这个对象，而是从数据库中删除相关的记录，这个对象依然存在于内存中，只是状态变为瞬时状态。有关“瞬时状态”的概念会在下文中进行介绍。

技能训练

上机练习 2——在租房系统中实现用户表的增删改查操作

➢ 需求说明

在上机练习 1 搭建的环境中，使用 Hibernate 实现对用户的增加、修改、删除和查询操作，要求按用户编号查询指定的用户。

任务 3 Hibernate 中 Java 对象的生命周期

关键步骤如下。

➢ 使用 Hibernate API 转换对象的状态。

3.3.1 Hibernate 中持久化对象的生命周期

当应用通过调用 Hibernate API 与框架进行交互时，需要从持久化的角度关注应用对象的生命周期。持久化生命周期是 Hibernate 中的一个关键概念，正确地理解生命周期，可以更好地了解 Hibernate 的实现原理，掌握 Hibernate 的正确用法。Hibernate 框架通过 Session 来管理 Java 对象的状态，在持久化生命周期中，Java 对象存在以下 3 种状态。

1. **瞬时状态**（Transient）

瞬时状态又称临时状态。如果 Java 对象与数据库中的数据没有任何的关联，即此 Java 对象在数据库中没有相关联的记录，此时 Java 对象的状态为瞬时状态。Session 对于瞬时状态的 Java 对象是一无所知的，当对象不再被其他对象引用时，它的所有数据也就丢失了，对象将会被 Java 虚拟机按照垃圾回收机制处理。

2. **持久状态**（Persistent）

当对象与 Session 关联，被 Session 管理时，它就处于持久状态。处于持久状态的对象拥有数据库标识（数据库中的主键值）。那么，对象是什么时候与 Session 发生关联的呢？第一种情况，通过 Session 的查询接口、get( ) 方法或者 load( ) 方法从数据库中加载对象时，加载的对象是与数据库表中的一条记录关联的，此时对象与加载它的 Session 发生关联。第二种情况，对瞬时状态的对象调用 Session 的 save( )、saveOrUpdate( ) 等方法时，在保存对象数据的同时，Java 对象也会与 Session 发生关联。对于处于持久状态的对象，Session 会持续跟踪和管理它们，如果对象的内部状态发生了任何变更，Hibernate 会选择合适的时机（如事务提交时）将变更同步到数据库中。

3. 游离状态（Detached）

游离状态又称脱管状态。处于持久状态的对象，脱离与其关联的 Session 的管理后，就处于游离状态。处于游离状态的对象，Hibernate 无法保证对象所包含的数据与数据库中的记录一致，因为 Hibernate 已经无法感知对该对象的任何操作。Session 提供了 update( )、saveOrUpdate( ) 等方法，将处于游离状态的对象的数据以更新的方式同步到数据库中，并将该对象与当前的 Session 关联。这时，对象的状态就从游离状态重新转换为持久状态。

3.3.2 使用 Hibernate API 转换对象的状态

在 Hibernate 应用中，不同的持久化操作会导致对象状态的改变。图 3.9 描述了对象状态的转换。

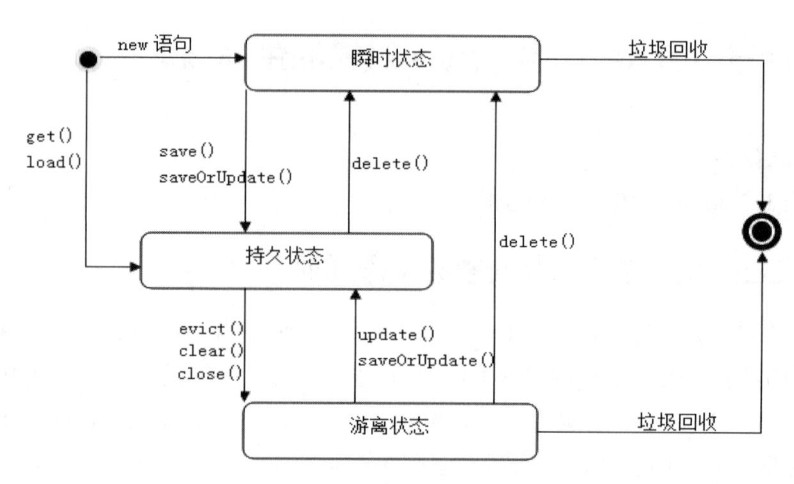

图 3.9 对象状态的转换

●表示开始 ◉表示结束

1. 瞬时状态转为持久状态

使用 Session 的 save( )、saveOrUpdate( ) 等方法保存对象后，该对象的状态由瞬时状态转换为持久状态。

使用 Session 的 get( ) 或 load( ) 方法获取对象，该对象的状态是持久状态。

2. 持久状态转为瞬时状态

执行 Session 的 delete( ) 方法后，对象由原来的持久状态变为瞬时状态，因为此时该对象没有与任何的数据库数据关联。

3. 持久状态转为游离状态

执行 Session 的 evict( )、clear( ) 或 close( ) 方法，对象由原来的持久状态转为游离状态。

4. 游离状态转为持久状态

执行 Session 的 update( ) 或 saveOrUpdate( ) 方法后，对象由游离状态转为持久状态，再次与当前 Session 相关联。

5. 游离状态转为瞬时状态

执行 Session 的 delete( ) 方法，对象由游离状态转为瞬时状态。

提示

处于瞬时状态或游离状态的对象不再被其他对象引用时，会被 Java 虚拟机按照垃圾回收机制处理。

技能训练

上机练习 3——输出对象的状态

➢ 需求说明

指出以下两段代码各个执行阶段中对象状态的变化过程。(提示：可以在代码中补充输出语句，在控制台打印出执行完每一行代码时对象所处的状态。)

代码 1：

```
try {
    //  省略部分代码
    session = sessionFactory.getCurrentSession();
    //  开始一个事务
    tx = session.beginTransaction();
    //  获取用户对象
    User user = (User) session.load(User.class, new Integer("1001"));
    //  修改用户信息
    user.setUsername("rose");
    //  提交事务
    tx.commit();
} catch (HibernateException e) {
    e.printStackTrace();
    if (tx != null)
    tx.rollback(); //  回滚事务
}
```

代码 2：

```
try {
    // 省略部分代码
    // 打开 session
    session = sessionFactory.getCurrentSession();
    // 开始一个事务
```

```
        tx = session.beginTransaction();
        // 获取用户对象
        User user = (User) session.load(User.class, new Integer("1000"));
        // 持久化操作
        session.delete(user);
        // 提交事务
        tx.commit();
    } catch (HibernateException e) {
        e.printStackTrace();
        if (tx != null)
            tx.rollback(); // 回滚事务
    }
```

任务 4 Hibernate 脏检查及如何刷新缓存

Session 是 Hibernate 向应用程序提供的持久化操纵的主要接口，它提供了基本的保存、更新、删除和加载 Java 对象的方法。Session 具有一个缓存，可以管理和跟踪所有持久化对象。在某些时间点，Session 会根据缓存中对象的变化来执行相关 SQL 语句，将对象发生的变化同步到数据库中，换句话说就是将数据库同步为与 Session 缓存一致，这一过程称为刷新缓存。

3.4.1 什么是脏检查

在 Hibernate 中，数据前后发生变化的对象，称为脏对象，如以下代码所示。

```
tx = session.beginTransaction();
//  获取部门对象，dept 对象处于持久状态
Dept dept = (Dept) session.load(Dept.class, new Byte("11"));
//  修改后，部门信息和之前不同，此时 dept 对象成为所谓的“脏对象”
dept.setDname(" 质管部 ");
//  提交事务
tx.commit();
```

以上代码中 dept 对象处于持久状态，当 dept 对象被加入 Session 缓存中时，Session 会为 dept 对象的值类型的属性复制一份快照。操作中，dname 属性发生改变，dept 对象即成为脏对象。在事务提交时，Hibernate 会对 Session 中持久状态的对象进行检测，即比较 dept 对象的当前属性与它的快照，以判断 dept 对象的属性是否发生了变化，这种判断称为脏检查。如果对象发生了改变，则 Session 会根据脏对象的最新属性值来执行相关的 SQL 语句，将变化更新到数据库中，以确保内存中的对象数据与数据库中的数据一致。

3.4.2 Session 如何刷新缓存

需要注意的是，当 Session 缓存中对象的属性发生变化时，Session 并不会立即执行脏检查和执行相关的 SQL 语句，而是在特定的时间点，即刷新缓存时才执行。这使得 Session 能够把多次变化合并为一条或者一批 SQL 语句，减少了访问数据库的次数，从而提高了应用程序的数据访问性能。

在默认情况下，Session 会在以下时间点刷新缓存。

（1）应用程序显式调用 Session 的 flush( ) 方法时。

Session 的 flush( ) 方法进行刷新缓存的操作，会触发脏检查，视情况执行相关的 SQL 语句。

（2）应用程序调用 Transaction 的 commit( ) 方法时。

commit( ) 方法会先调用 Session 的刷新缓存方法 flush( )，然后向数据库提交事务。

在提交事务时执行刷新缓存的动作，可以减少访问数据库的频率，尽可能缩短当前事务对数据库中相关资源的锁定时间。

任务 5 使用 Hibernate API 更新数据

关键步骤如下。

➢ 使用 update( )、saveOrUpdate( )、merge( ) 方法更新数据。

Hibernate 中的 Session 提供了多种更新数据的方法，如 update( )、saveOrUpdate( )、merge( ) 方法。

（1）update( ) 方法，用于将游离状态的对象恢复为持久状态，同时进行数据库更新操作。当参数对象的 OID 为 null 时会报异常。

（2）saveOrUpdate( ) 方法，同时包含了 save( ) 与 update( ) 方法的功能，如果传入参数是瞬时状态的对象，就调用 save( ) 方法；如果传入参数是游离状态的对象，则调用 update( ) 方法。

（3）merge( ) 方法，能够把作为参数传入的游离状态对象的属性复制到一个拥有相同 OID 的持久状态对象中，通过对持久状态对象的脏检查实现更新操作，并返回该持久状态对象；如果无法从 Session 缓存或数据库中加载到相应的持久状态对象，即传入的是瞬时对象，则创建其副本执行插入操作，并返回这一新的持久状态对象。无论何种情况，传入对象的状态都不受影响。例如，修改 12 号部门的信息。

DEPT 数据表中 12 号部门的原有信息如下：

DEPTNO：12　　DNAME：质管部　　LOC：西区

将该部门的信息修改为：

DEPTNO：12　　DNAME：开发部　　LOC：西区

使用 merge( ) 方法实现，如示例 10 所示。

示例 10

映射文件 Dept.hbm.xml：

```
<hibernate-mapping>
    <class name="cn.hibernatedemo.entity.Dept" table="'DEPT'"
        schema="scott" dynamic-update="true">
        <id name="deptNo" column="'DEPTNO'" type="java.lang.Short">
        <!-- 为了避免主键生成器 assigned 造成的干扰，这里把主键生成器
            替换为 increment -->
            <generator class="increment" />
        </id>
        <property name="deptName" type="java.lang.String" column="'DNAME'"/>
        <property name="location" type="java.lang.String" column="'LOC'"/>
    </class>
</hibernate-mapping>
```

DeptDao 中的关键代码：

```
public class DeptDao extends BaseDao {
    public Dept merge(Dept dept) {
        return (Dept) currentSession().merge(dept);
    }
    // 省略其他 DAO 方法
}
```

业务层中的关键代码：

```
public class DeptBiz {
    private DeptDao deptDao = new DeptDao();

    public Dept mergeDept(Dept dept) {
        Transaction tx = null;
        Dept persistentDept = null;
        try {
            tx = deptDao.currentSession().beginTransaction(); // 开启事务
            // 合并 dept 的数据或者保存 dept 的副本，返回持久状态对象
            persistentDept = deptDao.merge(dept);
            tx.commit(); // 提交事务
        } catch (HibernateException e) {
            e.printStackTrace();
            if (tx != null)
                tx.rollback(); // 回滚事务
        }
        return persistentDept;
    }
    // 省略 getter/setter 及其他业务方法
}
```

测试方法中的关键代码：

```
// 构建测试数据
Dept dept = new Dept();
dept.setDeptNo(new Short("12")); // 游离状态，去掉本行代码则为临时状态
dept.setDeptName(" 开发部 ");
dept.setLocation(" 西区 ");
// 合并游离状态 dept 的数据或者保存临时状态 dept 的副本
new DeptBiz().mergeDept(dept);
```

执行以上程序后，Hibernate 执行以下 SQL 语句：

```
select * from dept where deptno=?
update dept set dname=? where deptno=?
```

可以看出，使用 merge( ) 方法，Hibernate 会根据 OID 加载对应的 Dept 类对象。在 Dept.hbm.xml 映射文件中，为 <class> 标签配置 dynamic-update="true"，作用是只修改发生变化的属性。

综上所述，如果当前 Session 缓存中没有包含具有相同 OID 的持久化对象（如打开 Session 后的首次操作），可以使用 update( ) 或 saveOrUpdate( ) 方法；如果想随时合并对象的修改而不考虑 Session 缓存中对象的状态，可以使用 merge( ) 方法。

技能训练

上机练习 4——在租房系统中修改用户信息

➢ 需求说明

使用 Session 接口的 saveOrUpdate( )、merge( ) 方法修改用户信息，并体会两个方法的区别。

本章总结

- Hibernate 是一个基于 ORM 的持久化框架，对 JDBC 操作进行了封装，提高了持久化层的开发效率。
- Hibernate 提供了完整的 ORM 实现，针对 Java 对象实现数据库操作，支持更多面向对象的特性，可移植性好。
- 使用 Hibernate 需要创建 Hibernate 的配置文件及持久化类的映射文件。
- 本章涉及的 Hibernate 核心 API 包括 Configuration、SessionFactory、Session、Transaction。
- Session 是 Hibernate 持久化管理器的核心，提供了众多持久化方法，如 save( )、delete( )、update( )、get( )、load( ) 等。
- Hibernate 提供了对象状态管理的功能，将所操作的 Java 对象的状态分为 3 种，即 Transient（瞬时状态）、Persistent（持久状态）、Detached（游离状态）。

本章练习

1. 通过与 JDBC 类比的方式简述使用 Hibernate 的几个步骤，并写出 Java 领域的相关技术。

2. 说明 Hibernate 中 Java 对象的 3 种状态的特点及转换规律。

3. 说明 saveOrUpdate( ) 和 merge( ) 方法的区别。

4. 某电子备件管理系统的详细设计文档中有以下数据库表（见表 3-7）。

表3-7　数据库表

字　段　名	数 据 类 型	Java类型	说　　明
编号	NUMBER(4)	java.lang.Integer	主键
型号	NVARCHAR2(20)	java.lang.String	不允许为空
出厂价格	NUMBER (7, 2)	java.lang.Double	
出厂日期	DATE	java.util.Date	

（1）编写 SQL 语句创建数据表，并编写对应的持久化类和映射文件。

（2）为数据库添加以下备件信息，如表 3-8 所示。

表3-8　添加备件信息

型　　号	出厂价格（元）	出 厂 日 期
CDMA-1	650	2008-10-25

（3）更新表 3-8 的这条记录，按以下数据（见表 3-9）完成更新。

表3-9　更新数据

型　　号	出厂价格（元）	出 厂 日 期
CDMA-1	800	2009-9-9

（4）删除这条记录。

第 4 章

HQL 查询语言

技能目标

- ❖ 掌握 Query 接口
- ❖ 掌握 HQL 的基本使用
- ❖ 理解并使用动态参数绑定实现数据查询

本章任务

学习本章，完成以下 5 个工作任务。记录学习过程中遇到的问题，可以通过自己的努力或访问 kgc.cn 解决

任务 1：使用 HQL 语句操作数据库

任务 2：在 HQL 语句中绑定参数

任务 3：实现分页和投影查询

任务 4：使用 MyEclipse 反向工程工具

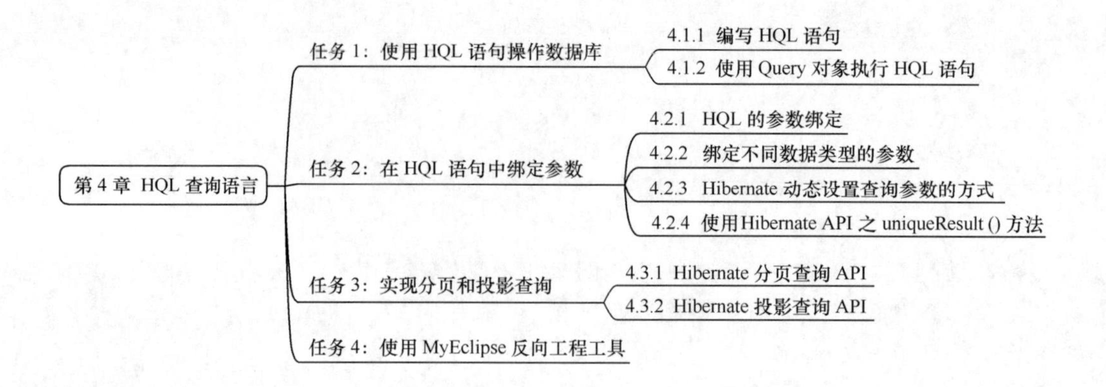

任务 1 使用 HQL 语句操作数据库

关键步骤如下。

- 编写 HQL 语句。
- 使用 Query 对象的 list() 方法执行查询并输出结果。

Hibernate 支持 3 种查询方式：HQL 查询、Criteria 查询及原生 SQL（Native SQL）查询。HQL（Hibernate Query Language，Hibernate 查询语言）是一种面向对象的查询语言，其没有表和字段的概念，只有类、对象和属性的概念，在学习中要注意。Criteria 查询采用面向对象的方式构造查询。原生 SQL 查询就是直接执行 SQL 语句的查询，可以在 SQL 中利用不同数据库所特有的一些特性进行查询。例如，如果数据库是 Oracle，则可以使用 Oracle 的关键字或函数等。

本章我们学习 HQL 查询。HQL 语句功能强大，能满足实际开发中的各种查询要求。HQL 语句在形式上和 SQL 语句相似，但是不要只被语法结构上的相似所迷惑，因为 HQL 是完全面向对象的，它可以理解继承、多态和关联之类的概念。

4.1.1 编写 HQL 语句

HQL 语句中除了 Java 类和属性的名称外，对大小写不敏感，所以 SELECT 和 select 是相同的，但是 cn.hibernatedemo.entity.Dept 不等价于 cn.hibernatedemo.entity.DEPT。HQL 语句中的关键字建议使用小写字母，如 select。下面以部门表和员工表为例，学习常用的 HQL 查询语法。

1. from 子句

Hibernate 中最简单的 HQL 语句形式如下，这几条 HQL 语句都用于查询所有部门。

- from cn.hibernatedemo.entity.Dept

说明：cn.hibernatedemo.entity.Dept 是全限定类名。

- from Dept

说明：类名 Dept 省略了包名。

➢ from Dept as dept

➢ from Dept dept

说明：这两条 HQL 语句为持久化类 Dept 指派了别名 dept，可以在 HQL 语句中使用这个别名。关键字 as 是可选的。

2. select 子句

select 子句用于选取对象和属性。

➢ select dept.deptName from Dept as dept

说明：select 子句选取了一个属性 deptName，也可以选取多个属性。

➢ select dept from Dept as dept

说明：select 后跟的是别名 dept。

3. where 子句

where 子句用于表达查询的限制条件。

➢ from Dept where deptName ='SALES'

说明：这条 HQL 语句用于查询名称是 SALES 的部门。在 where 子句中直接使用属性名 deptName。

➢ from Dept as dept where dept.deptName ='SALES'

说明：这条 HQL 语句用于查询名称是 SALES 的部门。在语句中指派了别名，在 where 子句中使用了完整的属性名 dept.deptName。

➢ from Dept dept where dept.location is not null

说明：这条 HQL 语句用于查询地址不为 null 的部门。

4. 使用表达式

表达式一般用在 where 子句中。以下两条 HQL 语句在 where 子句中分别使用了 lower( ) 函数和 year( ) 函数。

➢ from Dept dept where lower(dept.deptName) ='sales'

说明：这条 HQL 语句用于查询名称是 sales 的部门，不区分大小写。lower( ) 函数用于把字符串中的每个字母改为小写。

➢ from Emp where year(hireDate) = 1980

说明：这条HQL语句用于查询1980年入职的员工。year( ) 函数用于获取日期字段的年份。

提示

HQL 支持的表达式较多，可在 hibernate-distribution-3.6.10.Final 的 documentation\manual\zh-CN\pdf 目录中查看 hibernate_reference.pdf 第 16 章的 16.10 节“表达式”，了解更多有关表达式的内容。

5. order by 子句

order by 子句用于按指定属性排序。

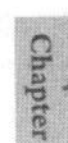

➢ from Emp order by hireDate asc

说明：这条 HQL 语句用于查询所有员工，并按员工入职时间升序排序。关键字 asc 或 desc 是可选的，用于指明按照升序或者降序进行排序，默认按升序排序。

➢ from Emp order by hireDate，salary desc

说明：这条 HQL 语句用于查询所有员工，先按员工入职时间升序排序，入职时间相同的再按员工工资降序排序。

4.1.2　使用 Query 对象执行 HQL 语句

HQL 语句准备好以后，执行 HQL 语句需先使用以下代码构建 Query 对象。

```
// 定义 HQL 语句
String hql = "from Emp";
// 构建 Query 对象
Query query = session.createQuery(hql);
```

Query 对象构建好以后，有两种方式执行查询语句并获取查询结果，一种是使用 Query 对象的 list( ) 方法，另一种是使用 Query 对象的 iterate( ) 方法。

（1）使用 list( ) 方法执行查询并输出结果，如示例 1 所示。

Query 接口的使用

示例 1

EmpDao 中的关键代码：

```
public class EmpDao extends BaseDao {
    public List<Emp> findAll() {
        String hql = "from Emp"; // 定义 HQL 语句
        Query query = currentSession().createQuery(hql); // 构建 Query 对象
        return query.list(); // 执行查询
    }
}
```

业务层中的关键代码：

```
public class EmpBiz {
    private EmpDao empDao = new EmpDao();

    public List<Emp> findAllEmps() {
        Transaction tx = null;
        List<Emp> emps = null;
        try {
            tx = empDao.currentSession().beginTransaction(); // (1) 开始事务
            emps = empDao.findAll(); // (2) 持久化操作
            tx.commit(); // (3) 提交事务
        } catch (HibernateException e) {
            e.printStackTrace();
            if (tx != null)
```

```
                tx.rollback(); // (4) 回滚事务
            }
            return emps;
        }
        // 省略 getter/setter 及其他业务方法
    }
```

测试方法中的关键代码：

```
    // 执行查询
    List<Emp> empList = new EmpBiz().findAllEmps();
    // 遍历并输出结果
    for (Emp emp : empList) {
        System.out.println(" 员工姓名： " + emp.getEmpName());
    }
```

示例 1 执行后，会生成如下 SQL 语句。

```
select * from   emp
```

（2）使用 iterate( ) 方法执行查询并输出结果，如示例 2 所示。

示例 2

EmpDao 中的关键代码：

```
    public class EmpDao extends BaseDao {
        public Iterator<Emp> findAll() {
            String hql = "from Emp"; // 定义 HQL 语句
            Query query = currentSession().createQuery(hql); // 构建 Query 对象
            return query.iterate(); // 执行查询
        }
    }
```

业务层中的关键代码：

```
    public class EmpBiz {
        private EmpDao empDao = new EmpDao();

        public Iterator<Emp> findAllEmps() {
            Transaction tx = null;
            Iterator<Emp> emps = null;
            try {
                tx = empDao.currentSession().beginTransaction(); // (1) 开始事务
                emps = empDao.findAll(); // (2) 持久化操作
                // 遍历并输出结果，与调用 list() 方法时不同，须在会话关闭前测试查询效果
                Emp emp = null;
                while (emps.hasNext()) {
                    emp = emps.next();
                    System.out.println(" 员工姓名 :" + emp.getEmpName());
```

```
            }
            tx.commit(); // (3) 提交事务
        } catch (HibernateException e) {
            e.printStackTrace();
            if (tx != null)
                tx.rollback(); // (4) 回滚事务
        }
        return emps;
    }
    // 省略 getter/setter 及其他业务方法
}
```

测试方法中的关键代码：

```
// 执行查询
Iterator<Emp> empList = new EmpBiz().findAllEmps();
```

示例 2 执行后，会生成如下 SQL 语句。

```
select empno from emp
select * from emp where empno = ?
select * from emp where empno = ?
select * from emp where empno = ?
```

从 Hibernate 生成的 SQL 语句可以看出，list( ) 方法生成一条 SQL 查询语句，查询所有符合条件的记录；iterate( ) 方法首先查询出所有符合条件的主键值，此处是 empno，然后在需要某一对象的其他属性值时，才生成按主键查询的 SQL 语句，此处是 select * from emp where empno = ?，即 iterate( ) 方法可能生成 1 + N 条 SQL 语句（N 为第一条语句获取的 Emp 对象的数量）。iterate( ) 方法和 list( ) 方法的区别在后续章节中会有进一步的介绍。

执行 HQL 语句的步骤如下。

（1）获取 Session 对象。

（2）编写 HQL 语句。

（3）创建 Query 对象。

（4）执行查询，得到查询结果。

技能训练

上机练习 1——查询租房系统中的用户信息

➢ 需求说明

（1）查询用户表中的所有数据。

（2）查询用户名是 bdqn 的用户。

提示

使用 HQL 语句和 Query 接口实现。

任务 2　在 HQL 语句中绑定参数

关键步骤如下。

- 在 HQL 语句中用“?”占位符来定义参数的位置。
- 使用 Query 对象对绑定的参数进行赋值。
- 动态设置查询参数。
- 使用 uniqueResult( ) 方法获取唯一的结果。

在上机练习 1 中，使用 from User where name = 'bdqn' 获取用户信息，name 的值直接在 HQL 中表达。在实际开发中，name 属性的值通常来自用户的输入，这时只能用字符串拼接的方式来构建 HQL 语句，即

```
String hql = "from User where name = '" + name + "'";
```

这种方式虽然便于实现，但是存在一些缺陷。

首先，从性能方面，Hibernate 底层使用 JDBC 的 PreparedStatement 对象访问数据库。如果直接将属性值写在语句中，那么每次执行 SQL 语句时，数据库都会重新编译 SQL 语句，从而导致性能降低。

其次，从安全角度，这种字符串的拼装造成的漏洞是 SQL 注入攻击的主要目标。

所以，在实际开发中，并不使用字符串拼接的方式来构建 HQL 语句，而是使用参数绑定的方式。

4.2.1　HQL 的参数绑定

HQL 的参数绑定有以下两种形式。

1．按参数位置绑定

在 HQL 语句中用“?”占位符来定义参数的位置，形式如下。

```
Query query = session.createQuery("from Emp where job = ? and salary > ?");
```

以上 HQL 语句中定义了两个参数，可以通过 setXXX( ) 方法来绑定参数，注意第一个参数位置下标为 0。

```
query.setString(0, job);
query.setDouble(1, salary);
```

Query 对象提供了绑定各种类型参数的方法，如果参数为字符串类型，可调用 setString( ) 方法；如果参数为整数类型，可调用 setInteger( ) 方法，依此类推。这些 setXXX( ) 方法的第一个参数代表 HQL 语句中参数的位置下标，第二个参数代表 HQL 语句中参数的值。

按名称查找部门，使用“?”占位符来实现，如示例 3 所示。

示例 3

DeptDao 中的关键代码：

```
public class DeptDao extends BaseDao {
    public List<Dept> findByDeptName(String deptName) {
        String hql = "from Dept as dept where dept.deptName = ?";
        Query query = currentSession().createQuery(hql);
        query.setString(0, deptName); // 为占位符赋值，占位符下标从 0 开始
        return query.list();
    }
}
```

业务层的关键代码：

```
public class DeptBiz {
    private DeptDao deptDao = new DeptDao();

    public List<Dept> findDeptByName(String deptName) {
        Transaction tx = null;
        List<Dept> result = null;
        try {
            tx = deptDao.currentSession().beginTransaction(); // 开启事务
            result = deptDao.findByDeptName(deptName); // 调用 dao 的查询方法
            tx.commit(); // 提交事务
        } catch (HibernateException e) {
            e.printStackTrace();
            if (tx != null)
                tx.rollback(); // 回滚事务
        }
        return result;
    }
    // 省略 getter/setter 及其他业务方法
}
```

测试方法中的关键代码：

```
List<Dept> result = new DeptBiz().findDeptByName("SALES");
for (Dept dept : result) {
    System.out.println(" 部门地址为 :" + dept.getLocation());
}
```

2. 按参数名称绑定

在 HQL 语句中可以定义命名参数，命名参数以“:”开头，形式如下。

```
Query query = session.createQuery(
        "from Emp where job = :empJob and salary > :empSalary");
```

以上 HQL 语句定义了两个命名参数“empJob”和“empSalary”。接下来调用 Query 对象的 setXXX( ) 方法来绑定参数。

```
query.setString("empJob", empJob);
query.setDouble("empSalary", empSalary);
```

Query 对象提供了绑定各种类型参数的 setXXX( ) 方法的重载，这些方法的第一个参数代表命名参数的名称，第二个参数代表命名参数的值。

使用命名参数来实现按名称查找部门，如示例 4 所示。

示例 4

DeptDao 中的关键代码：

```
public class DeptDao extends BaseDao {
    public List<Dept> findByDeptName(String deptName) {
        // 设置命名参数
        String hql = "from Dept as dept where dept.deptName = :name";
        Query query = currentSession().createQuery(hql);
        query.setString("name", "SALES"); // 为命名参数赋值
        return query.list();
    }
}
```

业务层和测试方法的关键代码与示例 3 相同。

按名称绑定与按位置绑定相比有以下优势：

（1）使程序代码有较好的可读性。

（2）按名称绑定的形式有利于程序代码的维护。对于按位置绑定的形式，如果参数在 HQL 语句中的位置改变了，就必须修改相关绑定参数的代码，这就削弱了程序代码的健壮性和可维护性。例如，以下程序代码交换了 job 和 salary 参数的位置。

```
Query query = session.createQuery("from Emp where salary > ? and job = ?");
query.setString(1, job);
query.setDouble(0, salary);
```

由此可见，应该优先考虑使用按名称绑定的形式。

4.2.2 绑定不同数据类型的参数

1. Query 接口提供的绑定不同数据类型参数的方法

- setBoolean( )：绑定类型为 java.lang.Boolean 的参数。
- setByte( )：绑定类型为 java.lang.Byte 的参数。
- setDouble( )：绑定类型为 java.lang.Double 的参数。
- setDate( )：绑定类型为 java.util.Date 的参数。
- setString( )：绑定类型为 java.lang.String 的参数。

以上每个方法都有两种重载形式，如 setString( ) 方法。

（1） setString(int position, String val)：按位置绑定参数。

（2） setString(String name, String val)：按名称绑定参数。

除了以上用于绑定特定类型参数的方法，Hibernate 还提供了 setParameter( ) 方法，用来绑定任意类型的参数。该方法使用 Object 类型作为 HQL 参数的类型，当不便指定参数的具体类型时，可以使用 setParameter( ) 为参数赋值，其用法如示例 5 所示。

参数绑定的方法

示例 5

EmpDao 中的关键代码：

```
public class EmpDao extends BaseDao {
    public List<Emp> findByConditions(Object[] conditions) {
        // 查询依赖多个条件，且类型各异
        String hql = "from Emp where job = ? and salary > ?";
        Query query = currentSession().createQuery(hql);
        if (conditions != null && conditions.length > 0) {
            for (int i = 0; i < conditions.length; ++i) {
                query.setParameter(i, conditions[i]); // 为占位符赋值
            }
        }
        return query.list();
    }
    // 省略其他 DAO 方法
}
```

业务层中的关键代码：

```
public class EmpBiz {
    private EmpDao empDao = new EmpDao();

    public List<Emp> findEmpsByConditions(Object[] conditions) {
        Transaction tx = null;
        List<Emp> emps = null;
        try {
            tx = empDao.currentSession().beginTransaction(); // (1) 开始事务
            emps = empDao.findByConditions(conditions); // (2) 持久化操作
            tx.commit(); // (3) 提交事务
        } catch (HibernateException e) {
            e.printStackTrace();
            if (tx != null)
                tx.rollback(); // (4) 回滚事务
        }
        return emps;
    }
    // 省略 getter/setter 及其他业务方法
}
```

测试方法中的关键代码：

```
// 执行查询
Object[] conditions = {"CLERK", 1000.0};
List<Emp> empList = new EmpBiz().findEmpsByConditions(conditions);
// 遍历并输出结果
for (Emp emp : empList) {
    System.out.println(" 员工姓名 :" + emp.getEmpName());
}
```

示例 5 使用 setParameter( ) 方法为参数赋值，查询出职位是 CLERK 且薪资在 1000 元以上的员工。

2. setProperties( ) **方法：绑定命名参数与一个对象的属性值**

setProperties( ) 方法的用法示例代码如下。

EmpDao 中的关键代码：

```
public class EmpDao extends BaseDao {
    public List<Emp> findByConditions(Emp conditions) {
        String hql = "from Emp where job = :job and salary > :salary";
        Query query = currentSession().createQuery(hql);
        // 根据命名参数的名称，从 conditions 中获取相应的属性值进行赋值
        query.setProperties(conditions);
        return query.list();
    }
    // 省略其他 DAO 方法
}
```

业务层中的关键代码：

```
public class EmpBiz {
    private EmpDao empDao = new EmpDao();

    public List<Emp> findEmpsByConditions(Emp conditions) {
        Transaction tx = null;
        List<Emp> emps = null;
        try {
            tx = empDao.currentSession().beginTransaction(); // (1) 开始事务
            emps = empDao.findByConditions(conditions); // (2) 持久化操作
            tx.commit(); // (3) 提交事务
        } catch (HibernateException e) {
            e.printStackTrace();
            if (tx != null)
                tx.rollback(); // (4) 回滚事务
        }
        return emps;
```

```
    }
    // 省略 getter/setter 及其他业务方法
}
```

测试方法中的关键代码：

```
// 执行查询
Emp conditions = new Emp();
conditions.setJob("CLERK");
conditions.setSalary(1000.0);
List<Emp> empList = new EmpBiz().findEmpsByConditions(conditions);
// 遍历并输出结果
for (Emp emp : empList) {
    System.out.println(" 员工姓名 :" + emp.getEmpName());
}
```

以上代码使用了 setProperties( ) 方法为命名参数赋值，使用 Emp 对象封装了条件，命名参数和 Emp 类的相关属性相匹配，setProperties( ) 方法即可根据参数名获取对象中的相关属性值完成赋值。

参数绑定对 null 是安全的，以下代码不会抛出异常。

```
String name = null;
String hql = "from Dept as dept where dept.deptName = :name";
Query query = session.createQuery(hql);
query.setString("name", name);
deptList = query.list();
```

以上 HQL 语句对应的 SQL 查询语句如下。

```
select * from DEPT where DNAME = null
```

但通常情况下，查询结果并不是我们所期望的，在 SQL 中 null 与其他任何值的比较都不为真。因此，如果希望查询部门名为 null 的数据，应该使用 dept.deptName is null。

4.2.3 Hibernate 动态设置查询参数的方式

在查询条件很多的情况下，传递过多的参数会很不方便。此时，可以把参数封装在对象中，再使用之前所述的 Query 接口的 setProperties( ) 方法为 HQL 中的命名参数赋值。setProperties( ) 方法会把对象的属性匹配到命名参数上，需注意命名参数名称要与 Java 对象的属性匹配。

例如，查找符合以下条件的员工信息。

（1）职位是店员，如 job ='CLERK'。

（2）工资大于 1000 元，如 salary > 1000。

（3）入职时间在 1981 年 4 月 1 日至 1985 年 9 月 9 日之间。

上面 3 个条件可以任意组合。

查询的条件最多有 3 个，根据用户实际输入确定。在条件个数不确定的情况下，可以使用 Hibernate 提供的动态设置查询参数的方式。这里通过新建一个类来封装查询条件，如示例 6 所示。

示例 6

封装查询条件的 EmpCondition 类中的关键代码。

```
public class EmpCondition {
    private String job;                    // 员工职位
    private Double salary;                 // 员工工资
    private Date hireDateEnd;              // 员工入职结束时间
    private Date hireDateStart;            // 员工入职开始时间
    // 省略 getter/setter 方法
}
```

因为涉及日期类型的数据处理，故添加一个工具类，关键代码如下。

```
public class Tool {
    public static Date strToDate(String dateStr, String pattern)
            throws Exception {
        SimpleDateFormat sdf = new SimpleDateFormat(pattern); // 设置日期格式
        return sdf.parse(dateStr); // 将 String 类型的日期转化为 java.util.Date
    }
}
```

EmpDao 中的关键代码：

```
public class EmpDao extends BaseDao {
    public List<Emp> findByConditions(String hql, EmpCondition conditions) {
        return currentSession().createQuery(hql) // 创建 Query 对象
                .setProperties(conditions) // 为参数赋值
                .list(); // 执行查询，获取查询结果
    }
    // 省略其他 DAO 方法
}
```

业务类中的关键代码：

```
public class EmpBiz {
    private EmpDao empDao = new EmpDao();

    public List<Emp> findEmpsByConditions(EmpCondition conditions) {
```

```
            Transaction tx = null;
            List<Emp> emps = null;
            try {
                tx = empDao.currentSession().beginTransaction(); // 开启事务
                // HQL 根据条件动态生成
                StringBuilder hql = new StringBuilder("from Emp as emp where 1=1");
                if (conditions.getJob()!=null && conditions.getJob().length()>0) {
                    hql.append(" and emp.job = :job");
                }
                if (conditions.getSalary()!=null && conditions.getSalary()!=0) {
                    hql.append(" and emp.salary > :salary");
                }
                if (null != conditions.getHireDateStart()) {
                    hql.append(" and emp.hireDate > :hireDateStart");
                }
                if (null != conditions.getHireDateEnd()) {
                    hql.append(" and emp.hireDate < :hireDateEnd");
                }
                emps = new EmpDao().findByConditions(hql.toString(), conditions);
                tx.commit(); // 提交事务
            } catch (HibernateException e) {
                e.printStackTrace();
                if (tx != null)
                    tx.rollback(); // 回滚事务
            }
            return emps;
        }
        // 省略 getter/setter 及其他业务方法
}
```

测试方法中的关键代码：

```
// 准备查询条件，EmpCondition 对象封装条件
EmpCondition conditions = new EmpCondition();
conditions.setJob("CLERK");
conditions.setSalary(1000D);
conditions.setHireDateStart(Tool.strToDate("1981-4-1", "yyyy-MM-dd"));
conditions.setHireDateEnd(Tool.strToDate("1985-9-9", "yyyy-MM-dd"));
// 执行查询并输出结果
List<Emp> empList = new EmpBiz().findEmpsByConditions(conditions);
for (Emp emp : empList) {
    System.out.println(" 员工编号为 :" + emp.getEmpNo());
}
```

示例 6 生成的 SQL 语句如下。

```
select
    emp0_.empno as col_0_0_
from
    emp emp0_
where
    1=1
    and emp0_.job=?
    and emp0_.sal>?
    and emp0_.hireDate>?
    and emp0_.hireDate<?
```

输出结果：

```
员工编号为 :7934
```

下面调整示例 6 中的查询条件，忽略第 4 个条件的入职结束时间，执行程序，生成的 SQL 语句如下。

```
select
    emp0_.empno as col_0_0_
from
    emp emp0_
where
    1=1
    and emp0_.job=?
    and emp0_.sal>?
    and emp0_.hireDate>?
```

输出结果：

```
员工编号为 :7876
员工编号为 :7934
```

注意

当设定动态参数时，要注意 HQL 中的命名参数一定要与封装对象的属性名一致。

4.2.4　使用 Hibernate API 之 uniqueResult( ) 方法

上面使用 Query 接口提供的 list( )、iterate( ) 方法获取查询结果集合，还可以使用 uniqueResult( ) 方法获取唯一的结果，如示例 7 所示。

示例 7

EmpDao 中的关键代码：

```
public class EmpDao extends BaseDao {
    public Long obtainTheRowCount(Double sal) {
        String hql = "select count(id) from Emp where salary >= :sal";
        return (Long) currentSession().createQuery(hql)
                .setDouble("sal", sal)
                .uniqueResult(); // 执行返回唯一结果，以 Object 类型封装
    }
    // 省略其他 DAO 方法
}
```

业务类中的关键代码：

```
public class EmpBiz {
    private EmpDao empDao = new EmpDao();

    public Long countBySalary(Double sal) {
        Transaction tx = null;
        Long result = null;
        try {
            tx = empDao.currentSession().beginTransaction(); // 开启事务
            result = empDao.obtainTheRowCount(sal);
            tx.commit(); // 提交事务
        } catch (HibernateException e) {
            e.printStackTrace();
            if (tx != null)
                tx.rollback(); // 回滚事务
        }
        return result;
    }
    // 省略 getter/setter 及其他业务方法
}
```

测试方法中的关键代码：

```
Double sal = 1000.00;
Long result = new EmpBiz().countBySalary(sal);
System.out.println(" 薪资 " + sal + " 以上的员工有 " + result + " 人 ");
```

需要注意的是，当查询结果不唯一时，不能使用 query.uniqueResult( ) 方法，否则会发生以下错误。

```
org.hibernate.NonUniqueResultException: query did not return a unique result:3
at org.hibernate.impl.AbstractQueryImpl.uniqueElement(AbstractQueryImpl.java:844)
at org.hibernate.impl.AbstractQueryImpl.uniqueResult(AbstractQueryImpl.java:835)
at cn.hibernatedemo.test.TestChapter05.eg7(TestChapter05.java:36)
```

技能训练

上机练习 2——查询中关村地区面积大于 $80m^2$ 的房屋信息

➢ 需求说明

查询租房系统中符合以下条件的房屋信息:

(1) 标题中包括“中关村”字样。

(2) 房屋面积大于 $80m^2$。

提示

(1) 使用 from House where title like ? and floorage > ?。

(2) query.setString(0, "% 中关村 %")。

(3) query.setInteger(1, 80)。

上机练习 3——使用动态参数绑定方式查询租房系统中的房屋信息

➢ 需求说明

根据租金、联系人及发布日期等条件使用动态参数绑定方式查询租房系统中的房屋信息。查询条件如下:

(1) 租金小于 2000 元。

(2) 联系人是李阳。

(3) 发布日期为近一个月内。

注意

以上条件可以任意组合。

提示

最近一个月的时间点可以通过 Calendar 类的 add(int field, int amount) 方法得到，可参阅 Java API 获得更多使用帮助。

任务 3　实现分页和投影查询

关键步骤如下。

➢ 使用 Query 接口的方法设置分页查询条件。

➢ 使用 select 子句实现投影查询。

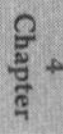

4.3.1 Hibernate 分页查询 API

在之前的学习过程中，分页需要使用复杂的 SQL 语句实现。Hibernate 提供了简便的方法实现分页，即通过使用 Query 接口的 setFirstResult(int firstResult) 方法和 setMaxResults(int maxResults) 方法实现。顾名思义，setFirstResult( ) 方法用于设置需要返回的第一条记录的位置（位置下标从 0 开始），setMaxResults( ) 方法用于设置最大返回记录条数。

具体步骤如下所示。

（1）使用聚合函数 count( ) 获得总记录数 count。

（2）计算总页数，代码如下。

```
// pageSize 保存每页显示记录数
int totalpages = (count % pageSize == 0) ? (count / pageSize)
                : (count / pageSize + 1);
```

（3）实现分页，语句如下。

```
// pageIndex 保存当前页码
query.setFirstResult((pageIndex - 1) * pageSize);
query.setMaxResults(pageSize);
List result = query.list();
```

按照以上步骤，查询部门信息，按部门编号升序排序，每页显示两条记录，获取第一页的部门记录，如示例 8 所示。

示例 8

EmpDao 中的关键代码：

```
public class EmpDao extends BaseDao {
    public List<Emp> findByPage(int pageNo, int pageSize) {
        return currentSession().createQuery("from Emp order by id")
                .setFirstResult((pageNo-1) * pageSize) // 设置获取结果的起始下标
                .setMaxResults(pageSize) // 设置最大返回结果数
                .list();
    }
    // 省略其他 DAO 方法
}
```

业务类中的关键代码：

```
public class EmpBiz {
    private EmpDao empDao = new EmpDao();

    public List<Emp> findEmpsByPage(int pageNo, int pageSize) {
        Transaction tx = null;
```

```
        List<Emp> emps = null;
        try {
            tx = empDao.currentSession().beginTransaction(); // 开启事务
            emps = new EmpDao().findByPage(pageNo, pageSize);
            tx.commit(); // 提交事务
        } catch (HibernateException e) {
            e.printStackTrace();
            if (tx != null)
                tx.rollback(); // 回滚事务
        }
        return emps;
    }
    // 省略 getter/setter 及其他业务方法
}
```

测试方法中的关键代码：

```
// 执行查询并输出结果
int pageNo = 1;
int pageSize = 2;
List<Emp> empList = new EmpBiz().findEmpsByPage(pageNo, pageSize);
for (Emp emp : empList) {
    System.out.println(" 员工编号为 :" + emp.getEmpNo());
}
```

4.3.2 Hibernate 投影查询 API

有时数据展示并不需要获取对象的全部属性，而是只需要对象的某一个或某几个属性，或者需要通过表达式、聚合函数等方式得到某些结果，此时可以使用投影查询。投影查询需要使用 HQL 的 select 子句。对于投影结果的封装，有以下 3 种常见情况。

1. 每条查询结果仅包含一个结果列

此时，每条查询结果将作为一个 Object 对象进行引用，如示例 9 所示。

示例 9

DeptDao 中的关键代码：

```
public class DeptDao extends BaseDao {
    public List<String> findAllNames() {
        String hql = "select deptName from Dept";
        return currentSession().createQuery(hql).list();
    }
    // 省略其他 DAO 方法
}
```

业务层和测试方法的关键代码略。

示例 9 获得所有部门的名称。查询结果集合中的每个对象都是 deptName 字符串。

2. **每条查询结果包含不止一个结果列**

此时，每条查询结果将被封装成 Object 数组，如示例 10 所示。

示例 10

DeptDao 中的关键代码：

```
public class DeptDao extends BaseDao {
    public List<Object[]> findAllDeptList() {
        String hql = "select deptNo, deptName from Dept";
        return currentSession().createQuery(hql).list();
    }
    // 省略其他 DAO 方法
}
```

业务层和测试方法的关键代码略。

示例 10 获得所有部门的编号和名称。查询结果集合中的每个元素都是对象数组 Object[ ]，数组的长度是 2，数组的第一个元素是部门编号，第二个元素是部门名称。这种方式一般只应用于查询部分属性值时，注意数组下标与属性值的对应。

3. **将每条查询结果通过构造方法封装成对象**

如果希望以对象的方式使用查询结果，可以采用如示例 11 所示的方法。

示例 11

DeptDao 中的关键代码：

```
public class DeptDao extends BaseDao {
    // 要求 Dept 类中有 Dept(Byte deptNo, String deptName) 和 Dept() 构造方法
    public List<Dept> findAllDeptList() {
        String hql = "select new Dept(deptNo, deptName) from Dept";
        return currentSession().createQuery(hql).list();
    }
    // 省略其他 DAO 方法
}
```

业务层和测试方法的关键代码略。

这种方式使返回的结果更加符合面向对象的风格。需要注意的是，这样查询得到的 Dept 对象不是持久化状态的，故不能借助 Hibernate 的缓存机制实现与数据库的同步，仅用于封装本次查询结果。

封装投影查询的结果，除了使用已有的持久化类，也可以针对查询结果的特点，另外定义一个 JavaBean 来专门封装查询结果。

实际查询中经常通过表达式、聚合函数等得到计算列这样的特殊结果，或者查询的目的仅仅是展示，不需要保持持久化状态以维护数据，这样的情况都应该使用投影查询以减少开销、提高效率。

技能训练

上机练习 4——分页显示租房系统的用户信息

➢ 需求说明

在上机练习 1 的基础上，按以下要求显示输出租房系统的用户信息。

（1）每页输出 3 条记录。

（2）每条记录显示用户名和电话。

任务 4　使用 MyEclipse 反向工程工具

在前面的学习过程中，持久化类和映射文件都是自己手工编写的，本节来学习 MyEclipse 提供的依据数据表生成持久化类和映射文件的工具，该工具称为 Hibernate 反向工程。

注意

在使用 Hibernate 反向工程之前，需要先在 MyEclipse 数据库窗口中创建数据库连接，具体创建方法可参见附录 5 “创建数据库连接”。

使用 Hibernate 反向工程的具体操作步骤如下所示。

（1）为工程添加 Hibernate 支持，如图 4.1 所示。

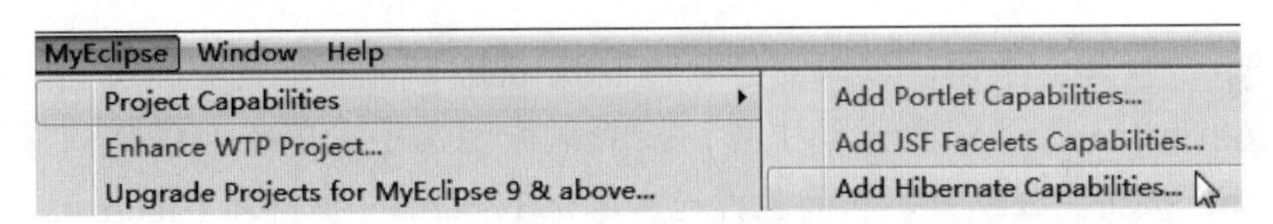

图 4.1　为工程添加 Hibernate 支持

（2）选择 Hibernate 3.3 版本，如图 4.2 所示。由于本书案例实际引入的是其他 Hibernate 版本的 jar 文件，所以这里取消“MyEclipse Libraries”复选框的勾选，不再添加工具提供的 jar 文件。由于没有选择任何由工具提供的 jar 文件，这时界面会有警告提示，可以忽略并进行下一步操作。

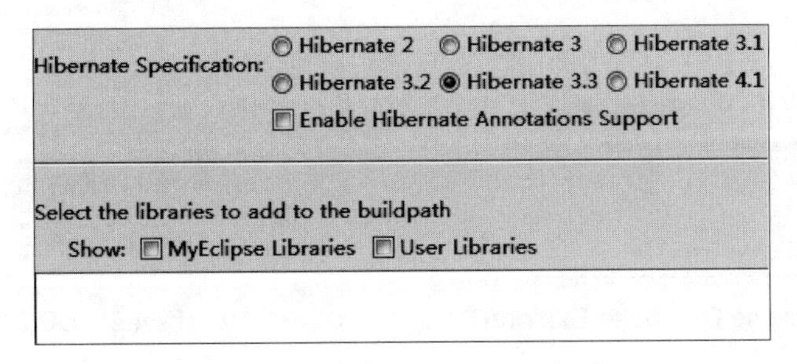

图 4.2　选择 Hibernate 3.3 版本

（3）单击“Next”按钮，创建 Hibernate 配置文件，如图 4.3 所示。也可以选择“Existing”单选按钮，单击“Browse…”按钮选择已经创建好的 Hibernate 配置文件。

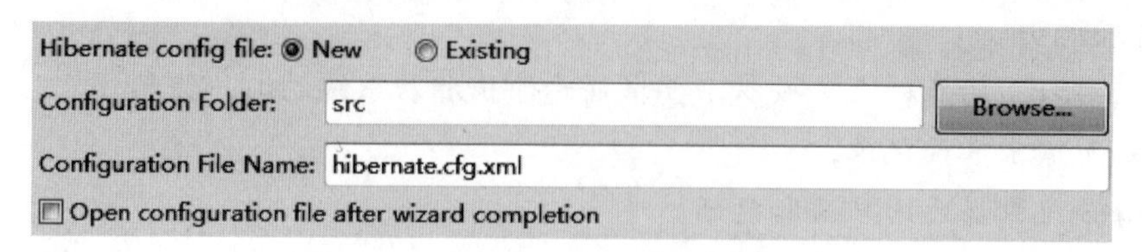

图 4.3　创建 Hibernate 配置文件

（4）单击“Next”按钮，配置数据库连接信息，如图 4.4 所示。在“DB Driver”中可选择已经创建好的数据库连接，工具将自动加载相关信息。

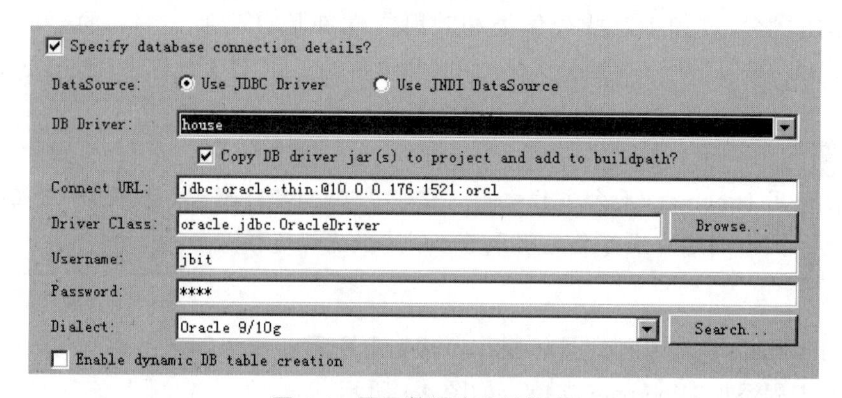

图 4.4　配置数据库连接信息

（5）单击“Next”按钮，进入创建管理 Hibernate 会话的工具类的页面，由于已根据需要定义 HibernateUtil 执行同类工作，故只需取消选中项而不必做任何选择。然后单击“Finish”按钮完成配置，当前工程已经添加 Hibernate 支持和 Hibernate 配置文件，所需 Hibernate 版本的 jar 文件需自行引入。接下来使用 MyEclipse 的反向工程工具生成持久化类和映射文件。

（6）进入 MyEclipse 数据库窗口，如图 4.5 和图 4.6 所示。

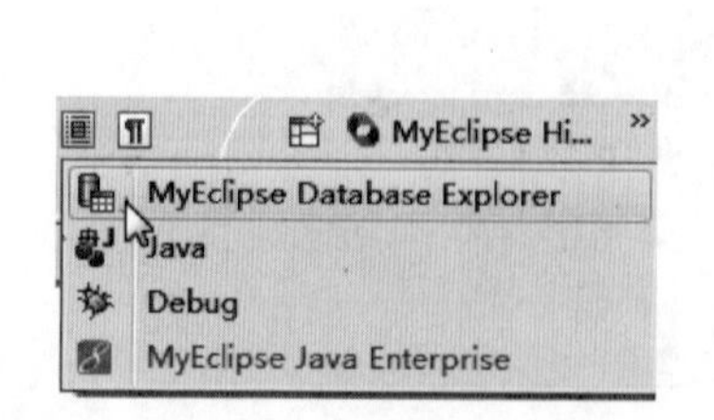

图 4.5　MyEclipse Database Explorer

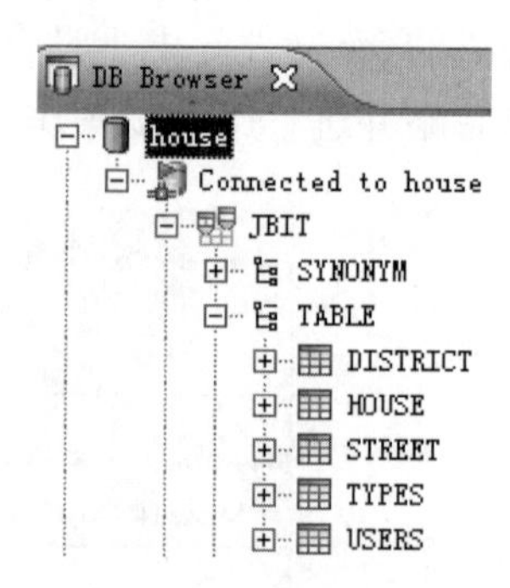

图 4.6　DB Browser

（7）选中数据表（可多选），右击，在弹出的快捷菜单中选择“Hibernate Reverse

Engineering”命令，如图 4.7 所示。

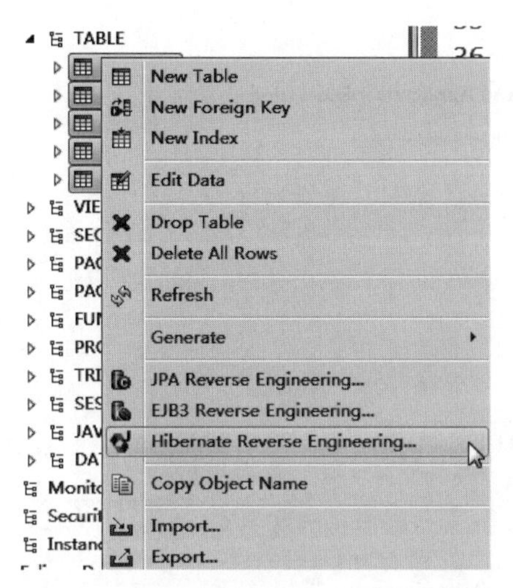

图 4.7　选择“Hibernate Reverse Engineering”命令

（8）进入“Hibernate Reverse Engineering”窗口，选择如图 4.8 所示的内容。“Java src folder”用于指定项目的源码目录，“Java package”用于指定具体的包目录，以存放工具生成的持久化类和映射文件。

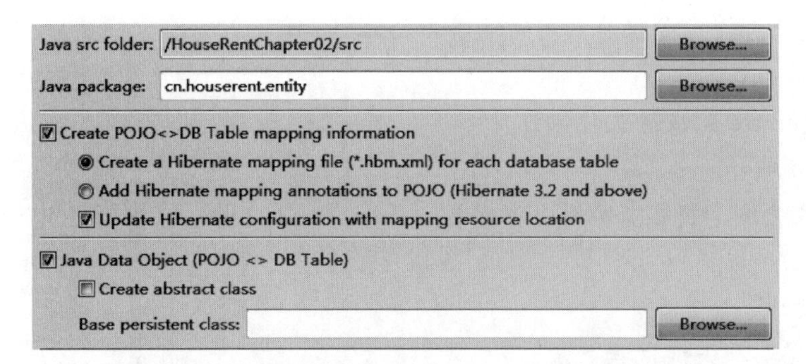

图 4.8　根据数据库表生成持久化类和映射文件

（9）单击“Next”按钮，根据需要在“Id Generator”处选择主键生成器，如图 4.9 所示。

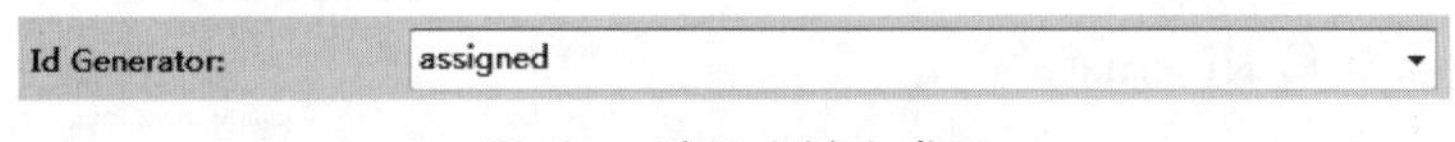

图 4.9　选择主键生成器

（10）单击“Next”按钮，进入如图 4.10 所示的持久化类的配置界面，不做任何选择，单击“Finish”按钮，完成操作。

使用 MyEclipse 反向工程工具自动生成持久化类和映射文件，方便快捷，但是根据具体情况，可能需要对持久化类和映射文件做相应的调整。例如，对数据类型的调整，若数据表中字段类型是 NUMBER(9)，自动生成的持久化类的属性的数据类型是 java.

lang.BigDecimal，根据具体情况，可以把属性的数据类型由 java.lang.BigDecimal 改为 java.lang.Long。

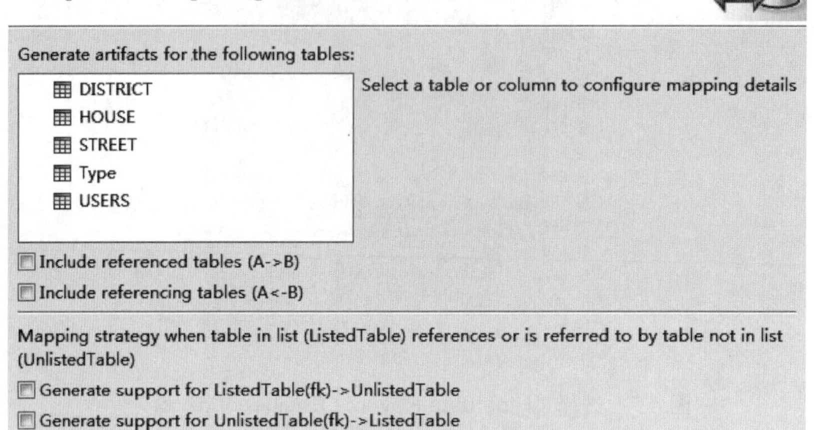

图 4.10　配置持久化类的细节

技能训练

上机练习 5——完成租房系统的注册和登录

➢ 训练要点

使用 Hibernate 完成持久化操作。

➢ 需求说明

在租房系统中，按要求实现以下功能：

（1）登录。

（2）注册。

➢ 实现思路及关键代码

（1）页面使用 JSP。

（2）Servlet 负责接收请求并给予响应。

（3）业务逻辑层由 JavaBean 完成。

（4）DAO 层使用 Hibernate 完成。

➢ 参考解决方案

案例采用 JSP+Servlet+JavaBean 程序结构，DAO 层使用 Hibernate 框架实现，程序结构如图 4.11 所示。

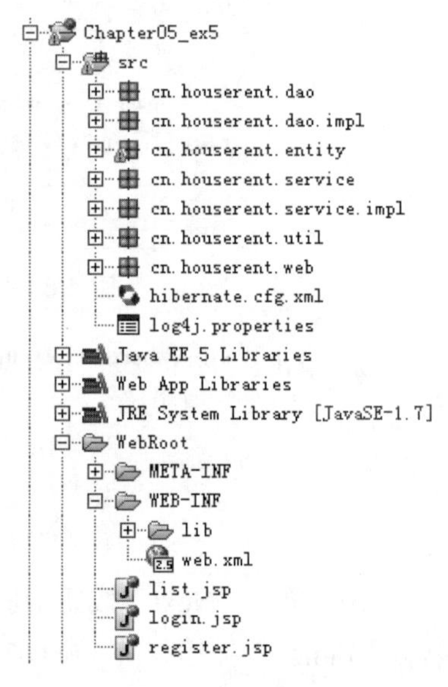

图 4.11　程序结构

每个包和文件的含义如下。

cn.houserent.entity 包：存放持久化类和映射文件。

cn.houserent.dao 包：存放数据库操作接口。

cn.houserent.dao.impl 包：存放数据库操作实现类。

cn.houserent.service 包：存放业务逻辑接口。

cn.houserent.service.impl 包：存放业务逻辑实现类。

cn.houserent.web 包：存放控制器类、Servlet 类。

cn.houserent.util 包：存放工具类。

hibernate.cfg.xml：hibernate 配置文件。

log4j.properties：log4j 日志配置文件。

DAO 实现类的编写规范，以 UserDaoImpl 类为例，关键代码如下。

```
public class UserDaoImpl extends BaseDao implements UserDao {
    /**
     * 注册
     */
    @Override
    public void insert(Users user) throws HibernateException {
        // 省略执行代码
    }
    // 省略其他 DAO 方法
}
```

业务实现类的编写规范，以 UserBizImpl 类为例，关键代码如下。

```
public class UserBizImpl implements UserBiz {
    private UserDao userdao = new UserDaoImpl();

    /**
     * 注册
     */
    @Override
    public void register(Users user) throws Exception {
        Transaction tx = null;
        try {
            tx = HibernateUtil.currentSession().beginTransaction(); // 开启事务
            // 省略业务流程代码
            tx.commit(); // 提交事务
        } catch (Exception e) {
            e.printStackTrace();
            if (tx != null)
                tx.rollback(); // 回滚事务
            throw e;
        }
    }
    // 省略其他业务方法
}
```

上机练习 6——完成租房系统的房屋信息查询

➢ 需求说明

在租房系统中，按要求实现以下功能：

按房屋租金、标题、发布日期及联系人查询房屋信息，并分页显示房屋信息。

本章总结

➢ HQL 是面向对象的查询语句，在 Hibernate 提供的各种查询方式中，HQL 是使用最广泛的一种。

➢ 执行 HQL 语句需要使用 Query 接口，Query 也是 Hibernate 的核心接口之一，执行 HQL 的两种常用方法是 list( ) 方法和 iterate( ) 方法。

➢ HQL 语句中绑定参数的形式有两种：按参数位置绑定和按参数名称绑定。

➢ HQL 支持投影查询、灵活的参数查询和分页查询等功能。

➢ 可以使用 MyEclipse 反向工程工具生成持久化类和映射文件。

本章练习

1．简述执行 HQL 语句的几个步骤。

2．继续第 3 章练习中的电子备件管理系统，备件表结构如表 4-1 所示，请完成以下功能。

表4-1　备件表结构

字　段　名	数 据 类 型	Java类型	说　　明
编号	NUMBER(4)	java.lang.Integer	主键
型号	NVARCHAR2(20)	java.lang.String	不允许为空
出厂价格	NUMBER(7,2)	java.lang.Double	
出厂日期	DATE	java.util.Date	

（1）使用 HQL 语句，查找指定型号的备件，并输出备件编号、型号和出厂价格。

（2）使用 HQL 语句，查找出厂价格小于指定价格的备件，并输出备件编号、出厂价格和出厂日期。

（3）使用 HQL 语句，查找出厂日期在指定日期范围内的备件，并输出备件编号、型号、出厂价格及出厂日期。

（4）查找符合条件的备件，可按型号模糊查找、按价格区间查找、按出厂日期区间查找，这三个条件可以任意组合，并输出备件编号、型号、出厂价格及出厂日期。

提示：

- 使用 Query 对象的 setProperties( ) 方法绑定参数。
- 新增备件条件类，在该类中定义型号、起始价格、最高价格、起始日期及截止日期等属性，用于封装查询条件。

随手笔记

第 5 章

配置 Hibernate 关联映射

技能目标

- ❖ 理解 Hibernate 的关联映射
- ❖ 理解 inverse 属性、cascade 属性
- ❖ 掌握单向的多对一、双向的一对多映射
- ❖ 掌握延迟加载

本章任务

学习本章，完成以下 6 个工作任务。记录学习过程中遇到的问题，可以通过自己的努力或访问 kgc.cn 解决。

任务 1：了解关联关系

任务 2：建立单向多对一关联关系

任务 3：建立双向一对多关联关系

任务 4：建立多对多关联关系

任务 5：使用 MyEclipse 反向工程工具映射关联关系

任务 6：配置查询加载策略

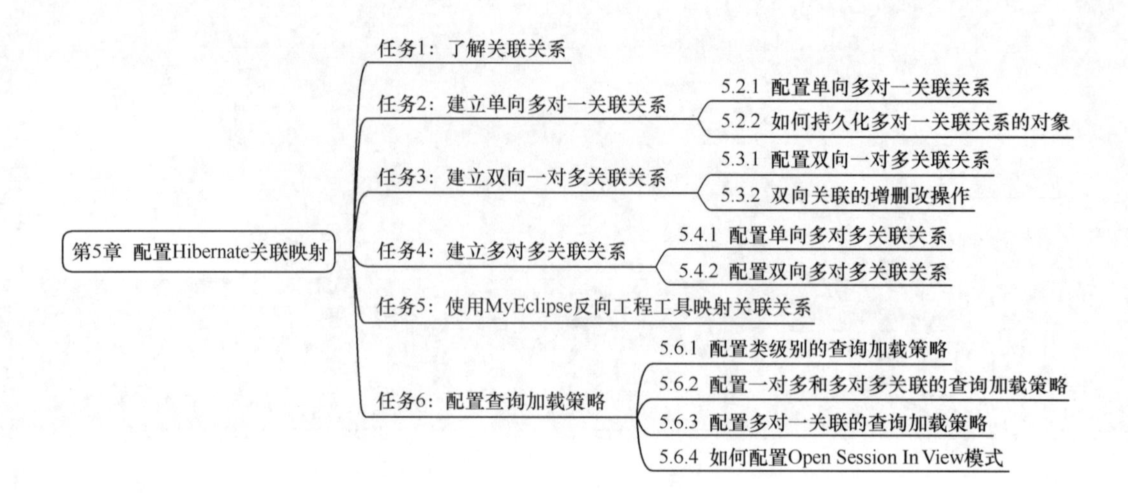

任务 1 了解关联关系

类与类之间最普遍的关系就是关联关系，而且关联是有方向的。以部门（Dept）和员工（Emp）类为例，一个部门下有多个员工，而一个员工只能属于一个部门。从 Emp 到 Dept 是多对一关联，这就意味着每个 Emp 对象只会引用一个 Dept 对象；而从 Dept 到 Emp 是一对多关联，这就意味着每个 Dept 对象会引用一组 Emp 对象。因此，在 Emp 类中应该定义一个 Dept 类型的属性，来引用所关联的 Dept 对象；而在 Dept 类中应该定义一个集合类型的属性，来引用所有关联的 Emp 对象。

如果仅有从 Emp 到 Dept 的关联（见图 5.1），或者仅有从 Dept 到 Emp 的关联（见图 5.2），就称为单向关联。如果同时包含两种关联，就称为双向关联，如图 5.3 所示。

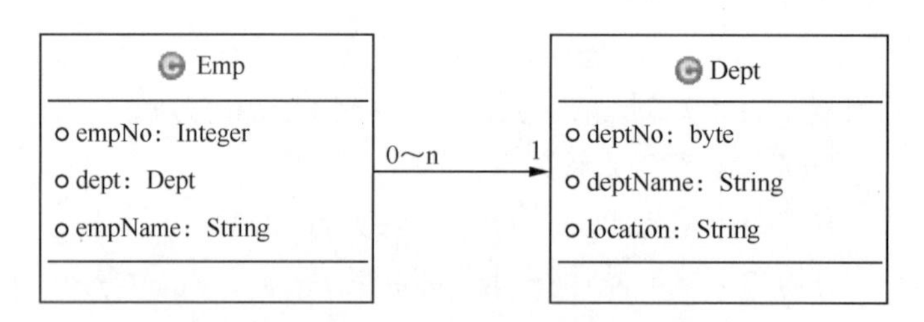

图 5.1 从 Emp 到 Dept 的多对一单向关联

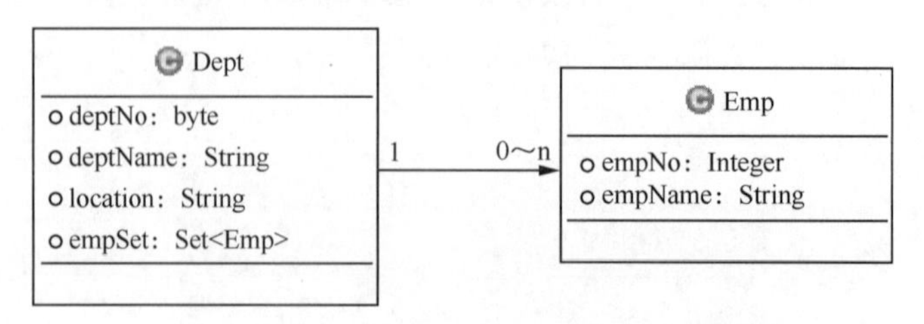

图 5.2 从 Dept 到 Emp 的一对多单向关联

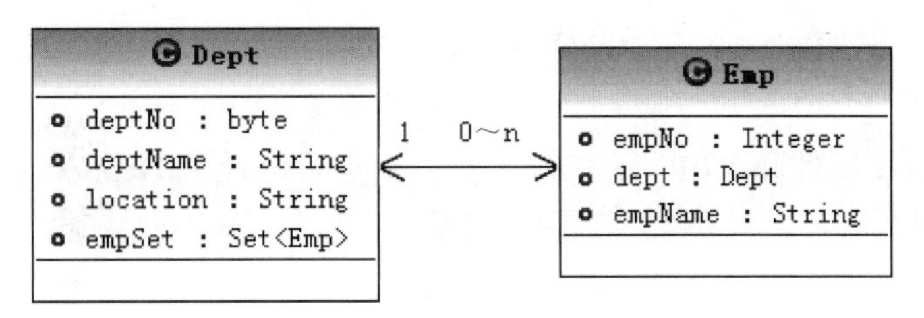

图 5.3　Dept 和 Emp 的一对多双向关联

本章将结合具体案例来介绍如何映射以下关联关系。

（1）以 Emp 和 Dept 类为例，介绍如何映射多对一单向关联关系。

（2）以 Emp 和 Dept 类为例，介绍如何映射一对多双向关联关系。

（3）以 Project 和 Employee 类为例，介绍如何映射多对多关联关系。

任务 2　建立单向多对一关联关系

关键步骤如下。

- 编写 Dept 和 Emp 持久化类并配置映射文件。
- 使用 <many-to-one> 元素建立 EMP 表的外键 DEPTNO 和 dept 属性之间的映射。
- 验证单向多对一关联关系对象持久化方法。

首先以 Emp 和 Dept 类为例介绍如何建立单向多对一关联关系。

5.2.1　配置单向多对一关联关系

在 Emp 类中需要定义一个 Dept 属性，而在 Dept 类中无须定义用于存放 Emp 对象的集合属性。示例 1 和示例 2 分别是 Dept 和 Emp 持久化类。

示例 1

Dept 持久化类的主要内容。

```
public class Dept implements Serializable {
    private Byte deptNo;            // 部门编号
    private String deptName;        // 部门名称
    private String location;        // 部门地址
    // 此处省略无参构造方法，以及属性的 getter 和 setter 方法
}
```

示例 2

Emp 持久化类的主要内容。

```
public class Emp implements Serializable {
    private Integer empNo;          // 员工编号
    private String empName;         // 员工姓名
    private Dept dept;              // 所属部门
```

```
    // 此处省略无参构造方法、部分属性声明，以及属性的 getter 和 setter 方法
}
```

Dept 类的所有属性和 DEPT 表的字段一一对应，因此把 Dept 类映射到 DEPT 表非常简单，如示例 3 所示。

示例 3

Dept.hbm.xml 的主要内容。

```
<hibernate-mapping>
    <class name="cn.hibernatedemo.entity.Dept" table="'DEPT'">
        <id name="deptNo" column="'DEPTNO'" type="java.lang.Byte">
            <generator class="assigned"/>
        </id>
        <property name="deptName" type="java.lang.String" column="'DNAME'"/>
        <property name="location" type="java.lang.String">
            <column name="'LOC'"></column>
        </property>
    </class>
</hibernate-mapping>
```

而在 Emp 类中，其 dept 属性是 Dept 类型，和 EMP 表的外键 DEPTNO 对应，那么其映射文件中能否按如下方式映射 dept 属性呢？

```
<property name="dept" column="'DEPTNO'"/>
```

以上映射中，dept 属性是 Dept 类型，而 EMP 表的外键 DEPTNO 是数值类型，显然类型不匹配。dept 属性代表了 Emp 类对 Dept 类的关联关系，不能使用 <property> 元素来映射，而要使用 <many-to-one> 元素，如示例 4 所示。

示例 4

Emp.hbm.xml 的主要内容。

```
<hibernate-mapping>
    <class name="cn.hibernatedemo.entity.Emp" table="'EMP'">
        <id name="empNo" column="'EMPNO'" type="java.lang.Integer">
            <generator class="increment"/>
        </id>
        <property name="empName" type="java.lang.String" column="'ENAME'"/>
        <property name="job" type="java.lang.String" column="'JOB'"/>
        <property name="salary" type="java.lang.Double" column="'SAL'"/>
        <property name="hireDate" type="java.util.Date"/>
        <many-to-one
            name="dept"
            column="'DEPTNO'"
            class="cn.hibernatedemo.entity.Dept" />
    </class>
</hibernate-mapping>
```

<many-to-one> 元素建立了 EMP 表的外键 DEPTNO 和 dept 属性之间的映射。它包括以下属性。

（1）name：设定持久化类的属性名，此处为 Emp 类的 dept 属性。

（2）column：设定持久化类的属性对应的表的外键，此处为 EMP 表的外键 DEPTNO。

（3）class：设定持久化类的属性的类型，此处设定 dept 属性为 Dept 类型。

至此，Emp 类到 Dept 类的单向多对一映射就完成了。

5.2.2 如何持久化多对一关联关系的对象

Dept 类、Emp 类及其映射文件已经编写完成，从 Emp 到 Dept 的单向多对一关联已经建立。在这个基础上，下面来实现具有关联关系的对象的持久化。

（1）添加或修改 Emp 对象，外键信息封装在 Dept 对象中，需建立 Emp 对象和 Dept 对象的关联，最后保存或更新 Emp 对象，如示例 5 所示。

示例 5

EmpDao 中的关键代码：

```
public class EmpDao extends BaseDao {
    public void save(Emp emp) {
        this.currentSession().save(emp);
    }
    // 省略其他 DAO 方法
}
```

业务类中的关键代码：

```
public class EmpBiz {
    private EmpDao empDao = new EmpDao();

    public void    addNewEmp(Emp emp) {
        Transaction tx = null;
        try {
            tx = empDao.currentSession().beginTransaction(); // 开启事务
            empDao.save(emp);
            tx.commit(); // 提交事务
        } catch (HibernateException e) {
            e.printStackTrace();
            if (tx != null)
                tx.rollback(); // 回滚事务
        }
    }
    // 省略 getter/setter 及其他业务方法
}
```

测试方法中的关键代码：

```
// 创建 Emp 对象
Emp emp = new Emp();
emp.setEmpName(" 张三 ");
// 指定员工所在的部门为会计部门
Dept dept = new Dept();
dept.setDeptNo((byte) 10); // 会计部门的编号
emp.setDept(dept);
// 保存员工数据
new EmpBiz().addNewEmp(emp);
```

运行示例 5，Hibernate 执行以下 insert 语句。

```
insert into emp(ename, job, sal, hireDate, DEPTNO, empno) values(?,?,?, ?,?,?)
```

（2）按照指定的 Dept 对象来查询相关的 Emp 对象，如示例 6 所示。

示例 6

EmpDao 中的关键代码：

```
public class EmpDao extends BaseDao {
    public List<Emp> findByDept(Dept dept) {
        String hql = "from Emp where dept = ?";
        return this.currentSession().createQuery(hql)
                .setParameter(0, dept).list();
    }
    // 省略其他 DAO 方法
}
```

业务类中的关键代码：

```
public class EmpBiz {
    private EmpDao empDao = new EmpDao();

    public List<Emp> findEmpsByDept(Dept dept) {
        Transaction tx = null;
        List<Emp> result = null;
        try {
            tx = empDao.currentSession().beginTransaction(); // 开启事务
            result = empDao.findByDept(dept);
            tx.commit(); // 提交事务
        } catch (HibernateException e) {
            e.printStackTrace();
            if (tx != null)
                tx.rollback(); // 回滚事务
        }
```

```
        return result;
    }
    // 省略 getter/setter 及其他业务方法
}
```

测试方法中的关键代码：

```
Dept dept = new Dept();
dept.setDeptNo((byte) 10);
List<Emp> empList = new EmpBiz().findEmpsByDept(dept);
for (Emp emp : empList)
    System.out.println(" 员工姓名：" + emp.getEmpName());
```

运行示例 6 时，Hibernate 执行以下 select 语句。

```
select * from emp    where DEPTNO=10
```

或者也可以使用如“from Emp where dept.deptNo = ?”形式的 HQL 语句实现，直接传递部门编号作为查询条件。

（3）输出指定 Emp 集合中的所有 Emp 对象及其关联的 Dept 对象的信息。由于 Emp 和 Dept 之间存在单向多对一关系，所以只要调用 emp.getDept( ) 方法，就可以方便地从 Emp 对象导航到 Dept 对象，如示例 7 所示。

示例 7

EmpDao 中的关键代码：

```
public class EmpDao extends BaseDao {
    public List<Emp> findAll() {
        return this.currentSession().createQuery("from Emp").list();
    }
    // 省略其他 DAO 方法
}
```

业务类中的关键代码：

```
public class EmpBiz {
    private EmpDao empDao = new EmpDao();

    public List<Emp> findAllEmps() {
        Transaction tx = null;
        List<Emp> result = null;
        try {
            tx = empDao.currentSession().beginTransaction(); // 开启事务
            result = empDao.findAll();
            // 测试对象间导航效果，注意须在会话关闭前测试查询效果，
            // 原因会在下文的延迟加载一节进行分析
            for (Emp emp : result) {
                System.out.print(" 员工姓名：" + emp.getEmpName() + "\t");
```

```
                System.out.println(" 所在部门： " + emp.getDept().getDeptName());
            }
            tx.commit(); // 提交事务
        } catch (HibernateException e) {
            e.printStackTrace();
            if (tx != null)
                tx.rollback(); // 回滚事务
        }
        return result;
    }
    // 省略 getter/setter 及其他业务方法
}
```

测试方法中的关键代码：

```
List<Emp> empList = new EmpBiz().findAllEmps();
```

运行示例 7，Hibernate 执行以下查询语句。

```
select * from EMP;
select * from DEPT where DEPTNO=?; -- 根据所涉及的部门数量，该语句可能多次执行
```

技能训练

上机练习 1——实现街道与区县的单向多对一关联

➢ 需求说明

在租房系统中，配置街道到区县的单向多对一关联，并完成以下持久化操作。

（1）添加街道，设置该街道属于某区县。

（2）修改街道，把该街道划分到某区县。

（3）删除某街道。

任务 3 建立双向一对多关联关系

关键步骤如下。

➢ 在 Dept 类中增加一个集合类型的 emps 属性。

➢ 使用 <set> 元素映射 emps 属性。

➢ 验证双向一对多关联关系对象持久化方法。

当类与类之间建立了关联，就可以方便地从一个对象导航到另一个对象，或者通过集合导航到一组对象。例如，对于给定的 Emp 对象，如果想获得与它关联的 Dept 对象，只要调用如下方法。

```
Dept dept = emp.getDept(); // 从 Emp 对象导航到关联的 Dept 对象
```

对于给定的 Dept 对象，如果想获得与它关联的所有 Emp 对象，该如何处理呢？

在之前讲解的单向多对一映射中，由于 Dept 对象不和 Emp 对象关联，所以必须通过 Hibernate API 查询数据库。

```
String hql="from Emp e where e.dept.deptNo=10";
List<Emp> empList = session.createQuery(hql).list();
```

在使用面向对象语言编写的程序中，通过关联关系从一个对象导航到另一个对象显然比通过编码到数据库中查询更加自然，且无须额外的编码。并且，基于关联关系，在增删改操作中还可以对相关对象实现自动化的级联处理，同样减少了编码工作量，提高了开发效率。因此，不妨为 Dept 类和 Emp 类建立双向一对多关联。

5.3.1 配置双向一对多关联关系

在前面的示例中，已经建立了 Emp 类到 Dept 类的多对一关联，下面再增加 Dept 类到 Emp 类的一对多关联，Dept 类和 Emp 类之间就构成了双向的关联，即双向一对多关联。这需要在 Dept 类中增加一个集合类型的 emps 属性。

```
private Set<Emp> emps = new HashSet<Emp>(); // 部门员工的集合
public Set<Emp> getEmps() {
    return emps;
}
public void setEmps(Set<Emp> emps) {
    this.emps = emps;
}
```

有了以上属性，对于给定的部门，查询该部门的所有员工时，只需要调用 dept.getEmps( ) 方法即可。Hibernate 要求在持久化类中定义集合类型属性时，必须把属性声明为接口类型，如 java.util.Set，可以指定泛型 java.util.Set<Emp>。

在定义 emps 集合属性时，通常把它初始化为集合实现类的一个实例，例如：

```
private Set<Emp> emps = new HashSet<Emp>(); // 部门员工的集合
```

下面的代码是开发中经常遇到的，如果不将集合 emps 初始化，那么在每个调用 getEmps( ) 方法的地方，都需要判断返回值是否为 null，降低了程序的可读性；如果疏漏了对 null 值的判断，就可能会遇到 NullPointerException 异常，损害程序的健壮性。

```
Set<Emp> emps = dept.getEmps();
Iterator it = emps.iterator();
while (it.hasNext()) {
    // 省略遍历内容
}
```

示例 8 展示了双向关联时 Dept 类的主要内容。

示例 8

```
public class Dept implements Serializable {
    private Byte deptNo;                              // 部门编号
```

```
    private String deptName;                              // 部门名称
    private String location;                              // 部门地址
    private Set<Emp> emps = new HashSet<Emp>();           // 部门员工的集合

    // 此处省略构造方法 , 以及部分属性的 getter 和 setter 方法
    public Set<Emp> getEmps() {
        return emps;
    }
    public void setEmps(Set<Emp> emps) {
        this.emps = emps;
    }
}
```

接下来的问题是如何在映射文件中映射集合类型的 emps 属性。由于在 DEPT 表中没有直接与 emps 属性对应的字段，所以不能用 <property> 元素来映射 emps 属性，而是使用 <set> 元素。示例 9 展示了 Dept.hbm.xml 的主要内容。Emp.hbm.xml 的内容和示例 4 中的内容相同。

示例 9

```
<hibernate-mapping>
    <class name="cn.hibernatedemo.entity.Dept" table="'DEPT'">
        <id name="deptNo" column="'DEPTNO'" type="java.lang.Byte">
            <generator class="assigned"/>
        </id>
        <property name="deptName" type="java.lang.String" column="'DNAME'"/>
        <property name="location" type="java.lang.String">
            <column name="'LOC'"></column>
        </property>
        <set name="emps">
            <key column="'DEPTNO'"></key>
            <one-to-many class="cn.hibernatedemo.entity.Emp"/>
        </set>
    </class>
</hibernate-mapping>
```

<set> 元素的 name 属性：设定持久化类的属性名，此处为 Dept 类的 emps 属性。

<set> 元素还包含两个子元素。

➢ <key> 元素：column 属性设定与所关联的持久化类相对应的表的外键，此处为 EMP 表的 DEPTNO 字段。

➢ <one-to-many> 元素：class 属性设定所关联的持久化类型，此处为 Emp 类。

Hibernate 根据以上映射代码可获得以下信息。

➢ <set> 元素表明 Dept 类的 emps 属性为 java.util.Set 集合类型。

➢ <one-to-many> 子元素表明 emps 集合中存放的是一组 Emp 对象。

➢ <key> 子元素表明 EMP 表通过外键 DEPTNO 参照 DEPT 表。

5.3.2　双向关联的增删改操作

如前文所述，基于关联关系除了可以通过对象间导航实现相关对象的自动检索外，还可以在对象的增删改操作中，对相关对象实现自动化的级联处理，而无须进行相关编码，从而减少编码工作量，提高开发效率。级联操作的细节可以在持久化类的映射文件中通过 cascade 属性和 inverse 属性进行控制。

1．cascade 属性

Dept 类、Emp 类及其映射文件已经编写完成，从 Dept 到 Emp 的双向一对多关联已经建立，下面来完成以下持久化操作。

（1）首先创建一个 Dept 对象，然后创建一个 Emp 对象，将这两个对象进行关联。最后保存 Dept 对象的同时会自动保存这个 Emp 对象。

（2）删除 Dept 对象，会级联删除与 Dept 对象关联的 Emp 对象。

要完成以上两个持久化操作，需要在 <set> 元素中配置 cascade 属性。

在对象 - 关系映射文件中，用于映射持久化类之间关联关系的元素，如 <set>、<many-to-one>，都有一个 cascade 属性，它用于指定如何操纵与当前对象关联的其他对象。表 5-1 列出了 cascade 属性的部分常用可选值。

表5-1　cascade属性的部分常用可选值

cascade属性值	描　述
none	当Session操纵当前对象时，忽略其他关联的对象。它是cascade属性的默认值
save-update	当通过Session的save( )、update( )及saveOrUpdate( )方法来保存或更新当前对象时，级联保存所有关联的瞬时状态的对象，并且级联更新所有关联的游离状态的对象
delete	当通过Session的delete( )方法删除当前对象时，会级联删除所有关联的对象
all	包含save-update、delete的行为

下面完成第一个持久化操作，保存 Dept 对象的同时级联保存与 Dept 对象关联的 Emp 对象，如示例 10 所示。

示例 10

修改 Dept.hbm.xml，在 <set> 元素中设置 cascade 属性。

```
<set name="emps" cascade="save-update">
    <key column="DEPTNO"></key>
    <one-to-many class="cn.hibernatedemo.entity.Emp"/>
</set>
```

DeptDao 中的关键代码：

```
public class DeptDao extends BaseDao {
    public void save(Dept dept) {
```

```
            this.currentSession().save(dept);
        }
        // 省略其他 DAO 方法
    }
```

业务类中的关键代码：

```
public class DeptBiz {
    private DeptDao DeptDao = new DeptDao();

    public void addNewDept(Dept dept) {
        Transaction tx = null;
        try {
            tx = deptDao.currentSession().beginTransaction(); // 开启事务
            deptDao.save(dept);
            tx.commit(); // 提交事务
        } catch (HibernateException e) {
            e.printStackTrace();
            if (tx != null)
                tx.rollback(); // 回滚事务
        }
    }
    // 省略 getter/setter 及其他业务方法
}
```

测试方法中的关键代码：

```
// 创建一个 Dept 对象和一个 Emp 对象
Dept dept = new Dept(new Byte("22"), " 质控部 ", " 中部 ");
Emp emp1 = new Emp();
emp1.setEmpName(" 李四 ");
// 建立 Dept 对象和 Emp 对象的双向关联关系
emp1.setDept(dept);
dept.getEmps().add(emp1);
// 保存 Dept 对象
new DeptBiz().addNewDept(dept);
```

<set> 元素的 cascade 属性设置为“save-update”。Hibernate 在持久化 Dept 对象时，会自动持久化关联的所有 Emp 对象。Hibernate 执行以下 SQL 语句。

```
insert into dept (dname, loc, deptno) values (?, ?, ?)
insert into emp (ename, job, sal, hireDate, DEPTNO, empno) values(?,?, ?,?,?,?)
update emp set DEPTNO=? where empno=?
```

语句“update emp set DEPTNO=? where empno=?”用来保证级联添加的 EMP 记录的外键字段能够正确指向相关的 DEPT 记录。有关此条 SQL 语句的产生和优化，下文中会有进一步分析。

下面完成第二个持久化操作，删除 Dept 对象，并级联删除与 Dept 对象关联的 Emp 对象。完成这个操作，如示例 11 所示。

示例 11

修改 Dept.hbm.xml 中 <set> 元素的 cascade 属性值。

```
<set name="emps" cascade="delete">
    <key column="'DEPTNO'"></key>
    <one-to-many class="cn.hibernatedemo.entity.Emp"/>
</set>
```

DeptDao 中的关键代码：

```
public class DeptDao extends BaseDao {
    public Dept load(Serializable deptNo) {
        return (Dept) this.currentSession().load(Dept.class, deptNo);
    }

    public void delete(Dept dept) {
        this.currentSession().delete(this.load(dept.getDeptNo()));
    }
    // 省略其他 DAO 方法
}
```

业务类中的关键代码：

```
public class DeptBiz {
    private DeptDao DeptDao = new DeptDao();

    public void deleteDept(Dept dept) {
        Transaction tx = null;
        try {
            tx = deptDao.currentSession().beginTransaction(); // 开启事务
            deptDao.delete(dept);
            tx.commit(); // 提交事务
        } catch (HibernateException e) {
            e.printStackTrace();
            if (tx != null)
                tx.rollback(); // 回滚事务
        }
    }
    // 省略 getter/setter 及其他业务方法
}
```

测试方法中的关键代码：

```
// 封装待删除的 Dept 对象
Dept dept = new Dept();
dept.setDeptNo((byte) 22);
new DeptBiz().deleteDept(dept); // 删除该 Dept 对象
```

运行该示例，Hibernate 会同时删除 Dept 对象及其关联的 Emp 对象。

2. <set> 元素的 inverse 属性

inverse 属性

术语“inverse”直译为“反转”。在 Hibernate 中，inverse 属性指定了关联关系中的方向。

<set> 元素的 inverse 属性的取值有两个，即 true 和 false，默认是 false。关联关系中，inverse="false" 的一方为主动方，主动方会负责维护关联关系。例如，示例 10 中的 Dept 一方，会主动执行 update 语句：update emp set DEPTNO=? where empno=?，以维护外键的取值。示例 12 演示了 <set> 元素的 inverse 属性的不同取值的影响。在示例 12 中先加载持久化类 Dept 和 Emp 的对象，然后双向建立二者的关联关系，实现调整员工的所属部门。

示例 12

在 EmpDao 和 DeptDao 中添加根据 OID 加载实例的方法。以 EmpDao 为例，关键代码如下：

```
public class EmpDao extends BaseDao {
    public Emp load(Serializable empNo) {
        return (Emp) this.currentSession().load(Emp.class, empNo);
    }
    // 省略其他 DAO 方法
}
```

业务类中的关键代码：

```
public class EmpBiz {
    private EmpDao empDao = new EmpDao();

    public void changeDept(Integer empNo, Byte deptNo) {
        Transaction tx = null;
        try {
            tx = empDao.currentSession().beginTransaction(); // 开启事务
            /* 加载 Dept 和 Emp 的持久化对象 */
            Dept dept = new DeptDao().load(deptNo);
            Emp emp = empDao.load(empNo);
            /* 建立 Dept 对象和 Emp 对象的关联关系 */
            emp.setDept(dept);
            dept.getEmps().add(emp);
            tx.commit(); // 提交事务
        } catch (HibernateException e) {
```

```
                e.printStackTrace();
                if (tx != null)
                    tx.rollback(); // 回滚事务
            }
        }
        // 省略 getter/setter 及其他业务方法
}
```

测试方法中的关键代码：

```
new EmpBiz().changeDept(7369, (byte) 40);
```

Hibernate 会按照持久化对象的属性变化来同步更新数据库。如果 Dept.hbm.xml 文件中 <set> 元素的 inverse 属性值设置为 false（或者不对 inverse 属性进行明确定义，其值默认为 false），那么 Hibernate 将执行以下两条关键 SQL 语句。

```
update emp set ename=?, job=?, sal=?, hireDate=?, DEPTNO=? where empno=?
update emp set DEPTNO=? where empno=?
```

以上 SQL 语句表明 Hibernate 执行了两次 update 操作。Hibernate 根据内存中持久化对象的属性变化来决定需要执行哪些 SQL 语句。示例 12 中建立 Emp 对象和 Dept 对象的双向关联关系时，分别进行了如下修改。

（1）修改 Emp 对象，建立 Emp 对象到 Dept 对象的多对一关联关系。

```
emp.setDept(dept);
```

Hibernate 检查到持久化对象 emp 的属性发生变化后，会执行相应的 SQL 语句。

```
update emp set ename=?, job=?, sal=?, hireDate=?, DEPTNO=? where empno=?
```

（2）修改 Dept 对象，建立 Dept 对象到 Emp 对象的一对多关联关系。

```
dept.getEmps().add(emp);
```

因为 Dept.hbm.xml 文件中 <set> 元素的 inverse 属性值为 false，Dept 一方会主动维护关联关系，所以 Hibernate 检查到持久化对象 dept 的属性的上述变化后，会执行如下 SQL 语句。

```
update emp set DEPTNO=? where empno=?
```

该语句保证了 EMP 表中记录的外键字段能够被正确赋值。但是结合示例 12 的具体代码分析，Emp 对象已经通过 emp.setDept(dept) 设定了正确的关联关系，该语句实际上是多余的，执行多余的 update 语句会影响应用的性能，因此这种情况下可以把 <set> 元素的 inverse 属性值设置为 true。

```
<set name="emps" inverse="true">
    <key column="DEPTNO"></key>
    <one-to-many class="cn.hibernatedemo.entity.Emp"/>
</set>
```

以上配置表明在 Dept 和 Emp 的双向关联关系中，Dept 端的关联只是 Emp 端关联的镜像。Hibernate 仅按照 Emp 对象的关联属性的变化来同步更新数据库，而忽略 Dept 关联属性的变化。

按照上述方式修改 Dept.hbm.xml，修改测试条件后再次运行示例 12，Hibernate 将仅执行一条关键更新语句。

```
update emp set ename=?, job=?, sal=?, hireDate=?, DEPTNO=? where empno=?
```

接下来对示例 12 进行如下修改，进一步验证 Dept.hbm.xml 中配置了 inverse="true" 后，Hibernate 不会通过 Dept 对象的设置，而仅通过 Emp 对象来维护二者间的关联关系。

（1）修改示例 12，不建立 Dept 到 Emp 对象的关联。

```
tx = empDao.currentSession().beginTransaction(); // 开启事务
/* 加载 Dept 和 Emp 的持久化对象 */
Dept dept = new DeptDao().load(deptNo);
Emp emp = empDao.load(empNo);
// 仅建立 Emp 对 Dept 的关联关系
emp.setDept(dept);
tx.commit(); // 提交事务
```

以上代码仅设置了 Emp 对象的 dept 属性，Hibernate 仍能按照 Emp 对象的属性变化来同步更新数据库，执行以下关键 SQL 语句。

```
update emp set ename=?, job=?, sal=?, hireDate=?, DEPTNO=? where empno=?
```

（2）修改示例 12，不建立 Emp 到 Dept 对象的关联。

```
tx = empDao.currentSession().beginTransaction(); // 开启事务
/* 加载 Dept 和 Emp 的持久化对象 */
Dept dept = new DeptDao().load(deptNo);
Emp emp = empDao.load(empNo);
// 仅建立 Dept 对 Emp 的关联关系
dept.getEmps().add(emp);
tx.commit(); // 提交事务
```

以上代码仅设置了 Dept 对象的 emp 属性，由于 <set> 元素的 inverse 属性为 true，Hibernate 没有执行任何 update 语句。需要注意的是，这意味着 EMP 表中该条员工记录的外键没有得到正确更新。由此可得到如下操作建议。

（1）当映射双向一对多的关联关系时，在“一”方把 <set> 元素的 inverse 属性设置为 true，可以提高应用的性能。

（2）在代码中建立两个对象的关联时，应该同时修改关联两端对象的相关属性。

```
emp.setDept(dept);
dept.getEmps().add(emp);
```

这样才能使程序更加健壮，提高业务逻辑层的独立性，使业务逻辑层的代码不受 Hibernate 实现的影响。同理，当解除双向关联的关系时，也应该同时修改关联两端的对象的相应属性。

```
emp.setDept(null);
dept.getEmps().remove(emp);
```

技能训练

上机练习 2——在租房系统中配置区县和街道的关联关系并完成持久化操作

➢ 需求说明

（1）配置区县和街道的双向一对多关联。

（2）添加区县的同时添加该区县下的两个街道。

（3）设置区县的 inverse 属性值为 true，从某区县中移走一条街道。

任务 4 建立多对多关联关系

关键步骤如下。

➢ 创建 Project（项目）类与 Employee（员工）类。

➢ 建立从 Project（项目）类到 Employee（员工）类的单向多对多关联。

➢ 建立从 Project 类到 Employee 类的双向多对多关联。

前面介绍了映射一对多关联关系的方法，这是软件开发中最常见的关联关系。下面介绍另一种关联关系的映射：多对多关联。

一对多关系通常仅涉及两张表，“多”方表通过外键引用“一”方表的主键来实现一对多的关联。而多对多关系除了两张“多”方的表之外，还需要一张额外的表，通过外键分别引用两张“多”方表的主键来实现多对多的关联。

下面以 Project（项目）类与 Employee（员工）类的关系为例，介绍如何映射多对多关联。一个项目需要多位员工参与，一位员工可能参与多个项目，项目和员工之间构成了多对多关系。PROJECT 表、EMPLOYEE 表如图 5.4 所示。注意在关系数据模型中，无法直接表达 PROJECT 表和 EMPLOYEE 表之间的多对多关系，需要创建一个连接表 PROEMP，它同时参照 PROJECT 表和 EMPLOYEE 表。

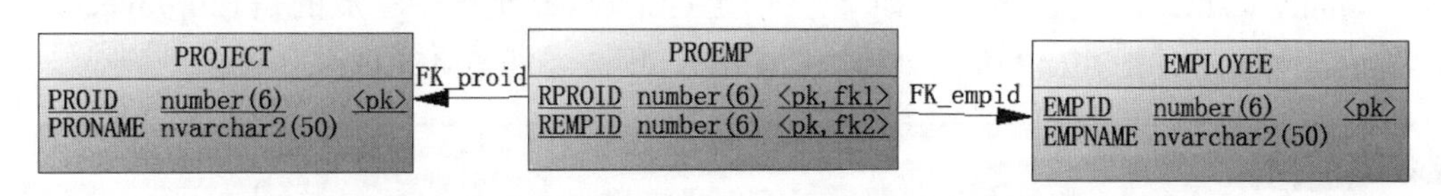

图 5.4　PROJECT 表、EMPLOYEE 表及连接表 PROEMP 的结构

PROEMP 表以 RPROID 字段和 REMPID 字段为联合主键。此外，RPROID 字段作为外键参照 PROJECT 表，而 REMPID 字段作为外键参照 EMPLOYEE 表。

根据业务需要，可以配置项目和员工的单向多对多关联，也可以配置项目和员工的双向多对多关联。接下来详细讲解这两种配置。

5.4.1 配置单向多对多关联关系

假定仅建立从 Project（项目）类到 Employee（员工）类的单向多对多关联。在 Project 类中需要定义集合类型的 employees 属性，而在 Employee 类中不定义和 Project 相关的集合类型属性。图 5.5 显示了 Project 类和 Employee 类的关联关系。

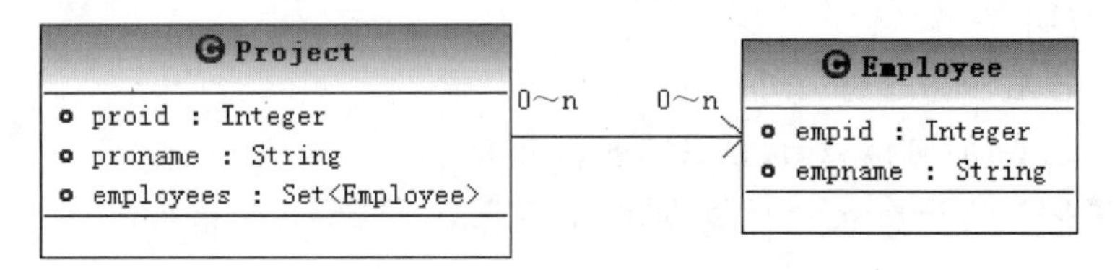

图 5.5 Project 类与 Employee 类的单向多对多关联关系

在 Project 类中定义 employees 属性的代码如下所示。

```
public class Project implements java.io.Serializable {
    private Integer proid;
    private String proname;
    private Set<Employee> employees = new HashSet<Employee>(0);
    // 省略 getter/setter 方法
}
```

在 Project.hbm.xml 文件中，映射 Project 类的 employees 属性的代码如下所示。

```
<set name="employees" table="'PROEMP'" cascade="save-update">
    <key column="'RPROID'" />
    <many-to-many class="cn.hibernatedemo.entity.Employee"
      column="'REMPID'" />
</set>
```

<set> 元素的 table 属性指定关系表的名称为 PROEMP。

<set> 元素的 cascade 属性为“save-update”，表明保存或更新 Project 对象时，会级联保存或更新与它关联的 Employee 对象。

<set> 元素的 <key> 子元素指定 PROEMP 的外键 RPROID，用来参照 PROJECT 表。

<many-to-many> 子元素的 class 属性指定 employees 集合中存放的是 Employee 对象，cloumn 属性指定 PROEMP 表的外键 REMPID，用来参照 EMPLOYEE 表。

对于多对多关联，cascade 属性设为“save-update”是合理的，但是不建议把 cascade 属性设为“all”“delete”。如果删除一个 Project 对象则级联删除与它关联的所有 Employee 对象，由于这些 Employee 对象还有可能与其他 Project 对象关联，因此当 Hibernate 执行级联删除时，会破坏数据库的外键参照完整性。

基于以上配置，完成以下持久化操作，创建两个 Project 对象和两个 Employee 对象，建立它们的关联关系，保存 Project 对象的同时保存 Employee 对象，如示例 13 所示。

示例 13

ProjectDao 中的关键代码：

```
public class ProjectDao extends BaseDao {
    public void save(Project proj) {
        this.currentSession().save(proj);
    }
    // 省略其他 DAO 方法
}
```

业务类中的关键代码：

```
public class ProjectBiz {
    private ProjectDao projDao = new ProjectDao();

    public void addNewProject(Project proj) {
        Transaction tx = null;
        try {
            tx = projDao.currentSession().beginTransaction(); // 开启事务
            projDao.save(proj);
            tx.commit(); // 提交事务
        } catch (HibernateException e) {
            e.printStackTrace();
            if (tx != null)
                tx.rollback(); // 回滚事务
        }
        // 省略 getter/setter 及其他业务方法
    }
}
```

测试方法中的关键代码：

```
Employee employee1 = new Employee(1, " 张三 ");
Employee employee2 = new Employee(2, " 李四 ");

Project project1 = new Project(1, "1 号项目 ");
Project project2 = new Project(2, "2 号项目 ");

project1.getEmployees().add(employee1);
project1.getEmployees().add(employee2);

project2.getEmployees().add(employee1);
```

```
ProjectBiz projBiz = new ProjectBiz();
projBiz.addNewProject(project1);
projBiz.addNewProject(project2);
```

图 5.6 显示了以上程序建立的 Project 对象与 Employee 对象的关联关系。

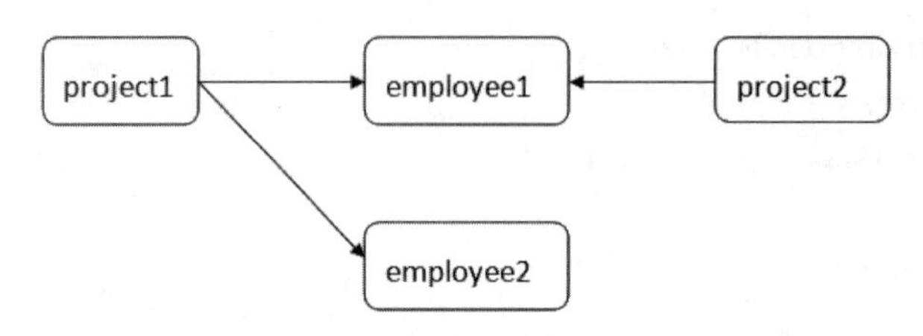

图 5.6　Project 对象与 Employee 对象的关联关系

当 Session 的 save( ) 方法保存 project1 对象时，向 PROJECT 表插入一条记录，同时还会分别向 EMPLOYEE 表和 PROEMP 表插入两条记录，执行如下 insert 语句。

```
insert into PROJECT (PRONAME, PROID) values (?, ?)
insert into EMPLOYEE (EMPNAME, EMPID) values (?, ?)
insert into EMPLOYEE (EMPNAME, EMPID) values (?, ?)
insert into PROEMP (RPROID, REMPID) values (?, ?)
insert into PROEMP (RPROID, REMPID) values (?, ?)
```

当 Session 的 save( ) 方法保存 project2 对象时，向 PROJECT 表插入一条记录，同时向 PROEMP 表插入一条记录。由于与 project2 对象关联的 employee1 对象已经被保存到数据库中，因此不再向 EMPLOYEE 表插入记录。Hibernate 执行如下 SQL 语句：

```
insert into PROJECT (PRONAME, PROID) values (?, ?)
insert into PROEMP (RPROID, REMPID) values (?, ?)
```

5.4.2　配置双向多对多关联关系

建立从 Project 类到 Employee 类的双向多对多关联，在 Project 类中需要定义集合类型的 employees 属性，并且在 Employee 类中也需要定义集合类型的 projects 属性。图 5.7 显示了 Project 类和 Employee 类的关联关系。

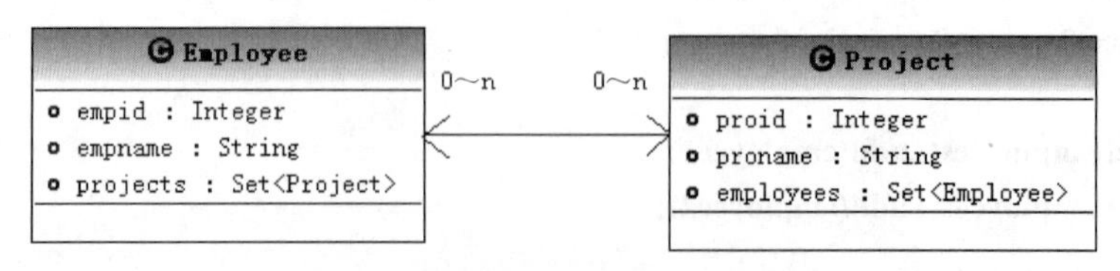

图 5.7　Employee 类与 Project 类的双向多对多关联关系

在 Project.hbm.xml 文件中，映射 Project 类的 employees 属性的代码如下所示。

```
<set name="employees" table="'PROEMP'" cascade="save-update">
    <key column="'RPROID'" />
    <many-to-many class="cn.hibernatedemo.entity.Employee"
        column="'REMPID'" />
</set>
```

在 Employee.hbm.xml 文件中，映射 Employee 类的 projects 属性的代码如下所示。

```
<set name="projects" table="'PROEMP'" inverse="true">
    <key column="'REMPID'"/>
    <many-to-many class="cn.hibernatedemo.entity.Project" column=" 'RPROID'" />
</set>
```

对于双向多对多关联的两端，需要把其中一端的 <set> 元素的 inverse 属性设置为“true”。使用双向多对多关联完成持久化操作，同时建立从 Project 到 Employee 和从 Employee 到 Project 的关联关系，如示例 14 所示。

示例 14

ProjectDao 和业务类中的关键代码同示例 13。

测试方法中的关键代码：

```
Employee employee1 = new Employee(1, " 张三 ");
Employee employee2 = new Employee(2, " 李四 ");

Project project1 = new Project(1, "1 号项目 ");
Project project2 = new Project(2, "2 号项目 ");

project1.getEmployees().add(employee1);
project1.getEmployees().add(employee2);
project2.getEmployees().add(employee1);

employee1.getProjects().add(project1);
employee1.getProjects().add(project2);
employee2.getProjects().add(project1);

ProjectBiz projBiz = new ProjectBiz();
projBiz.addNewProject(project1);
projBiz.addNewProject(project2);
```

图 5.8 显示了以上程序建立的 Project 对象与 Employee 对象的关联关系。

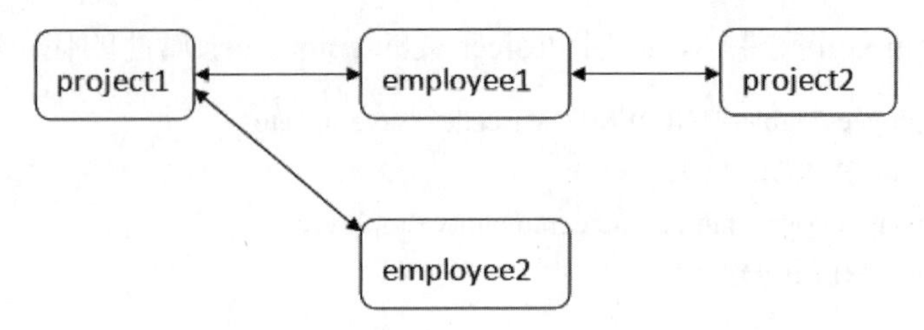

图 5.8　Project 对象与 Employee 对象的关联关系

示例 14 和示例 13 的运行结果相似，不再做详细介绍。

经验

在实际开发过程中，如果连接表中除了两个外键，还包括其他业务字段，那么根据业务需要，可以把多对多关联分解为两个一对多关联。

技能训练

上机练习 3——使用多对多关联完成对项目和员工的持久化操作

➢ 需求说明

（1）创建项目表和员工表，配置项目与员工的多对多关系。

（2）添加项目的同时添加员工。

（3）把某员工加入另一项目组。

（4）项目结束时，把员工从该项目中移走。

任务 5　使用 MyEclipse 反向工程工具映射关联关系

前面章节中介绍了使用 MyEclipse 反向工程工具生成持久化类和对象 - 关系映射文件，如果持久化类之间存在关联关系，也可以通过该工具自动生成。

如果存在多对多关系，可以在如图 5.9 所示的界面中通过“Enable many-to-many detection”选项选择映射的形式。勾选该选项前的复选框将使用 <many-to-many> 元素映射成多对多关联，否则会将多对多关系拆解为两个一对多关联进行映射。

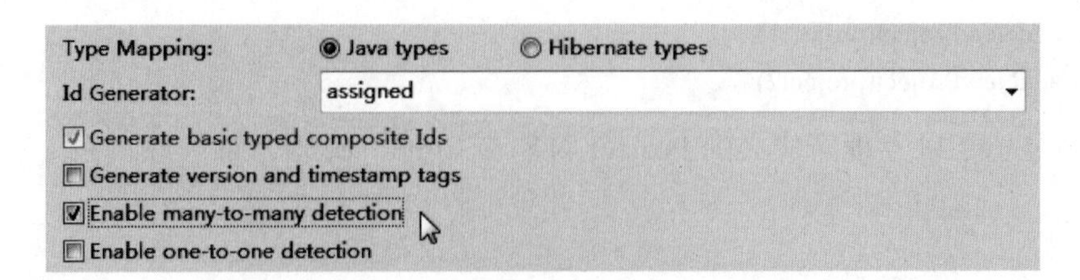

图 5.9　选择如何映射多对多关系

在执行到最后一步如图 5.10 所示的界面时，按照图 5.10 所示的内容选择，即可根据数据表之间的外键关系，自动生成相关联的持久化类并建立双向映射。

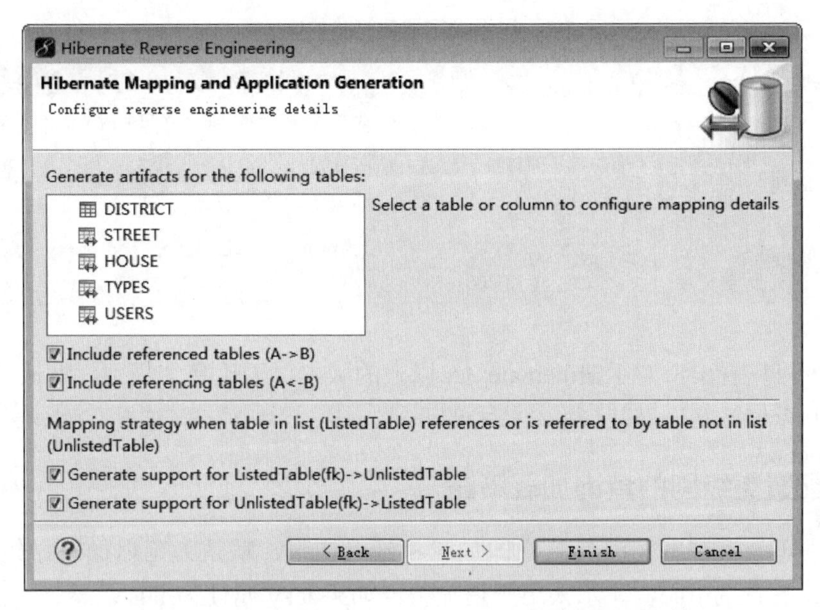

图 5.10　自动添加相关联的持久化类并建立双向映射

任务 6　配置查询加载策略

关键步骤如下。

- 使用 lazy 属性配置类级别加载策略。
- 用 <set> 元素的 lazy 属性来配置一对多及多对多关联关系的加载策略。
- 用 <many-to-one> 元素的 lazy 属性设置多对一关联的加载策略。
- 配置 Open Session In View 模式。

通过关联关系可以在程序中方便地获取关联对象的数据，但是如果从数据库中加载 Dept 对象，会同时自动加载所有关联的 Emp 对象，而程序实际上仅仅需要访问 Dept 对象，那么这些关联的 Emp 对象就白白浪费了许多内存空间。当 Hibernate 查询 Dept 对象时，立即查询并加载与之关联的 Emp 对象，这种查询策略称为立即加载。立即加载存在两大不足。

（1）会执行不必要的查询语句，影响查询性能。

（2）可能会加载大量不需要的对象，增加系统开销，浪费内存空间。

为了解决以上问题，Hibernate 提供了延迟加载策略。延迟加载策略能避免加载应用程序不需要访问的关联对象。本节以 Dept 类和 Emp 类为例，介绍如何设置延迟加载，以优化查询性能。

Hibernate 允许在对象 - 关系映射文件中使用 lazy 属性配置加载策略，并且可以分为类级和关联级两个级别分别进行控制。表 5-2 列出了 lazy 属性的常用取值。

表5-2　用于设定加载策略的lazy属性

级　别	取　值
类级别	<class>元素中lazy属性的可选值为true（延迟加载）和false（立即加载）。默认值为true
一对多关联级别	<set>元素中lazy属性的可选值为true（延迟加载）、extra（增强延迟加载）和false（立即加载）。默认值为true
多对一关联级别	<many-to-one>元素中lazy属性的可选值为proxy（延迟加载）、no-proxy（无代理延迟加载）和false（立即加载）。默认值为proxy

由上表可以看出，对于 Hibernate 3.x 以上的版本，无论哪个级别，默认采用的都是延迟加载的查询策略，以减少系统资源的开销。

5.6.1　配置类级别的查询加载策略

类级别可选的加载策略包括立即加载和延迟加载，默认为延迟加载。如果 <class> 元素的 lazy 属性为 true，表示采用延迟加载；如果 lazy 属性为 false，表示采用立即加载。下面以 Dept.hbm.xml 文件为例进行说明。

类级别
加载策略

1. 立即加载

在 Dept.hbm.xml 文件中，以下方式表示采用立即加载策略。

```
<class name="cn.hibernatedemo.entity.Dept" lazy="false" table="'DEPT'">
```

当通过 Session 的 load( ) 方法加载 Dept 对象时。

```
Dept dept = (Dept) session.load(Dept.class, new Byte("10"));
```

Hibernate 会立即执行查询 DEPT 表的 select 语句。

```
select * from dept where deptno=?
```

2. 延迟加载

类级别的默认加载策略是延迟加载。在 Dept.hbm.xml 文件中，以下两种方式都表示采用延迟加载策略：

```
<class name="cn.hibernatedemo.entity.Dept" table="'DEPT'">
```

或者

```
<class name="cn.hibernatedemo.entity.Dept" lazy="true" table="'DEPT'">
```

如果程序加载一个持久化对象的目的是访问它的属性，则可以采用立即加载。如果程序加载一个持久化对象的目的仅仅是获得它的引用，则可以采用延迟加载，如示例 15 所示。示例 15 在 Dept 类级别采用延迟加载，向数据库保存了一个 Emp 对象，它与已经存在的一个 Dept 持久化对象关联。

示例 15

```
tx = session.beginTransaction();
Dept dept = (Dept) session.load(Dept.class, new Byte("10"));
Emp emp = new Emp();
emp.setEmpName("Tom");
emp.setDept(dept);
session.save(emp);
tx.commit();
```

因为 Dept 类级别采用延迟加载，session.load( ) 方法不会执行访问 DEPT 表的 select 语句，只会返回一个 Dept 代理类的实例，它的 deptNo 属性为 10，其余属性都为 null。以上代码仅由 session.save( ) 方法执行一条 insert 语句。

```
insert into emp(id, ename, …, deptno) values(1, 'Tom', …, 10)
```

当 <class> 元素的 lazy 属性为 true 时，会影响 Session 的 load( ) 方法的各种运行时行为，下面举例说明。

（1）通过 load( ) 方法加载的延迟状态的 Dept 代理实例，除了 OID，其他属性均为 null。通过调用其 getDeptName( ) 等方法可以促使 Hibernate 执行查询，获得数据从而完成该代理实例的初始化。

（2）调用代理类实例的 getDeptNo( ) 方法访问 OID 属性，不会触发 Hibernate 初始化代理类实例的行为，而是直接返回 Dept 代理类实例的 OID 值，无须查询数据库。

（3）org.hibernate.Hibernate 类的 initialize( ) 静态方法用于显式初始化代理类实例，isInitialized( ) 方法用于判断代理类实例是否已经被初始化。以下代码通过 Hibernate 类的 initialize( ) 方法显式初始化了 Dept 代理类实例。

```
tx = session.beginTransaction();
Dept dept = (Dept) session.load(Dept.class, new Byte("10"));
if (!Hibernate.isInitialized(dept)) {
    Hibernate.initialize(dept);
}
tx.commit();
```

（4）如果加载的 Dept 代理实例的 OID 在数据库中不存在，Session 的 load( ) 方法不会立即抛出异常，因为此时并未真正执行查询。只有当 Hibernate 试图完成对 Dept 代理实例的初始化时，才会真正执行查询语句，这时会抛出以下异常。

```
org.hibernate.ObjectNotFoundException: No row with the given identifier exists
```

（5）Dept 代理类的实例只有在当前 Session 范围内才能被初始化。如果在当前 Session 的生命周期内，应用程序没有完成 Dept 代理实例的初始化工作，那么在当前 Session 关闭后，试图访问该 Dept 代理实例中 OID 以外的属性（如调用 getDeptName( ) 方法），将抛出以下异常。

```
org.hibernate.LazyInitializationException: could not initialize proxy-no Session
```

值得注意的是，无论 Dept.hbm.xml 文件的 <class> 元素的 lazy 属性是 true 还是 false，Session 的 get( ) 方法及 Query 对象的 list( ) 方法在类级别总是使用立即加载策略，举例说明如下。

（1）当通过 Session 的 get( ) 方法加载 Dept 对象时：

```
tx = session.beginTransaction();
Dept dept = (Dept) session.get(Dept.class, new Byte("10"));
tx.commit();
```

Hibernate 会立即执行以下 select 语句。

```
select * from dept where deptno=?
```

如果存在相关的数据，get( ) 方法就返回 Dept 对象；否则就返回 null。get( ) 方法永远不会返回 Dept 代理类实例，这是它与 load( ) 方法的又一个不同之处。

（2）当运行 Query 对象的 list( ) 方法时：

```
tx = session.beginTransaction();
List deptList = session.createQuery("from Dept").list();
tx.commit();
```

Hibernate 立即执行以下 select 语句。

```
select * from dept
```

5.6.2 配置一对多和多对多关联的查询加载策略

在映射文件中，用 <set> 元素的 lazy 属性来配置一对多及多对多关联关系的加载策略。Dept.hbm.xml 文件中的如下代码配置了 Dept 类和 Emp 类的一对多关联关系。

```
<set name="emps" inverse="true" lazy="true" >
    <key column="DEPTNO"></key>
    <one-to-many class="cn.hibernatedemo.entity.Emp"/>
</set>
```

<set> 元素的 lazy 属性的取值决定了 emps 集合被初始化的时机，即到底是在加载 Dept 对象时就被初始化，还是在程序访问 emps 集合时被初始化。表 5-3 描述了 <set> 元素的 lazy 属性取不同值时设置的查询策略。

表5-3　<set>元素的lazy属性

属 性 值	加 载 策 略
true	默认值，延迟加载
false	立即加载
extra	增强延迟加载

1. **立即加载**

以下代码表明 Dept 类的 emps 集合采用立即加载策略。

```
<set name="emps" inverse="true" lazy="false">…</set>
```

示例 16 通过 Session 的 get( ) 方法加载 OID 为 10 的 Dept 对象。

示例 16

```
tx = session.beginTransaction();
Dept dept = (Dept) session.get(Dept.class, new Byte("10"));
tx.commit();
```

执行 Session 的 get( ) 方法时，对于 Dept 对象采用类级别的立即加载策略；对于 Dept 对象的 emps 集合（即与 Dept 关联的所有 Emp 对象）采用一对多关联级别的立即加载策略。因此 Hibernate 执行以下 select 语句。

```
select * from dept where deptno=?
select * from emp where DEPTNO=?
```

通过以上 select 语句，Hibernate 加载了一个 Dept 对象和多个 Emp 对象。但在很多情况下，应用程序并不需要访问这些 Emp 对象，所以在一对多关联级别中不能随意使用立即加载策略。

2. **延迟加载**

对于 <set> 元素，应该优先考虑使用默认的延迟加载策略：

```
<set name="emps" inverse="true">…</set>
```

或者

```
<set name="emps" inverse="true" lazy="true">…</set>
```

运行示例 16 中的代码时，仅立即加载 Dept 对象，执行以下 select 语句。

```
select * from dept where deptno=?
```

Session 的 get( ) 方法返回的 Dept 对象中，emps 属性引用一个没有被初始化的集合代理类实例。换句话说，此时 emps 集合中没有存放任何 Emp 对象。只有当 emps 集合代理类实例被初始化时，才会到数据库中查询所有与 Dept 关联的 Emp 对象，执行以下 select 语句。

```
select * from emp where DEPTNO=?
```

那么，Dept 对象的 emps 属性引用的集合代理类实例何时初始化呢？主要包括以下两种情况。

（1）会话关闭前，应用程序第一次访问它时，如调用它的 iterator( )、size( )、isEmpty( ) 或 contains( ) 方法。

```
Set<Emp> emps = dept.getEmps();
Iterator<Emp> empIterator = emps.iterator(); // 导致 emps 集合代理类实例被初始化
```

（2）会话关闭前，通过 org.hibernate.Hibernate 类的 initialize( ) 静态方法初始化。

```
Set<Emp> emps = dept.getEmps();
Hibernate.initialize(emps); // 导致 emps 集合代理类实例被初始化
```

3. **增强延迟加载**

在 <set> 元素中配置 lazy 属性为“extra”，表明采用增强延迟加载策略。

```
<set name="emps" inverse="true" lazy="extra">…</set>
```

增强延迟加载策略与一般的延迟加载策略（lazy="true"）的主要区别在于，增强延迟加载策略能进一步延迟 Dept 对象的 emps 集合代理类实例的初始化时机。当程序第一次访问 emps 属性的 iterator( ) 方法时，会导致 emps 集合代理类实例的初始化，而当程序第一次访问 emps 属性的 size( )、contains( ) 和 isEmpty( ) 方法时，Hibernate 不会初始化 emps 集合代理实例，仅通过特定的 select 语句查询必要的信息。以下程序代码演示了采用增强延迟加载策略时的 Hibernate 运行时行为。

```
tx = session.beginTransaction();
Dept dept = (Dept) session.get(Dept.class, new Byte("10"));
// 以下语句不会初始化 emps 集合代理类实例
// 执行 SQL 语句：select count(empno) from emp where DEPTNO =?
dept.getEmps().size();

// 以下语句会初始化 emps 集合代理类实例
// 执行 SQL 语句：select * from emp where DEPTNO=?
dept.getEmps().iterator();
tx.commit();
```

5.6.3 配置多对一关联的查询加载策略

在映射文件中，<many-to-one> 元素用来设置多对一关联关系。在 Emp.hbm.xml 文件中，以下代码设置 Emp 类与 Dept 类的多对一关联关系。

```
<many-to-one
    name="dept"
    column="'DEPTNO'"
    lazy="proxy"
    class="cn.hibernatedemo.entity.Dept" />
```

<many-to-one> 元素的 lazy 属性设置不同取值时的加载策略如表 5-4 所示。

表5-4 设置多对一关联的加载策略

lazy属性	加载策略
proxy	默认值，延迟加载
no-proxy	无代理延迟加载
false	立即加载

如果没有显式设置 lazy 属性，那么在多对一关联级别采用默认的延迟加载策略。假如应用程序仅仅希望访问 Emp 对象，并不需要立即访问与 Emp 关联的 Dept 对象，则应该使用默认的延迟加载策略。

1．延迟加载

在 <many-to-one> 元素中配置 lazy 属性为“proxy”，延迟加载与 Emp 关联的 Dept 对象，如示例 17 所示。

示例 17

```
tx = session.beginTransaction();
Emp emp = (Emp) session.get(Emp.class, 7839);
// emp.getDept() 返回 Dept 代理类实例的引用
Dept dept = emp.getDept();
dept.getDeptName();
tx.commit();
```

当运行 Session 的 get( ) 方法时，仅立即执行查询 Emp 对象的 select 语句。

```
select * from emp where empno=?
```

Emp 对象的 dept 属性引用 Dept 代理类实例，这个代理类实例的 OID 由 EMP 表的 DEPTNO 外键值决定。当执行 dept.getDeptName( ) 方法时，Hibernate 初始化 Dept 代理类实例，执行以下 select 语句从数据库中加载 Dept 对象。

```
select * from dept where deptno=?
```

2．无代理延迟加载

在 <many-to-one> 元素中配置 lazy 属性为“no-proxy”。对于以下程序代码：

```
tx = session.beginTransaction();
Emp emp = (Emp) session.get(Emp.class, 7839);   // 第 1 行
Dept dept = emp.getDept(); // 第 2 行
dept.getDeptName(); // 第 3 行
tx.commit();
```

如果对 Emp 对象的 dept 属性使用无代理延迟加载，即 <many-to-one> 元素的 lazy 属性为“no-proxy”，那么程序第 1 行加载的 Emp 对象的 dept 属性为 null。当程序第 2 行调用 emp.getDept( ) 方法时，将触发 Hibernate 执行查询 DEPT 表的 select 语句，从而加载 Dept 对象。

由此可见，当 lazy 属性为“proxy”时，可以延长延迟加载 Dept 对象的时间。而当 lazy 属性为“no-proxy”时，则可以避免使用由 Hibernate 提供的 Dept 代理类实例，使 Hibernate 对程序提供更加透明的持久化服务。

注意

当 lazy 属性为“no-proxy”时，需要在编译期间进行字节码增强操作，否则运行情况和 lazy 属性为“proxy”时相同，因此很少用到。

3. 立即加载

以下代码把 Emp.hbm.xml 文件中 <many-to-one> 元素的 lazy 属性设置为 false。

```
<many-to-one
    name="dept"
    column="'DEPTNO'"
    lazy="false"
    class="cn.hibernatedemo.entity.Dept" />
```

对于以下程序代码：

```
tx = session.beginTransaction();
Emp emp = (Emp) session.get(Emp.class, 7839);
tx.commit();
```

在运行 session.get( ) 方法时，Hibernate 执行以下 select 语句。

```
select * from emp where empno=?
select * from dept where deptno=?
```

5.6.4 如何配置 Open Session In View 模式

在 Java Web 应用中，通常需要调用 Hibernate API 获取要显示的某个对象并传给相应的视图 JSP，并在 JSP 中根据需要通过这个对象导航到与之关联的对象或集合数据。这些关联对象或集合数据如果是被延迟加载的，且在执行完查询后 Session 对象已经关闭，Hibernate 就会抛出 LazyInitializationException 异常。针对这一问题，Hibernate 社区提出了 Open Session In View 模式作为解决方案。这个模式的主要思想是：在用户的每一次请求过程中，始终保持一个 Session 对象处于开启状态。

Open Session In View 模式的具体实现有以下 3 个步骤：

第一步：把 Session 绑定到当前线程上，要保证在一次请求中只有一个 Session 对象。Dao 层的 HibernateUtil.currentSession( ) 方法使用 SessionFactory 的 getCurrentSession( ) 方法获得 Session，可以保证每一次请求的处理线程上只有一个 Session 对象存在。

第二步：用 Filter 过滤器在请求到达时打开 Session，在页面生成完毕时关闭 Session，如示例 18 所示。

示例 18

OpenSessionInViewFilter.java 的主要代码。

```
public class OpenSessionInViewFilter implements Filter {
    @Override
    public void doFilter(ServletRequest arg0, ServletResponse arg1,
            FilterChain arg2) throws IOException, ServletException {
        Transaction tx = null;
        try {
            // 请求到达时，打开 Session 并启动事务
```

```
            tx = HibernateUtil.currentSession().beginTransaction();
            // 执行请求处理链
            arg2.doFilter(arg0, arg1);
            // 返回响应时，提交事务
            tx.commit();
        } catch (HibernateException e) {
            e.printStackTrace();
            if (tx != null)
                tx.rollback(); // 回滚事务
        }
    }
    // 省略其他代码
}
```

web.xml 中 Filter 的配置。

```
<filter>
    <filter-name>openSessionInView</filter-name>
    <filter-class>cn.hibernatedemo.web.OpenSessionInViewFilter
    </filter-class>
</filter>
<filter-mapping>
    <filter-name>openSessionInView</filter-name>
    <url-pattern>/*</url-pattern>
</filter-mapping>
```

每一次请求都在 OpenSessionInViewFilter 过滤器中打开 Session，开启事务；页面生成完毕之后，在 OpenSessionInViewFilter 过滤器中结束事务并关闭 Session。

第三步：调整业务层代码，删除和会话及事务管理相关的代码，仅保留业务逻辑代码，如示例 19 所示。

示例 19

DeptBizImpl.java 的主要代码。

```
public class DeptBizImpl implements IDeptBiz {
    private IDeptDao deptDao = new DeptDaoImpl();

    @Override
    public Dept findDeptByDeptNo(Byte deptNo) throws HibernateException {
        return this.deptDao.findById(deptNo);
    }
}
```

数据访问层代码风格不变。

在 OpenSessionInViewFilter 过滤器中获取 Session 对象，保证一次请求过程中始终使用一个 Session 对象。视图 JSP 从一个对象导航到与之关联的对象或集合，即使这些对象或集合是被延迟加载的，因为当前 Session 对象没有关闭，所以能顺利地获取到关联对象或集合的数据。直到视图 JSP 数据全部响应完成，OpenSessionInViewFilter 过滤器才结束事务并关闭 Session。

技能训练

上机练习 4——延迟加载

➢ 需求说明

（1）查询区县及其包括的所有街道。

（2）查询街道及其所属的区县。

（3）使用 Open Session In View 模式管理 Session，在页面显示区县及其所有街道。

本章总结

➢ 对象间的关联分为一对多、多对一和多对多等几种情况，关联是有方向的，可以是双向的关联，也可以是单向的关联。

➢ Hibernate 通过配置的方式，将对象间的关联关系映射到数据库上，方便完成多表的持久化操作。

➢ <set> 节点的 inverse 属性描述了由哪一方负责维系关联关系；cascade 属性则描述了级联操作的规则。

➢ Hibernate 提供了延迟加载策略，主要分为类级别、一对多和多对多关联级别及多对一关联级别。

本章练习

1．根据自己的理解，讲讲为什么要进行关联映射。

2．某公司办公系统中的员工激励模块有 3 个数据库表：员工表（emp_id, emp_name），奖励表（pri_id, pri_type, pri_comment），员工和奖励的关系表（r_id, r_emp_id, r_pri_id, pri_year）。奖励类别包括年度最佳质量奖、年度最佳新人、年度最佳员工、年度最佳经理。该系统要求实现如下功能。

（1）使用关联关系添加员工及其相关奖励。

（2）显示员工列表，要求显示员工编号、员工姓名、所获奖励，格式如表 5-5 所示。

表5-5　员工获奖记录

员工编号	员工姓名	荣获奖励
1	刘合平	年度最佳质量奖（2011） 年度最佳员工（2012） 年度最佳经理（2010）
2	周扬	年度最佳新人（2011） 年度最佳质量奖（2012）
3	马旭	年度最佳新人（2011）

提示：员工和奖励是多对多的关系，将其分解为两个一对多关系。

随手笔记

第 6 章

HQL 连接查询与 Hibernate 注解

技能目标

❖ 掌握 Hibernate 连接查询
❖ 掌握聚合函数分组查询
❖ 掌握子查询
❖ 掌握注解

本章任务

学习本章，完成以下 5 个工作任务。记录学习过程中遇到的问题，可以通过自己的努力或访问 kgc.cn 解决。

任务 1：使用 HQL 连接查询
任务 2：分组进行数据统计
任务 3：使用子查询
任务 4：优化查询性能
任务 5：使用注解配置持久化类和关联关系

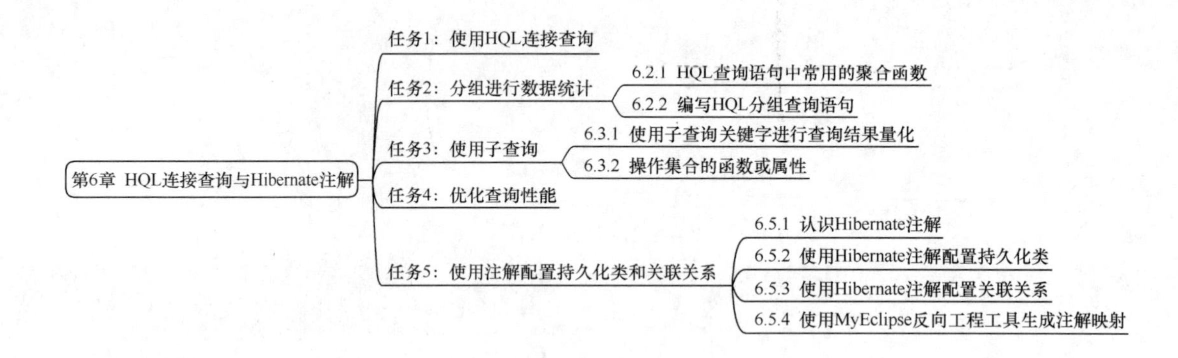

任务 1 使用 HQL 连接查询

关键步骤如下。

- 使用内连接查询部门和员工的信息。
- 使用迫切内连接查询部门和员工的信息。
- 使用左外连接查询部门和员工的信息。

HQL 常用连接类型

和 SQL 查询一样，HQL 也支持多种连接查询，如内连接查询、外连接查询。我们知道在 SQL 中可通过 join 子句实现多表之间的连接查询，HQL 同样提供了连接查询机制，还允许显式指定迫切内连接和迫切左外连接。迫切连接是指不仅指定了连接查询方式，而且显式地指定了关联级别的查询策略。迫切连接使用 fetch 关键字实现，fetch 关键字表明“左边”对象用来与“右边”对象关联的属性会立即被初始化。

HQL 提供的常用连接类型如表 6-1 所示。

表6-1 HQL支持的常用连接类型

连接类型	HQL语法	适用范围
内连接	inner join 或 join	适用于有关联关系的持久化类，并且在映射文件中对这种关联关系做了映射
迫切内连接	inner join fetch或 join fetch	
左外连接	left outer join或 left join	
迫切左外连接	left outer join fetch或 left join fetch	
右外连接	right outer join 或right join	

1. 内连接

Hibernate 的内连接语法如下。

```
from Entity [inner] join [fetch] Entity.property
```

使用内连接查询部门和员工的信息，如示例 1 所示。

示例 1

测试方法中的关键代码：

```
tx = HibernateUtil.currentSession().beginTransaction();
List<Object[]> list = HibernateUtil.currentSession()
        .createQuery("from Dept d inner join d.emps").list(); // inner 可以省略
for (Object[] obj : list) {
    System.out.println(obj[0] + "\t" + obj[1]);
}
tx.commit();
```

运行示例 1，Hibernate 执行以下 select 语句。

```
select dept0_.*, emps1_.* from dept dept0_ inner join emp emps1_ on
dept0_.deptno=emps1_.DEPTNO
```

示例 1 中，list 集合中的每个元素都是一个 Object 数组，数组的第一个元素是 Dept 对象，第二个元素是 Emp 对象，Dept 对象的 emps 集合元素没有被初始化，即 emps 集合没有存放关联的 Emp 对象。

接下来使用迫切内连接查询部门和员工的信息，如示例 2 所示。

示例 2

测试方法中的关键代码：

```
tx = HibernateUtil.currentSession().beginTransaction();
List<Dept> list = HibernateUtil.currentSession()
        .createQuery("from Dept d inner join fetch d.emps").list();
for (Dept dept : list) {
    System.out.println(dept.getDeptName() + "\n\t" + dept.getEmps());
}
tx.commit();
```

运行示例 2，Hibernate 执行以下 select 语句。

```
select dept0_.*, emps1_.* from dept dept0_ inner join emp emps1_ on
dept0_.deptno=emps1_.DEPTNO
```

示例 2 中，list 集合中的每个元素都是 Dept 对象，Hibernate 使用 fetch 关键字实现了将 Emp 对象读出来后立即填充到对应的 Dept 对象的集合属性中。在示例 1 和示例 2 中，会有一些重复的 Dept 对象，可以使用 select distinct d from Dept d inner join fetch d.emps 解决这一问题。

左外连接查询

2. **外连接**

（1）Hibernate 的左外连接语法如下。

```
from Entity left [outer] join [fetch] Entity.property
```

fetch 关键字同样用来指定查询策略。

修改示例 2 中的 HQL 语句，将内连接 HQL 语句修改为左外连接的 HQL 语句 from Dept d left join fetch d.emps。再次执行示例 2，Hibernate 执行以下 select 语句。

```
select dept0_.*, emps1_.* from dept dept0_ left outer join emp emps1_
on dept0_.deptno=emps1_.DEPTNO
```

Hibernate 使用 fetch 关键字实现了将 Emp 对象读出来后立即填充到对应的 Dept 对象的集合属性中。

（2）Hibernate 的右外连接语法如下。

```
from Entity right [outer] join Entity.property
```

注意

fetch 关键字只对 inner join 和 left outer join 有效。对于 right outer join 而言，由于作为关联对象容器的“左边”对象可能为 null，所以也就无法通过 fetch 关键字强制 Hibernate 进行集合填充操作。

在实际开发中很少使用右外连接。

3. 等值连接

HQL 支持 SQL 风格的等值连接查询。等值连接适用于两个类之间没有定义任何关联时，如统计报表数据。在 where 子句中，通过属性作为筛选条件，其语法如下。

```
from Dept d, Emp e where d = e.dept
```

使用等值连接时应避免“from Dept, Emp”这样的语句出现。执行这条 HQL 查询语句，将返回 DEPT 表和 EMP 表的交叉组合，结果集的记录数为两个表的记录数之积，也就是数据库中的笛卡儿积。这样的查询结果没有任何实际意义。

4. 隐式内连接

在 HQL 查询语句中，对 Emp 类可以通过 dept.deptName 的形式访问其关联的 dept 对象的 deptName 属性。使用隐式内连接按部门条件查询员工信息，如示例 3 所示。

示例 3

测试方法中的关键代码：

```
tx = HibernateUtil.currentSession().beginTransaction();
List<Emp> list = HibernateUtil.currentSession()
            .createQuery("from Emp e where e.dept.deptName = ?")
            .setString(0, " 研发部 ").list();
for (Emp emp : list) {
    System.out.println(emp.getEmpName());
}
tx.commit();
```

运行示例 3，Hibernate 执行以下 select 语句。

```
select emp0_.*from emp emp0_,dept dept1_ where emp0_.DEPTNO=dept1_.deptno and
dept1_.dname='研发部'
```

示例 3 中的 HQL 语句未使用任何连接的语法，而 Hibernate 会根据类型间的关联关系，自动使用等值连接（等效于内连接）的方式实现查询。

隐式内连接使得编写 HQL 语句时能够以更加面向对象的方式进行思考，更多地依据对象之间的关系，而不必过多考虑数据库表的结构。

隐式内连接也可以用在 select 子句中，例如：

```
select e.empName, e.dept.deptName from Emp e
```

技能训练

上机练习 1——使用连接查询房屋信息

➢ 需求说明

（1）使用左外连接查询所有用户及其发布的房屋信息。

（2）使用迫切左外连接查询所有用户及其发布的房屋信息。

（3）使用隐式内连接查询某用户发布的房屋信息。

提示

```
from House h where h.user.uname = 'rose'
```

任务 2　分组进行数据统计

关键步骤如下。

➢ 使用 group by 对数据进行分组。

➢ 使用 having 关键字对分组数据设定约束条件。

聚合函数
分组查询

HQL 和 SQL 一样，使用 group by 关键字对数据分组，使用 having 关键字对分组数据设定约束条件，从而完成对数据分组和统计。其基本语法如下。

```
[select … ]from …[ where …][ group by …[ having …]][ order by …]
```

6.2.1　HQL 查询语句中常用的聚合函数

聚合函数常被用来实现数据统计功能。HQL 查询语句中常用的聚合函数如下。

（1）count( )：统计记录条数。

例如，查询 DEPT 表中所有记录的条数。

```
Long count = (Long) session.createQuery("select count(id) from Dept")
                .uniqueResult();
```

（2）sum( )：求和。

例如，计算所有员工应发的工资总和。

```
Double salarySum = (Double) session.createQuery("select sum(salary) from Emp")
                .uniqueResult();
```

（3）min( )：求最小值。

例如，员工的最低工资是多少。

```
Double salary = (Double) session.createQuery("select min(salary) from Emp")
                .uniqueResult();
```

（4）max( )：求最大值。

例如，员工的最高工资是多少。

```
Double salary = (Double) session.createQuery("select max(salary) from Emp")
                .uniqueResult();
```

（5）avg( )：求平均值。

例如，员工的平均工资是多少。

```
Double salary = (Double) session.createQuery("select avg(salary) from Emp")
                .uniqueResult();
```

HQL 查询语句很灵活，它提供了几乎所有 SQL 常用的功能，可以利用 select 子句同时查询出多个聚合函数的结果。例如，查询出员工最低工资、最高工资及平均工资。

```
Object[] salarys = (Object[]) session.createQuery(
                "select min(salary), max(salary), avg(salary) from Emp")
            .uniqueResult();
System.out.println(salarys[0] + ", " + salarys[1] + ", " + salarys[2]);
```

因为选取多个对象，所以 uniqueResult( ) 方法返回的是一个 Object 数组。

HQL 查询语句可以返回各种类型的查询结果。调试程序时，当不能确定查询结果的类型时，可以使用以下方法来确定查询结果类型。

```
Object count =    session.createQuery(
"select count(distinct job) from Emp").uniqueResult();
System.out.println(count.getClass().getName());
```

count.getClass( ).getName( ) 显示查询结果类型为 java.lang.Long。

6.2.2　编写 HQL 分组查询语句

HQL 查询语句使用 group by 子句进行分组查询，使用 having 子句筛选分组结果。下面通过示例说明。

（1）按职位统计员工个数，如示例 4 所示。

示例 4

测试方法中的关键代码：

```
tx = HibernateUtil.currentSession().beginTransaction();
List<Object[]> list = HibernateUtil.currentSession().createQuery(
        "select e.job, count(e) from Emp e group by e.job").list();
for (Object[] obj : list)
    System.out.println(obj[0] + ", " + obj[1]);
tx.commit();
```

运行示例 4，得到与以下类似的查询结果。

```
ENGINEER, 9
SALES, 12
```

Query 接口的 list( ) 方法返回的集合中包含 Object[ ] 类型的元素，每个 Object[ ] 对应查询结果中的一条记录，数组的第一个元素是职位名称，第二个元素是该职位的员工人数。

（2）统计各个部门的平均工资，如示例 5 所示。

示例 5

测试方法中的关键代码：

```
tx = HibernateUtil.currentSession().beginTransaction();
List<Object[]> list = HibernateUtil.currentSession().createQuery(
    "select e.dept.deptName,avg(e.salary) from Emp e group by e.dept.deptName")
    .list();
for (Object[] obj : list)
    System.out.println(obj[0] + ", " + obj[1]);
tx.commit();
```

运行示例 5，得到与以下类似的查询结果。

```
研发部 , 3250.0
市场部 , 5000.0
财务部 , 3000.0
```

Query 接口的 list( ) 方法返回的集合中包含 Object[ ] 类型的元素，每个 Object[ ] 对应查询结果中的一条记录，数组的第一个元素是部门名称，第二个元素是该部门员工的平均工资。

（3）统计各个职位的最低工资和最高工资，如示例 6 所示。

示例 6

测试方法中的关键代码：

```
tx = HibernateUtil.currentSession().beginTransaction();
List<Object[]> list = HibernateUtil.currentSession().createQuery(
        "select job,min(salary),max(salary) from Emp group by job")
        .list();
for (Object[] obj : list)
    System.out.println(obj[0] + ", " + obj[1] + ", " + obj[2]);
tx.commit();
```

运行示例 6，得到与以下类似的查询结果。

```
ENGINEER, 4900.0, 5100.0
SALES, 2900.0, 3100.0
```

Query 接口的 list( ) 方法返回的集合中包含 Object[ ] 类型的元素，每个 Object[ ] 对应查询结果中的一条记录，数组的第一个元素是职位名称，第二个元素是该职位员工的最低工资，第三个元素是该职位员工的最高工资。

（4）统计平均工资高于 4000 元的部门名称，输出部门名称、部门平均工资，如示例 7 所示。

示例 7

测试方法中的关键代码：

```
tx = HibernateUtil.currentSession().beginTransaction();
List<Object[]> list = HibernateUtil.currentSession().createQuery(
        "select e.dept.deptName, avg(e.salary) from Emp e"
        + " group by e.dept.deptName having avg(e.salary) > 4000")
        .list();
for (Object[] obj : list)
    System.out.println(obj[0] + ", " + obj[1]);
tx.commit();
```

运行示例 7，得到与以下类似的查询结果。

```
市场部 , 4987.5
```

having 子句用于筛选分组结果。Query 接口的 list( ) 方法返回的集合中包含 Object[ ] 类型的元素，每个 Object[ ] 对应查询结果中的一条记录，数组的第一个元素是部门名称，第二个元素是该部门员工的平均工资。

使用 select 子句时，Hibernate 返回的查询结果为关系数据而不是持久化对象，不会占用 Session 缓存。为了方便访问，可以定义一个 JavaBean 来封装查询结果中的关系数据，使应用程序可以按照面向对象的方式来访问查询结果。其代码如下。

```
tx = HibernateUtil.currentSession().beginTransaction();
List<DeptSalary> list = HibernateUtil.currentSession()
            .createQuery(
                "select new cn.hibernatedemo.entity.DeptSalary(" +
                    "dept.deptName, avg(salary))" +
                " from Emp group by dept.deptName" +
                " having avg(salary) > 4000")
            .list();
for (DeptSalary deptSalary : list)
    System.out.println(deptSalary.getDeptName() + ", "
            + deptSalary.getAvgSalary());
tx.commit();
```

其中 cn.hibernatedemo.entity.DeptSalary 类不是持久化类，它的实例不会被加入 Session 缓存。DeptSalary 类中需要有一个带参的构造方法 DeptSalary(String deptName, Double avgSalary)。

技能训练

上机练习 2——使用聚合函数进行分组查询

➢ 需求说明

（1）统计所有房屋的平均价格、最高价格、最低价格。

（2）统计各个街道的房屋的平均价格、最高价格、最低价格。

（3）统计各个区县的房屋的平均价格、最高价格、最低价格。

任务 3　使用子查询

关键步骤：在 where 子句中添加子查询语句。

子查询应用在 HQL 语句的 where 子句中，子查询语句需放在（）里面。例如，查询工资高于平均工资的员工，代码如下。

```
from Emp e where e.salary > (select avg(salary) from Emp)
```

6.3.1　使用子查询关键字进行查询结果量化

如果子查询语句返回多条记录，可以使用表 6-2 中的关键字进行量化。

表6-2　子查询关键字

关 键 字	说　　明
all	子查询语句返回的所有记录
any	子查询语句返回的任意一条记录

续表

关 键 字	说 明
some	与“any”意思相同
in	与“= any”意思相同
exists	子查询语句至少返回一条记录

下面演示使用表 6-2 中的关键字进行查询。

（1）查询所有员工工资都小于 5000 元的部门，如示例 8 所示。

示例 8

测试方法中的关键代码：

```
tx = HibernateUtil.currentSession().beginTransaction();
List<Dept> list = HibernateUtil.currentSession().createQuery(
            "from Dept d where 5000 > all(select e.salary from d.emps e)")
        .list();
for (Dept dept : list) {
    System.out.println(dept.getDeptName());
}
tx.commit();
```

运行示例 8，得到与以下类似的查询结果。

```
财务部
```

财务部的所有员工的工资都低于 5000 元。在示例 8 中，没有员工的部门也会被查询出来，可以使用下面的 size 属性进行处理。

```
from Dept d where 5000 > all(select e.salary from d.emps e)
and d.emps.size > 0
```

（2）查询至少有一位员工的工资低于 5000 元的部门，如示例 9 所示。

示例 9

测试方法中的关键代码：

```
tx = HibernateUtil.currentSession().beginTransaction();
List<Dept> list = HibernateUtil.currentSession().createQuery(
            "from Dept d where 5000 > any(select e.salary from d.emps e)")
            .list();
for (Dept dept : list) {
    System.out.println(dept.getDeptName());
}
tx.commit();
```

运行示例 9，得到与以下类似的查询结果。

```
研发部
财务部
市场部
```

研发部、财务部和市场部都有员工的工资低于 5000 元。

（3）查询有员工工资正好是 5000 元的部门，如示例 10 所示。

示例 10

测试方法中的关键代码：

```
tx = HibernateUtil.currentSession().beginTransaction();
List<Dept> list = HibernateUtil.currentSession().createQuery(
            "from Dept d where 5000 = any(select e.salary from d.emps e)")
            .list();
for (Dept dept : list) {
    System.out.println(dept.getDeptName());
}
tx.commit();
```

运行示例 10，得到与以下类似的查询结果。

```
市场部
```

市场部有一位员工的工资正好是 5000 元。这条 HQL 查询语句也可以采用以下两种形式。

```
from Dept d where 5000 = some(select e.salary from d.emps e)
```

或者

```
from Dept d where 5000 in (select e.salary from d.emps e)
```

（4）查询至少有一位员工的部门，如示例 11 所示。

示例 11

测试方法中的关键代码：

```
tx = HibernateUtil.currentSession().beginTransaction();
List<Dept> list = HibernateUtil.currentSession().createQuery(
            "from Dept d where exists (from d.emps)")
            .list();
for (Dept dept : list) {
    System.out.println(dept.getDeptName());
}
tx.commit();
```

运行示例 11，得到与以下类似的查询结果。

```
市场部
研发部
财务部
```

市场部、研发部和财务部都至少有一位员工。

6.3.2 操作集合的函数或属性

HQL 提供了操作集合的函数或属性，如表 6-3 所示。

表6-3 操作集合的函数或属性

函数或属性	说　明
size( )或size	获取集合中元素的数目
minIndex( )或minIndex	对于建立了索引的集合，获得最小的索引
maxIndex( )或maxIndex	对于建立了索引的集合，获得最大的索引
minElement( )或minElement	对于包含基本类型元素的集合，获得集合中取值最小的元素
maxElement( )或maxElement	对于包含基本类型元素的集合，获得集合中取值最大的元素
elements( )	获取集合中的所有元素

下面使用部分函数进行查询。

（1）查询指定员工所在部门，如示例 12 所示。

示例 12

测试方法中的关键代码：

```
// 构建查询条件
Emp emp = new Emp();
emp.setEmpNo(1);

tx = HibernateUtil.currentSession().beginTransaction();
List<Dept> list = HibernateUtil.currentSession()
            .createQuery("from Dept d where ? in elements(d.emps)")
            .setParameter(0, emp).list();
for (Dept dept : list) {
    System.out.println(dept.getDeptName());
}
tx.commit();
```

运行示例 12，得到与以下类似的查询结果。

```
市场部
```

编号是 1 的员工在市场部，此员工对应的 OID 是 1。这条 HQL 查询语句也可以采用以下形式。

```
from Dept d where ? in (from d.emps)
```

（2）查询员工人数大于 5 的部门，如示例 13 所示。

示例 13

测试方法中的关键代码：

```
tx = HibernateUtil.currentSession().beginTransaction();
```

```
List<Dept> list = HibernateUtil.currentSession().createQuery(
        "from Dept d where d.emps.size > 5").list();
for (Dept dept : list) {
    System.out.println(dept.getDeptName());
}
tx.commit();
```

运行示例 13，得到与以下类似的查询结果。

```
研发部
市场部
```

研发部和市场部的员工都超过 5 人。这条 HQL 查询语句也可以采用以下形式。

```
from Dept d where size(d.emps) > 5
```

以上 HQL 查询语句对应的 SQL 语句中包含子查询：

```
select * from dept dept0_ where (select count(emps1_.DEPTNO) from emp emps1_
where dept0_.deptno=emps1_.DEPTNO)>5
```

技能训练

上机练习 3——使用子查询完成以下功能

➢ 需求说明

（1）查询有 50 条以上房屋信息的街道。

（2）查询所有房屋租金高于 2000 元的街道。

（3）查询至少有一个房屋租金低于 1000 元的街道。

（4）统计各个街道的房屋信息条数。

上机练习 4——按条件统计查询房屋信息，并在页面输出统计表格

➢ 需求说明

（1）统计各个街道房屋租金高于 3000 元的房屋信息的条数。

（2）统计各个街道租金低于 2000 元的一室一厅房屋信息的条数。

（3）列出房屋信息条数大于 50 的所有街道。

任务 4 优化查询性能

1. Hibernate 查询优化策略

（1）使用迫切左外连接或迫切内连接查询策略、配置二级缓存和查询缓存等方式，减少 select 语句的数目，降低访问数据库的频率。

（2）使用延迟加载等方式避免加载多余的不需要访问的数据。

（3）使用 Query 接口的 iterate( ) 方法减少 select 语句中的字段，减少访问数据库的数据量，并结合缓存等机制减少数据库访问次数，提高查询效率。

提示

有关 Hibernate 缓存（二级缓存、查询缓存等），可通过查看 hibernate-distribution-3.6.10.Final\documentation\ manual\zh-CN\pdf\hibernate_reference.pdf 的第 21 章“提升性能”，了解更多内容。

经验

Query 接口的 list( ) 方法和 iterate( ) 方法都可以执行查询，而 iterate( ) 方法能够利用延迟加载和缓存的机制提高查询性能。iterate( ) 方法执行时仅查询 ID 字段以节省资源，需要使用数据时再根据 ID 字段到缓存中检索匹配的实例，如果存在就直接使用，只有当缓存中没有所需的数据时，iterate( ) 方法才会执行 select 语句根据 ID 字段到数据库中查询。iterate( ) 方法更适用于查询对象开启二级缓存的情况。

2. HQL 优化

HQL 优化是 Hibernate 程序性能优化的一个方面，HQL 的语法与 SQL 非常类似。HQL 是基于 SQL 的，只是增加了面向对象的封装。如果抛开 HQL 同 Hibernate 本身一些缓存机制的关联，HQL 的优化技巧同 SQL 的优化技巧一样。在编写 HQL 时，需注意以下几个原则。

（1）避免 or 操作的使用不当。如果 where 子句中有多个条件，并且其中某个条件没有索引，使用 or，将导致全表扫描。假定在 HOUSE 表中 TITLE 字段有索引，PRICE 字段没有索引，执行以下 HQL 语句。

```
from House where title = ' 出租一居室 ' or price < 1500
```

当比较 PRICE 时，会引起全表扫描。

（2）避免使用 not。如果 where 子句的条件包含 not 关键字，那么执行时该字段的索引失效。这些语句需要分成不同情况区别对待，如查询租金不多于 1800 元的租房信息的 HQL 语句为：

```
from House as h where not (h.price >1800)
```

对于这种不大于（不多于）、不小于（不少于）的条件，建议使用比较运算符来替代 not，如不大于就是小于等于。所以上述查询的 HQL 语句也可以为：

```
from House as h where h.price <= 1800
```

如果知道某一字段所允许的设置值，那么就有其他的解决方法。例如，在用户表中增加性别字段，规定性别字段只能取 M 和 F，当要查询非男用户时，为避免使用 not 关键字，将条件设定为查询女用户即可。

（3）避免 like 的特殊形式。某些情况下，会在 where 子句的条件中使用 like。如果

like 以一个“%”或“_”开始即前模糊，则该字段的索引不起作用。但是，对于这种问题并没有较好的解决方法，只能通过改变索引字段的形式变相地解决。

（4）避免使用 having 子句。在分组的查询语句中，可在两个位置指定条件，一是在 where 子句中，二是在 having 子句中。要尽可能地在 where 子句中而不是 having 子句中指定条件。因为 having 是在检索出所有记录后才对结果集进行过滤的，这个处理需要一定的开销，而 where 子句限制记录数目，能减少这方面的开销。

（5）避免使用 distinct。指定 distinct 会导致在结果中删除重复的行，这会对处理时间造成一定的影响，因此在不要求或允许冗余时，应避免使用 distinct。

（6）索引在以下情况下失效，使用时应注意。

➢ 对字段使用函数，该字段的索引将不起作用，如 substring(aa,1,2)='XX'。
➢ 对字段进行计算，该字段的索引将不起作用，如 price+10。

任务 5　使用注解配置持久化类和关联关系

关键步骤如下。

➢ 使用注解 @Entity 声明持久化类。
➢ 使用 @Table 为持久化类映射指定表（table）、目录（catalog）和 schema 的名称。
➢ 使用 @Id 声明持久化类的标识属性（相当于数据表的主键）。
➢ 使用 @Column 注解将属性映射到数据库字段。

6.5.1　认识 Hibernate 注解

Hibernate 提供了注解来进行对象—关系映射，它可以代替大量的 hbm.xml 文件，使得 Hibernate 程序的文件数量大大精简。使用注解，可以直接将映射信息定义在持久化类中，而无须编写对应的 *.hbm.xml 文件。

使用 Hibernate 注解的步骤如下。

（1）使用注解配置持久化类及对象关联关系。

（2）在 Hibernate 配置文件（hibernate.cfg.xml）中声明持久化类，语法如下。

```
<mapping class=" 持久化类完整限定名 " />
```

6.5.2　使用 Hibernate 注解配置持久化类

通过表 6-4 所示的注解可以完成持久化类的常用配置。

表6-4　配置持久化类的常用注解

注　解	含义和作用
@Entity	将一个类声明为一个持久化类
@Table	为持久化类映射指定表（table）、目录（catalog）和schema的名称。 默认值：持久化类名，不带包名

续表

注　　解	含义和作用
@Id	声明了持久化类的标识属性（相当于数据表的主键）
@GeneratedValue	定义标识属性值的生成策略
@UniqueConstraint	定义表的唯一约束
@Lob	表示属性将被持久化为Blob或者Clob类型
@Column	将属性映射到数据库字段
@Transient	指定可以忽略的属性，不用持久化到数据库

下面举例说明使用注解映射员工信息，如示例 14 所示。

注意

使用 Hibernate 注解，需要导入 javax.persistence 包，常用注解都存放在这个包中。javax.persistence 包是 JPA ORM 规范的组成部分。JPA 全称 Java Persistence API，它通过 JDK5.0 注解或 XML 描述对象—关系表的映射关系，并将运行时对象持久化到数据库中。Hibernate 提供了对 JPA 的实现。

示例 14

持久化类 Emp 中的关键代码：

```
import java.util.Date;
import javax.persistence.*;

@Entity
@Table(name = "EMP")
public class Emp implements java.io.Serializable {
    @Id
    @GeneratedValue(strategy = GenerationType.SEQUENCE, generator = "seq_emp")
    @SequenceGenerator(name = "seq_emp", sequenceName = "seq_emp_id",
        allocationSize = 10, initialValue = 1)
    private Short empNo;

    @Column(name = "ENAME")
    private String empName;

    @Column(name = "HIREDATE")
    private Date hiredate;

    @Column(name = "JOB")
    private String job;
```

```
    @Column(name = "MGR")
    private Short mgr;

    @Column(name = "SAL")
    private Double salary;

    @Column(name = "COMM")
    private Double comm;

    @Transient
    private Dept dept;

    @Transient
    private Date hireDateStart; // 查询条件，入职开始时间

    @Transient
    private Date hireDateEnd;    // 查询条件，入职结束时间

    // 省略构造方法及 getter/setter 方法
}
```

hibernate.cfg.xml 文件中的关键代码：

```
<hibernate-configuration>
    <session-factory>
        <!-- 省略其他配置 -->
        <mapping class="cn.hibernatedemo.entity.Emp" />
    </session-factory>
</hibernate-configuration>
```

示例 14 将 Emp 类映射到 EMP 表 , empNo 属性为 OID，主键采用序列生成，需在数据库中创建名为 seq_emp_id 的序列。注解可以放置在属性定义的上方，或者 getter 方法的上方。

下面对示例 14 中的部分注解做进一步介绍。

- @Table 可以省略，省略时默认表名与持久化类名相同。
- @GeneratedValue 指定了 OID 的生成策略，不使用此注解时，默认 OID 由程序赋值（相当于在映射文件中指定 assigned）。JPA 提供了 4 种标准用法。

（1）AUTO：根据不同的数据库选择不同的策略（相当于 Hibernate 中的 native）。

（2）TABLE：使用表保存 id 值。

（3）IDENTITY：使用数据库自动生成主键值（主要是自动增长型，如 MySQL、SQL Server）。

（4）SEQUENCE：使用序列生成主键值（如 Oracle），generator="seq_emp" 指定

了生成器为 seq_emp。

提示

Hibernate 还提供了更多的生成器类型，可在 hibernate-distribution-3.6.10.Final 的 documentation\manual\ zh-CN\pdf 目录中查看 hibernate_reference.pdf 的 5.1.2.2 节 “Identifier generator”，了解更多配置方式。

- @SequenceGenerator 设置了序列生成器，name="seq_emp" 定义了序列生成器的名称为 seq_emp；sequenceName="seq_emp_id" 指定了序列的名称为 seq_emp_id；initialValue 设置了主键起始值；allocationSize 设置了生成器分配 id 时的增量。
- @Column 用于指定属性映射的数据库字段名，若不指定，则默认字段名和属性名相同。
- @Transient 用于忽略不需要持久化到数据库中的属性。例如，hireDateStart 和 hireDateEnd 的作用是在查询时封装查询条件，表示入职时间的起始值和终止值，但是和数据库中的字段没有映射关系。添加 @Entity 注解后，默认所有属性都会被映射到数据表中的同名字段，所以这里需要忽略这两个属性，否则运行时会发生映射错误。另外，dept 作为关联属性，其映射方式将在下文中介绍，这里也暂时忽略该属性。

注意

使用注解定义的持久化类，在 hibernate.cfg.xml 的 mapping 元素中要使用 class 属性进行声明，以指定该持久化类的全类名。

在示例 14 的映射基础上，完成对 Emp 对象的添加操作，如示例 15 所示。

示例 15

EmpDao 中的关键代码：

```
public class EmpDao extends BaseDao {
    public void save(Emp emp) {
        this.currentSession().save(emp);
    }
    // 省略其他 DAO 方法
}
```

业务类中的关键代码：

```
public class EmpBiz {
    private EmpDao empDao = new EmpDao();
```

```
    public void addNewEmp(Emp emp) {
        Transaction tx = null;
        try {
            tx = empDao.currentSession().beginTransaction(); // (1) 开始事务
            empDao.save(emp); // (2) 持久化操作
            tx.commit(); // (3) 提交事务
        } catch (HibernateException e) {
            e.printStackTrace();
            if (tx != null)
                tx.rollback(); // (4) 回滚事务
        }
    }
    // 省略 getter/setter 和其他业务方法
}
```

测试方法中的关键代码：

```
Emp emp = new Emp();
emp.setEmpName("test1");
emp.setHiredate(new java.util.Date());
new EmpBiz().addNewEmp(emp);
```

6.5.3 使用 Hibernate 注解配置关联关系

通过表 6-5 所示的注解可以完成对象关联关系的常用配置。

表6-5 对象关联关系的常用注解

注　　解	含义和作用
@OneToOne	建立持久化类之间的一对一关联关系
@OneToMany	建立持久化类之间的一对多关联关系
@ManyToOne	建立持久化类之间的多对一关联关系
@ManyToMany	建立持久化类之间的多对多关联关系

对象关联关系中使用频率最高的是一对多（多对一）关联关系，下面以此为例讲解注解的配置，如示例 16 所示。其他关联关系的注解配置与此类似。

示例 16

持久化类 Emp 中的关键代码：

```
import java.util. Date;
import javax.persistence.*;

@Entity
@Table(name = "'EMP'")
```

```
public class Emp implements java.io.Serializable {

    // 省略其他属性的配置

    @ManyToOne(fetch = FetchType.LAZY)
    @JoinColumn(name = "DEPTNO")
    private Dept dept;

    // 省略构造方法和 getter/setter 方法
}
```

持久化类 Dept 中的关键代码：

```
import java.util.HashSet;
import java.util.Set;
import javax.persistence.*;

@Entity
@Table(name = "DEPT")
public class Dept implements java.io.Serializable {
    @Id
    @Column(name = "DEPTNO")
    private Integer deptNo;

    @Column(name = "DNAME")
    private String deptName;

    @Column(name = "LOC")
    private String location;

    @OneToMany(mappedBy = "dept", cascade = { CascadeType.ALL })
    private Set<Emp> emps = new HashSet<Emp>(0);

    // 省略构造方法和 getter/setter 方法
}
```

hibernate.cfg.xml 中的关键代码：

```
<hibernate-configuration>
    <session-factory>
        <!-- 省略其他配置 -->
        <mapping class="cn.hibernatedemo.entity.Dept" />
        <mapping class="cn.hibernatedemo.entity.Emp" />
    </session-factory>
</hibernate-configuration>
```

示例 16 中使用 @ManyToOne 注解配置了 Emp 类和 Dept 类之间的多对一关联。注解属性 fetch = FetchType.LAZY 设置关联级别采用延迟加载策略；若不指定，该属性默认值是 EAGER，查询 Emp 时，Hibernate 将使用左外连接将相关 Dept 对象一并查出。注解 @JoinColumn(name = "'DEPTNO'") 指定了维系关系的外键字段是 EMP 表中的 DEPTNO。

注解 @OneToMany 配置了 Dept 类和 Emp 类之间的一对多的关系。属性 mappedBy = "dept" 将关联关系的控制权交给 Emp 类这一方，相当于 Dept.hbm.xml 中配置的 inverse="true"。mappedBy 属性的值是 Emp 类中与 Dept 类关联的属性名 。属性 cascade = {CascadeType.ALL} 设置了级联操作的类型，可选的取值如下，以下取值在使用中可以多选，多选时用逗号隔开。

- CascadeType.REMOVE：级联删除。
- CascadeType.PERSIST：persist( ) 方法级联。
- CascadeType.MERGE：级联更新。
- CascadeType.REFRESH：级联刷新。
- CascadeType.ALL：包含所有级联操作。

基于示例 16 的配置，下面尝试添加部门，同时添加员工，如示例 17 所示。

示例 17

DeptDao 中的关键代码：

```
public class DeptDao extends BaseDao {
    public void save(Dept dept) {
        this.currentSession().save(dept);
    }
    // 省略其他 DAO 方法
}
```

业务类中的关键代码：

```
public class DeptBiz {
    private DeptDao deptDao = new DeptDao();

    public void addNewDept(Dept dept) {
        Transaction tx = null;
        try {
            tx = dept Dao.currentSession().beginTransaction(); // (1) 开始事务
            deptDao.save(dept); // (2) 持久化操作
            tx.commit(); // (3) 提交事务
        } catch (HibernateException e) {
            e.printStackTrace();
            if (tx != null)
                tx.rollback(); // (4) 回滚事务
        }
```

```
    }
    // 省略 getter/setter 和其他业务方法
}
```

测试方法中的关键代码：

```
Dept dept=new Dept(6," 产品部 ");
Emp emp = new Emp();
emp.setEmpName("villy");
emp.setHiredate(new java.util.Date());

dept.getEmps().add(emp);
emp.setDept(dept);

new DeptBiz().addNewDept(dept);
```

运行示例 17，Hibernate 将保存 Dept 对象，并级联保存 Emp 对象。

技能训练

上机练习 5——使用注解完成对房屋信息的操作

➢ 需求说明

（1）使用注解配置街道类、房屋信息持久化类和数据表的映射。

（2）添加某街道的房屋信息。

（3）查询某街道的房屋信息。

6.5.4 使用 MyEclipse 反向工程工具生成注解映射

前面章节中介绍过使用 MyEclipse 反向工程工具生成持久化类和 XML 格式的对象—关系映射文件，该工具同样能够生成使用注解定义的持久化类。只需在操作进行到如图 6.1 所示的步骤时，按照图 6.1 所示的内容选择，其他操作步骤不变，即可生成注解定义的持久化类并在 hibernate.cfg.xml 中添加持久化类的声明。

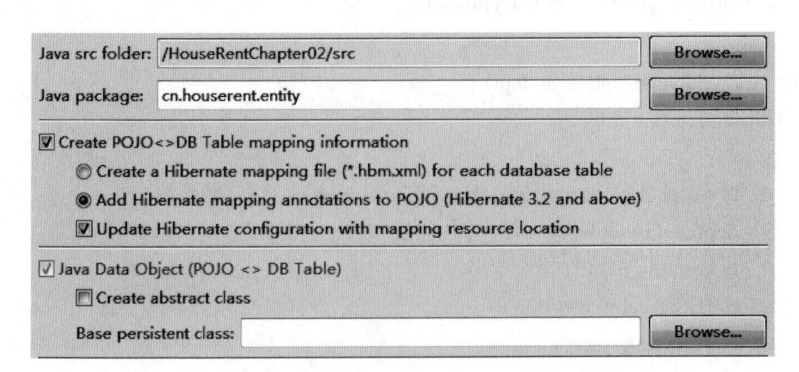

图 6.1 生成注解定义的持久化类

本章总结

- HQL 支持左外连接、迫切左外连接、内连接、迫切内连接及右外连接等连接查询。
- 在软件开发中，要重视 HQL 优化，以提高系统性能。
- HQL 利用 select 关键字选择需要查询的数据，用 group by 关键字对数据分组，用 having 关键字对分组数据设定约束条件。
- HQL 支持在 where 子句中嵌入子查询语句。
- Hibernate 提供了注解功能，可以代替 hbm.xml 文件完成对象—关系映射工作。

本章练习

1．在第 5 章练习的办公系统员工激励模块的基础上，使用连接查询完成以下功能。

（1）查询所有员工获得的所有奖项，并输出员工姓名和奖项名称。

（2）查询所有奖项的获奖人数，并输出奖项名称和获奖次数。

2．在练习 1 的基础上，请完成以下功能。

（1）查询出获得 2 个以上奖项的员工。

（2）查询 2011 年各个奖项的获奖人数。

（3）查询年度最佳质量奖的获奖人数。

3．在练习 2 的基础上，删除 XML 格式的映射文件，使用注解配置对象—关系映射。

随手笔记

第 7 章

Struts 2 初体验

技能目标

- ❖ 掌握 Struts 2 的执行过程
- ❖ 能够使用 Struts 2 框架开发简单应用
- ❖ 能够使用 Struts 2 实现数据校验
- ❖ 掌握 Struts 2 框架的标签使用

本章任务

学习本章，完成以下 5 个工作任务。记录学习过程中遇到的问题，可以通过自己的努力或访问 kgc.cn 解决。

任务 1：Struts 2 基础

任务 2：在项目中应用 Struts 2

任务 3：使用 Struts 2 访问 Servlet API 对象

任务 4：使用 Struts 2 进行数据的校验

任务 5：使用 Struts 2 标签

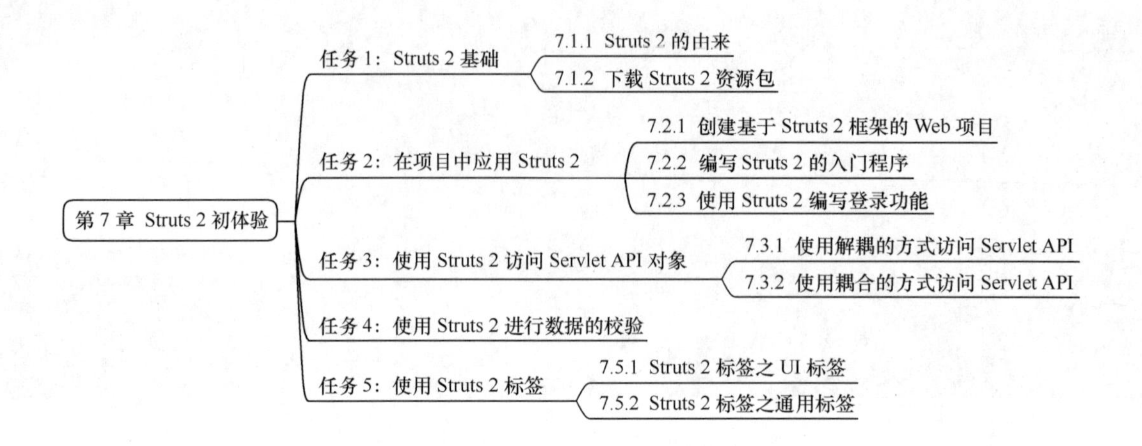

任务 1 Struts 2 基础

关键步骤：下载 Struts 2 资源包。

7.1.1 Struts 2 的由来

在很长的一段时间内，在所有的 MVC 框架中，Struts 1 处于绝对的统治地位，无论是从市场的普及范围，还是具体的使用者数量，其他 MVC 框架都无法与其相比。作为一款优秀的 MVC 框架，虽然 Struts 1 可以很好地实现将控制与业务逻辑相分离，但是其自身也存在一定的缺陷。这些缺陷体现在以下几个方面。

1. 表现层支持单一

Struts 1 框架只支持 JSP 作为其表现层使用，而很多的 Java 应用，在选择表现层技术时并不一定只使用 JSP 一种技术，如 FreeMarker、Velocity 等。这是因为 Struts 1 框架的出现远在这些页面技术出现之前。而当多形式的视图技术出现后，Struts 1 又无法与这些视图技术进行整合，从而限制了 Struts 1 的发展。

2. 对 Servlet API 的依赖

在之前的学习中，我们已经知道了 JSP+Servlet+JavaBean 方式属于 Model Ⅱ的开发模式。Struts 1 框架正是基于 Model Ⅱ模式开发而成的，因此在其中会应用到大量的 Servlet API，而 Servlet 需要通过 Web 容器进行初始化，从而进一步对 Web 容器产生依赖。一旦脱离了 Web 容器，整个程序将很难完成测试。

3. 不利于代码重用

在 Struts 1 开发的代码中除了自己定义的类外，还必须使用 Struts 1 中的某些类（如 ActionForm）。这样带来的弊端是，与 Struts 1 的类耦合在一起的代码很难在其他系统中进行重用。

针对 Struts 1 框架在设计时存在的一些问题，Struts 2 以 WebWork 的设计思想为核心，吸收了 Struts 1 的部分优点，建立了一个兼容 WebWork 和 Struts 1 的 MVC 框架。

WebWork 相对于 Struts 1 来说，虽然名气不大，但是在设计上避免了 Struts 1 存在的弊端。它更加强调系统之间的松耦合，并使用拦截器来实现控制。由于不再依赖 Web 容器，从而解决了框架对 Servlet API 的紧密耦合，使得测试更加方便。同时，在表现层支持更多的视图技术，开发更加灵活。

Struts 2 在设计之初，更多地是以 WebWork 的设计思想为核心，从应用角度也更接近 WebWork 的使用习惯，因此 Struts 2 框架结构与 Struts 1 框架结构有着明显的区别。Struts 1 与 WebWork 的优势互补使得 Struts 2 拥有更加广阔的前景。Struts 2 不仅自身更加强大，而且对其他框架下开发的程序提供了很好的兼容性。在学习 Struts 2 框架技术之前，非常有必要对 Struts 2 的技术背景有所了解。Struts 2 与 Struts 1 和 WebWork 之间的关系如图 7.1 所示。

图 7.1　Struts 2 与 Struts 1 和 WebWork 之间的关系

7.1.2　下载 Struts 2 资源包

Struts 的官方网址为 http://struts.apache.org。本书以 Struts 2.3.16.3 版本为例进行讲解。选择下载完全资源包 struts-2.3.xx.x-all.zip（http://struts.apache.org/download.cgi），解压后，Struts 2 资源包的目录结构如图 7.2 所示。

名称	修改日期	类型	大小
apps	2014/5/2 18:04	文件夹	
docs	2014/5/2 18:04	文件夹	
lib	2014/5/2 18:04	文件夹	
src	2014/5/2 18:04	文件夹	
ANTLR-LICENSE.txt	2014/5/2 17:19	文本文档	2 KB
CLASSWORLDS-LICENSE.txt	2014/5/2 17:19	文本文档	2 KB
FREEMARKER-LICENSE.txt	2014/5/2 17:19	文本文档	3 KB
LICENSE.txt	2014/5/2 17:19	文本文档	10 KB
NOTICE.txt	2014/5/2 17:19	文本文档	1 KB
OGNL-LICENSE.txt	2014/5/2 17:19	文本文档	3 KB
OVAL-LICENSE.txt	2014/5/2 17:19	文本文档	12 KB
SITEMESH-LICENSE.txt	2014/5/2 17:19	文本文档	3 KB
XPP3-LICENSE.txt	2014/5/2 17:19	文本文档	3 KB
XSTREAM-LICENSE.txt	2014/5/2 17:19	文本文档	2 KB

图 7.2　Struts 2 资源包的目录结构

- apps 目录下包含了官方提供的 Struts 2 应用示例，为开发者提供了很好的参照。各示例均为 war 文件，可通过 zip 方式进行解压缩操作（如使用 WinRAR 软件）。
- docs 目录下是官方提供的 Struts 2 文档，可以通过 index.html 页面进行访问，其中包含 Struts 2 API、Struts 2 Tag、Tutorials 等内容。

➢ lib 目录下是 Struts 2 的发行包及其依赖包。
➢ src 目录下是 Struts 2 对应的源代码。
➢ 其余部分是 Struts 2 及其依赖包的使用许可协议和声明。

经验

在实际开发过程中，尽可能使用最新版本的 Struts 2 资源包。因为新版本对旧版本的很多特性进行了补充，对可能导致应用程序异常的 Bug 进行了处理，从而可以确保程序的稳定性。

任务 2 在项目中应用 Struts 2

关键步骤如下。
➢ 创建 Java Web 项目。
➢ 将 Struts 2 框架所需的 jar 文件添加到项目中。
➢ 编写 Struts 2 入门程序。
➢ 使用 Struts 2 编写登录功能。

7.2.1 创建基于 Struts 2 框架的 Web 项目

新建 Java Web 项目，将 Struts 2 框架所需的 jar 文件添加到项目中。Struts 2 项目的基础 jar 文件如表 7-1 所示。

表 7-1 Struts 2 项目的基础 jar 文件

文件名	说明
struts2-core-xxx.jar	Struts 2框架的核心类库
xwork-core-xxx.jar	XWork类库，Struts 2的构建基础
ognl-xxx.jar	Struts 2使用的一种表达式语言类库
freemarker-xxx.jar	Struts 2的标签模板使用类库
javassist-xxx.GA.jar	对字节码进行处理
commons-fileupload-xxx.jar	文件上传时需要使用
commons-io-xxx.jar	Java IO扩展
commons-lang-xxx.jar	包含了一些数据类型的工具类

提示

表 7-1 中仅仅列出一个 Struts 2 项目最基本的 jar 文件资源，随着应用程序中更多功能的实现，还需要将对应的 jar 文件资源也导入项目中。

注意

一旦项目运行中缺少了相应的 jar 文件资源，系统会自动给出错误信息，如果不知道该添加哪些 jar 文件资源到项目中，可以通过错误信息的提示，查找对应的 jar 文件资源并导入项目中。

可以手动将这些 jar 文件引入项目工程中，在项目名称上右击，在弹出的快捷菜单中选择“Build Path”→“Configure Build Path”命令，即在项目的“Java Build Path”构建路径中单击“Add External JARs”按钮添加 Struts 2 所需 jar 文件，如图 7.3 所示。

在 MyEclipse 10 中，可以自动将 WEB-INF\lib 目录下的 jar 文件添加到 Java 构建路径，无须手动引入，因此通常我们把所需的 jar 文件复制到 WEB-INF\lib 下即可。

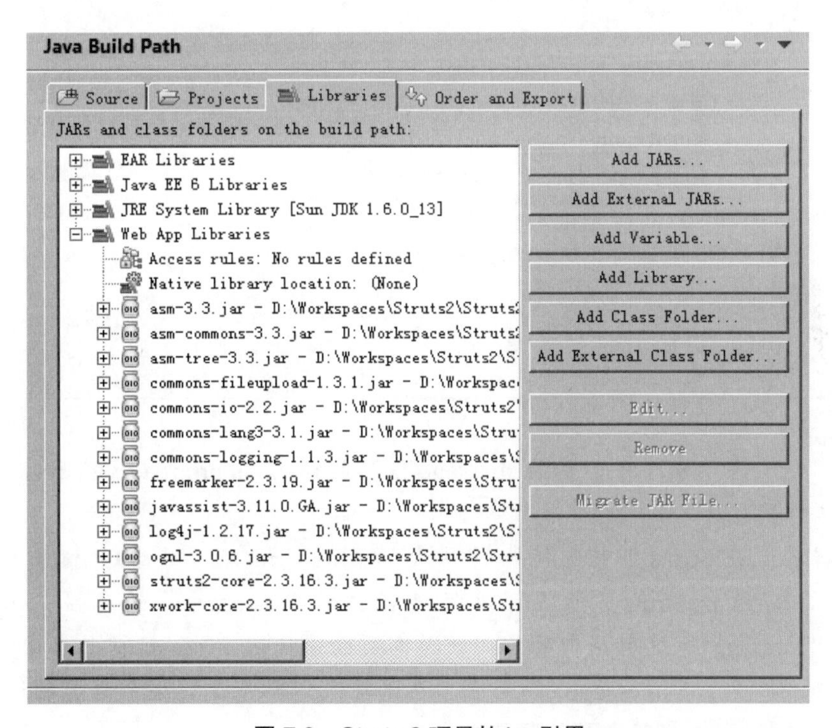

图 7.3 Struts 2 项目的 jar 引用

7.2.2 编写 Struts 2 的入门程序

在项目中添加 Struts 2 的支持后，就可以使用 Struts 2 框架开发 Web 应用程序了。第一个 Struts 2 程序是一个 Hello World 程序。

第一步：创建 helloWorld.jsp 页面，内容如示例 1 所示。

示例 1

```
<%@ page language="java" contentType="text/html; charset=utf-8"
    pageEncoding="utf8"%>
<!-- 导入 Struts 2 标签库 -->
<%@taglib uri="/struts-tags" prefix="s" %>
    <head>
        <title>Hello World</title>
    </head>
    <body>
        <div>
            <h1>
                <!-- 显示 Struts Action 中 message 的属性内容 -->
                <s:property value="message"/>
            </h1>
        </div>
        <hr />
        <div>
            <form action="helloWorld.action" method="post">
                请输入您的姓名 :
                <input name="name" type="text" />
                <input type="submit" value=" 提交 " />
            </form>
        </div>
    </body>
</html>
```

问答

问题：在示例 1 中，输出 message 信息的语句 <s:property value="message"/> 起什么作用？

解答：在 Struts 2 中支持一种强大的表达式语言，叫作 OGNL（对象图导航语言），结合 Struts 2 标签可以直接在页面中显示对象的属性。<s:property value="message"/> 这行语句的作用就是向页面输出显示 message 属性中保存的数据信息，等价于 ${message} 的用法。在这里只需要先了解这个语句的用法即可，OGNL 与 Struts 2 标签在后续章节中会进一步讲解。

第二步：创建 cn.strutsdemo.HelloWorldAction 类，用于对用户的请求做出处理。开发人员使用 Struts 2 框架，主要的编码工作就是编写处理请求的 Action 类。在 Struts 2 中，提供了多种实现 Action 的方式，下面以实现 com.opensymphony.xwork2.Action 接口为例进行演示，在实现 com.opensymphony.xwork2.Action 接口的同时需要实现该接口中的 execute( ) 方法。同时在 Action 中，所有用于处理请求的方法都必须返回一个字符串类型的逻辑结果，用于标识要呈现给用户的结果。代码如示例 2 所示。

示例 2

```
import com.opensymphony.xwork2.Action;

public class HelloWorldAction implements Action {
    // 用户输入的姓名
    private String name = "";
    // 向用户显示的信息
    private String message = "";

    /**
     * execute 方法 , 当 Struts 2 处理用户请求时 , 在默认配置下调用的方法
     * @return
     */
    public String execute() {
        // 根据用户输入的姓名 , 进行 "Hello,XXXX!" 的封装
        this.setMessage("Hello,"+this.getName()+"!");
        // 处理完毕 , 返回 "helloWorld"
        return "helloWorld";
    }
    /**
     * 获取名字
     * @return 名字
     */
    public String getName() {
        return name;
    }
    /**
     * 设置名字
     * @param name 名字
     */
    public void setName(String name) {
        this.name = name;
    }
    /**
     * 获取显示消息
     * @return 显示消息
     */
    public String getMessage() {
        return message;
    }
    /**
```

```
     * 设置显示消息
     * @param message 显示消息
     */
    public void setMessage(String message) {
        this.message = message;
    }
}
```

在 Struts 2 中，可以直接使用 Action 类的属性来接收用户的输入，即当表单提交时，Struts 2 自动对请求参数进行转换，并对具有相同名字的 Action 属性进行赋值（通过 setter 方法）。

在示例 2 中，HelloWorldAction 中的 name 属性用于接收用户输入的姓名，通过 Struts 2 的数据绑定机制，传递 name 请求参数，其实等同于调用 HelloWorldAction 的 setName( ) 方法。

Action 类的属性除了可以用来接收请求的数据，还可以用来输出处理结果，依然借助 setter 和 getter 方法对结果属性进行处理。在示例 2 中，HelloWorldAction 的 message 属性就是一个包含了输出数据的属性，在 JSP 中输出 message 属性就可以查看相应的结果信息。

在 Struts 2 中，系统不会识别哪些属性用于接收请求参数，哪些属性用于输出处理结果。只要对属性设置了 setter 和 getter 方法，该属性就可以被自动处理。

此外，Action 类中还可以使用复杂的属性，如用户自定义的类、数组、集合对象等。

在 Action 接口中，不仅定义了 public String execute( );，而且提供了 5 个字符串类型的静态常量，作为常用的结果代码使用。每一个字符串名称都与 struts.xml 文件中的 result 结果视图名称相对应。Action 接口中常量字符串的逻辑含义如表 7-2 所示。

表 7-2　Action 接口中常量字符串的逻辑含义

常　量	值	逻辑含义
SUCCESS	"success"	表示程序处理正常，并返回给用户成功后的结果
NONE	"none"	表示处理正常结束，但不返回给用户任何信息
ERROR	"error"	表示处理结果失败
INPUT	"input"	表示需要更多用户输入才能顺利执行
LOGIN	"login"	表示需要用户正确登录后才能顺利执行

表 7-2 中列出的 5 个字符串常量是 Action 默认支持的逻辑视图名称。如果在开发过程中，开发人员希望使用其他特定的字符串作为逻辑视图名称，也可以进行修改。

第三步：修改项目的配置文件 web.xml，将全部请求定位到指定的 Struts 2 过滤器中，如示例 3 所示。

示例 3

```
<?xml version="1.0" encoding="UTF-8"?>
```

```
<web-app version="2.5" xmlns="http://java.sun.com/xml/ns/javaee"
    xmlns:xsi="http://www.w3.org/2001/XMLSchema-instance"
    xsi:schemaLocation="http://java.sun.com/xml/ns/javaee
    http://java.sun.com/xml/ns/javaee/web-app_2_5.xsd">

    <filter>
        <filter-name>struts2</filter-name>
        <filter-class>
            org.apache.struts2.dispatcher.ng.filter.StrutsPrepareAndExecuteFilter
        </filter-class>
    </filter>
    <filter-mapping>
        <filter-name>struts2</filter-name>
        <url-pattern>/*</url-pattern>
    </filter-mapping>
</web-app>
```

提示

web.xml 文件的配置只是在新建 Struts 2 工程时需要，如果是在已有工程基础上开发，则可以省略此步。此外，关于 Struts 2 的核心控制器配置，早期 Struts 2 版本的核心控制器为 org.apache.struts2.dispatcher.FilterDispatcher，而 2.1.3 之后的版本普遍采用 org.apache.struts2.dispatcher.ng.filter.StrutsPrepareAndExecuteFilter，请大家在实际开发中根据所使用的 Struts 2 版本进行配置，在本书中建议大家遵循新版本的规范。

第四步：创建 Struts 2 的配置文件。在 src 目录下创建 struts.xml 文件，内容如示例 4 所示。

示例 4

```
<?xml version="1.0" encoding="UTF-8" ?>
<!DOCTYPE struts PUBLIC
    "-//Apache Software Foundation//DTD Struts Configuration 2.0//EN"
    "http://struts.apache.org/dtds/struts-2.0.dtd">
<struts>
    <!-- 创建一个 default 包 , 继承自 Struts 2 的 struts-default 包 -->
    <package name="default" namespace="/" extends="struts-default">
        <!-- 接收处理用户的 /helloWorld.action 请求 , 并根据返回结果 , 完成跳转 -->
        <action name="helloWorld"
            class="cn.strutsdemo.HelloWorldAction">
            <!-- 结果为 "helloWorld" 时 , 跳转至 helloWorld.jsp 页面 -->
```

```
            <result name="helloWorld">helloWorld.jsp</result>
        </action>
    </package>
</struts>
```

在 Struts 2 配置文件中，包含了以下几个元素。

package 元素用于定义 Struts 2 处理请求的逻辑单元，name 属性为必需的并且唯一，用来指定包的名称（被其他包引用）；extends 属性类似 Java 的 extends 关键字，用于指定要扩展的包。

action 元素用于配置 Struts 2 框架的“工作单元”Action 类。action 元素将一个请求的 URI（action 的名字）对应到一个 Action 类。name 属性是必需的，用来表示 action 的名称；class 属性可选，用于设定 Action 类的全限定名。

result 元素用来设定 Action 类处理结束后，系统下一步将要做什么。name 属性表示 result 的逻辑视图名称，必须与 Action 类返回的字符串进行匹配；而 result 元素的值表示与逻辑视图名称对应的物理资源之间的映射，用来指定这个结果对应的实际资源的位置。

在 struts.xml 文件中，每一个 result 属性的 name 名称都要与 Action 中返回的逻辑名称保持一致；否则，程序在运行时将无法正确运行。

第五步：编译部署并启动服务器，访问 helloWorld.jsp 页面，如图 7.4 所示。

填写姓名“Jason”，并单击“提交”按钮。程序执行结果如图 7.5 所示。

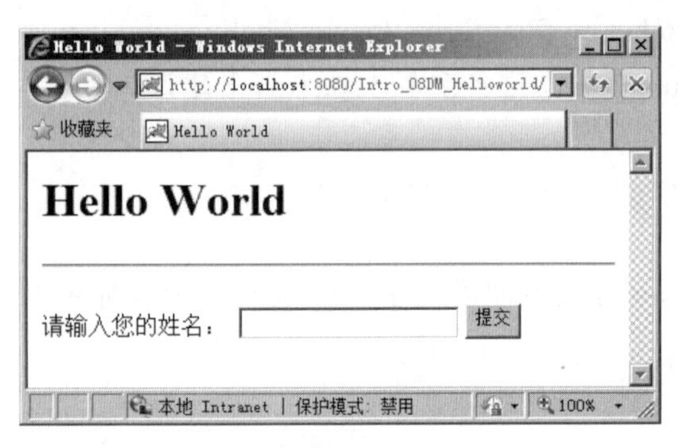

图 7.4　helloWorld.jsp 页面

图 7.5　程序执行结果

至此，我们就完成了基于 Struts 2 的 Hello World 应用。

通过 Hello World 这个实例，对 Struts 2 应用的执行流程简单总结如下。

（1）浏览器发出 helloWorld.action 请求至服务器。

（2）服务器接收后，根据 web.xml 的配置，将请求发送给指定的 Struts 2 过滤器。

（3）过滤器根据 struts.xml 的配置内容，将请求发送给 cn.strutsdemo.HelloWorldAction 类的对象，并调用默认的 execute 方法。

（4）根据 execute 方法的返回结果，在 struts.xml 文件中匹配 helloWorld 的处理结果，完成向 helloWorld.jsp 页面的跳转。

（5）页面根据上下文中的内容，借助 Struts 2 的 OGNL 表达式和 Struts 2 标签将内容显示在页面中。不过在使用 Struts 2 标签时，要首先导入 Struts 2 的标签库。

小结

由第一个 Hello World 程序开发的 5 个步骤可以看出，开发 Struts 2 应用的基本步骤由两大部分组成，首先是添加 Struts 2 框架支持，其次就是相关代码的开发及配置。

1. 确认环境

（1）将 Struts 2 框架支持文件引入项目中。

（2）修改工程的 web.xml 文件，配置过滤器。

2. 代码编写

（1）编写 JSP 页面。

（2）编写开发处理请求的 Action 类，并实现具体的处理请求的方法，该方法需要返回一个字符串类型的结果。

（3）编写 struts.xml 文件，对 Action 进行配置。

当完成以上所有工作后，即可部署到服务器上运行。通常在开发中，Struts 2 的环境搭建完成后很少需要再次修改，所以大量代码会集中在 JSP 页面和 Action 类的编写上。需要说明的是 JSP 页面、Action 类的编写及 Action 的配置在先后顺序上没有要求，这里的代码编写步骤仅供参考。

7.2.3 使用 Struts 2 编写登录功能

通过实现 HelloWorldAction，我们掌握了 Struts 2 的基本运行过程。下面通过一个实际的应用来进一步加深对 Struts 2 的了解。业务需求很简单，使用 Struts 2 实现用户登录的验证。

首先编写 LoginAction 类实现 Action 接口，用于处理登录请求。在 execute( ) 方法中对用户名和密码进行判断。根据判断结果，返回相应的结果代码，如示例 5 所示。

示例 5

```
public class LoginAction implements Action {
    // 用户名 , 用户登录时输入
    private String username = "";
    // 密码 , 用户登录时输入
    private String password = "";
    public String execute() {
        // 用户名为“jason”, 密码为“2010”时 , 登录成功
        if("jason".equals(username) && "2010".equals(password)) {
```

```
                // 登录成功，返回“success”
                return Action.SUCCESS;
            } else {
                // 登录失败，返回“error”
                return Action.ERROR;
            }
        }
        // 省略 setter/getter 方法
    }
```

其次在 struts.xml 中配置 LoginAction，如示例 6 所示。

示例 6

```
<package name="default" namespace="/" extends="struts-default">
        <action name="login" class="cn.strutsdemo.LoginAction">
            <!-- 结果为“success”时，跳转至 success.jsp 页面 -->
            <result name="success">success.jsp</result>
            <!-- 结果为“error”时，跳转至 fail.jsp 页面 -->
            <result name="error">fail.jsp</result>
        </action>
</package>
```

最后修改开发好的登录页面，将登录请求交由 LoginAction 处理，重新编译程序部署到服务器，启动服务器，访问登录页面，如图 7.6 所示。

图 7.6　登录页面

输入用户名和密码。如果登录失败，返回登录页面并显示错误信息，如图 7.7 所示；如果登录成功则进入成功页面，如图 7.8 所示。

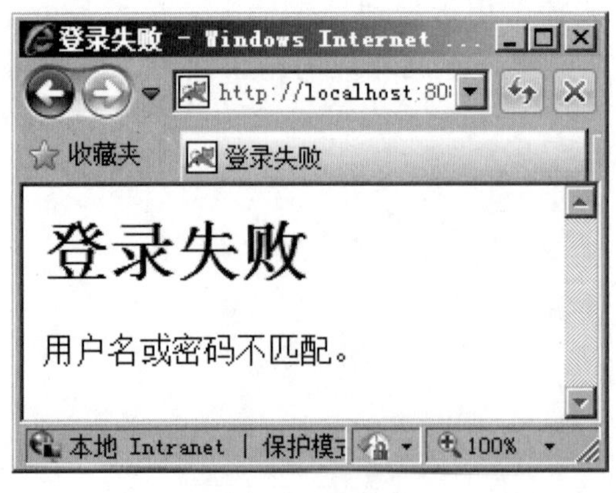

图 7.7　登录失败

图 7.8　登录成功

Struts 2 框架支持使用 Java 对象来接收用户输入的数据，还是以登录为例，通常在开发过程中均以实体对象（JavaBean）来保存信息，在 LoginAction 中同样可以使用 JavaBean 来接收用户的输入，例如：

```
public class LoginAction implements Action {
    private User user;// 用户信息
    // 省略 setter/getter 方法
    public String execute() throws Exception {
        // 省略代码
    }
}
```

现在只需要修改登录页面的表单，LoginAction 就可以使用 JavaBean 对象接收用户输入的数据。

```
<input type="text" name="user.name"/>
<input type="passsword" name="user.password"/>
```

根据 Struts 2 框架的数据转移机制，传递 user.name 请求参数等同于调用 LoginAction. getUser( ).setName(……)。注意，在 LoginAction 类中，并没有创建任何 User 类的实例，程序应该抛出异常才对，但是在 Struts 2 框架中是不会有问题的，Struts 2 框架会自动实例化任何用于填充数据的对象。

技能训练

上机练习 1——为租房网添加用户登录

➢ 需求说明

修改租房系统程序，使用 Struts 2 框架完成用户登录。

提示

可参考以下步骤进行。

（1）编写用于处理用户登录的 LoginAction。

（2）在 LoginAction 中获得用户名及密码，并实现登录验证。

（3）在 struts.xml 文件中配置 LoginAction。

（4）修改登录页面中表单提交的 action 属性。

任务 3 使用 Struts 2 访问 Servlet API 对象

关键步骤如下。

- 使用 ActionContext 类获取 Servlet API 对象对应的 Map 对象。
- Struts 2 向 Action 注入 Servlet API 对象对应的 Map 对象。
- 使用 org.apache.struts2.ServletActionContext 类获取 Servlet API 对象。

提示

在使用 Servlet 时，可以通过 Servlet API 实现 HttpSession 的获取，并保存用户信息，那么在 Struts 2 中是否也可以获取 HttpSession 呢？

在 Struts 2 概述中曾经介绍过，Struts 2 的 Action 没有与 Servlet API 发生耦合，从而可以轻松地实现 Action 的测试。但是在 Web 开发中，经常会用到 Servlet API 中的对象，如用户登录成功，则应该将用户信息保存到 HttpSession 对象中。而最常用的 Servlet API 就是 HttpServletRequest、HttpSession 和 ServletContext 这三个接口。

为了能够实现对 Servlet API 对象的访问，Struts 2 提供了多种方式，归结起来可分为两大类：与 Servlet API 解耦的访问方式和与 Servlet API 耦合的访问方式。

7.3.1 使用解耦的方式访问 Servlet API

1. 使用 ActionContext 类获取 Servlet API 对象对应的 Map 对象

为了避免与 Servlet API 耦合在一起，方便 Action 类的测试，Struts 2 框架使用了普通的 Map 对象替代了 Servlet API 中的 HttpServletRequest、HttpSession 和 ServletContext。在 Action 类中，可以直接访问 HttpServletRequest、HttpSession 和 ServletContext 对应的 Map 对象。Struts 2 提供了 com.opensymphony.xwork2.ActionContext 类来获取 Servlet API 对象对应的 Map 对象。ActionContext 是 Action 执行的上下文，在 ActionContext 中保存了 Action 类执行所需要的一组对象，可以通过如下方法获取 HttpServletRequest、HttpSession 和 ServletContext 对应的 Map 对象。

解耦方式访问 Servlet API 对象

- public Object get(Object key)：ActionContext 类没有提供 getRequest( ) 这样的方法来获取 HttpServletRequest 对应的 Map 对象，要想得到 HttpServletRequest 对象对应的 Map 对象，需要为 get( ) 方法传递 request 参数，如示例 7 所示。

示例 7

```
ActionContext ac = ActionContext.getContext();
Map request = (Map)ac.get("request");
```

- public Map getSession()：获取对应 HttpSession 对象的 Map 对象，如示例 8 所示。

示例 8

```
ActionContext ac = ActionContext.getContext();
Map session = ac.getSession();
```

- public Map getApplication( )：获取对应 ServletContext 对象的 Map 对象，如示例 9 所示。

示例 9

```
ActionContext ac = ActionContext.getContext();
Map application = ac.getApplication();
```

掌握了在 Action 类中访问 Servlet API 的方法，下面修改登录程序，当用户登录成功时，将用户名保存至 HttpSession 对象中，如示例 10 所示。

示例 10

```
public class LoginAction implements Action{

    // 用户名，用户登录时输入
    private String username = "";
    // 密码，用户登录时输入
    private String password = "";
    public String execute() {
        // 用户名为"jason"，密码为"2010"时，登录成功
        if("jason".equals(username) && "2010".equals(password)) {
            // 获取 session
            Map<String,Object> session = null;
            session = ActionContext.getContext().getSession();
            // 将用户名存入 session
            session.put("CURRENT_USER", username);
            // 登录成功，返回"success"
            return Action.SUCCESS;
        } else {
            // 登录失败，返回"error"
            return Action.ERROR;
        }
    }
    // 省略 getter/setter 方法
}
```

示例 10 中，在用户名与密码验证通过后，将用户名保存到 HttpSession 中，然后在登录成功页面获取 Session 中的用户名并显示，代码如示例 11 所示。

示例 11

```
<html xmlns="http://www.w3.org/1999/xhtml">
```

```
    <head>
        <title> 登录成功 </title>
    </head>
    <body>
        <h1> 读取 Session 中保存的用户名 </h1>
        <div> 欢迎您，${sessionScope.CURRENT_USER} ！ </div>
    </body>
</html>
```

在登录成功页面中，通过 EL 表达式读取保存到 HttpSession 中的用户名并显示在页面中，运行效果如图 7.9 所示。

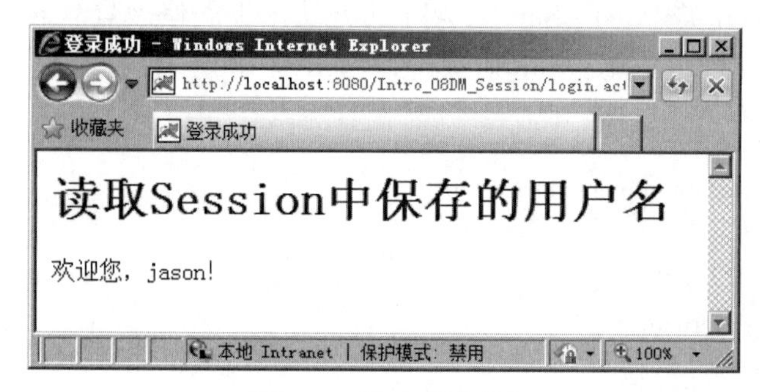

图 7.9　读取用户名

2. Struts 2 向 Action 注入 Servlet API 对象对应的 Map 对象

在 Struts 2 中除了可以使用 ActionContext 实现 Servlet API 对象的访问之外，还可以借助实现特定接口来直接获取 Servlet API 对象，即采用注入的方式实现。Struts 2 在运行时向 Action 实例注入 HttpServletRequest、HttpSession 和 ServletContext 对应的 Map 对象。

Struts 2 提供了以下接口。

- org.apache.struts2.interceptor.RequestAware：向 Action 实例中注入 HttpServlet Request 对象对应的 Map 对象，该接口只有一个方法：public void setRequest (Map<String, Object> request)。
- org.apache.struts2.interceptor.SessionAware：向 Action 实例中注入 HttpSession 对象对应的 Map 对象，该接口只有一个方法：public void setSession(Map<String, Object> session)。
- org.apache.struts2.interceptor.ApplicationAware：向 Action 实例中注入 Servlet Context 对象对应的 Map 对象，该接口只有一个方法：public void setApplication (Map<String, Object> application)。

上面两种访问方式的区别是，使用 Action 直接访问 Servlet API 相对于使用 ActionContext 访问 Servlet API 更有利于单元测试。因为 ActionContext 需要借助框架进行初始化，而 Action 可以直接设置测试数据，无须借助框架初始化，所以更加方便。

说明

关于注入的概念，简单地说就是通过框架自动对 Action 属性进行赋值，和 Spring 中的依赖注入类似。

7.3.2　使用耦合的方式访问 Servlet API

直接访问 Servlet API 将使 Action 类与 Servlet API 耦合在一起，众所周知，Servelt API 对象均由 Servelt 容器来构造，与这些对象绑定在一起，测试过程中就必须有 Servlet 容器，这样不便于 Action 类的测试。但有时候，确实需要直接访问这些对象，Struts 2 同样提供了直接访问 Servlet API 对象的方式。

要直接获取 Servlet API 对象可以使用 org.apache.struts2.ServletActionContext 类。该类是 ActionContext 类的子类，在这个类中定义了下面的方法来获取 Servlet API 对象。

- public static HttpServletRequest getRequest( )：得到 HttpServletRequest 对象。
- public static ServletContext getServletContext( )：得到 ServletContext 对象。
- public static HttpServletResponse getResponse( )：得到 HttpServletResponse 对象。

注意

ServletActionContext 类并没有定义获得 HttpSession 对象的方法，HttpSession 对象可以通过 HttpServletRequest 对象来得到。

除了利用 ServletActionContext 来直接获取 Servlet API 对象外，Action 类还可以实现特定的接口，由 Struts 2 框架向 Action 实例注入 Servlet API 对象。

- org.apache.struts2.util.ServletContextAware：向 Action 实例中注入 ServletContext 对象，该接口只有一个方法，即 void setServletContext(ServletContext context)。
- org.apache.struts2.interceptor.ServletRequestAware：向 Action 实例中注入 HttpServlet Request 对象，该接口只有一个方法，即 void setServletRequest(HttpServletReque st request)。
- org.apache.struts2.interceptor.ServletResponseAware：向 Action 实例中注入 HttpServlet Response 对象，该接口只有一个方法，即 void setServletResponse(HttpServletRes ponse response)。

技能训练

上机练习 2——使用 HttpSession 保存用户登录信息

➢ 需求说明

修改租房系统程序，使用 Struts 2 框架完成用户登录，登录验证通过后将用户信息保存到 HttpSession 中，并在登录成功页面读取并显示用户信息。

提示

实现方式可参照示例 7 ~ 11 的步骤完成。

任务 4 使用 Struts 2 进行数据的校验

关键步骤如下。

➢ 继承 ActionSupport 类。

➢ 在 LoginAction 中添加 validate( ) 校验方法。

对于一个 Web 应用而言，所有的用户数据都是通过浏览器收集的，用户的输入信息是非常复杂的。用户操作不熟练、输入出错、硬件设备不正常、网络传输不稳定，甚至蓄意破坏等，这些都有可能导致输入异常。

异常的输入，轻则导致系统非正常中断，重则导致系统崩溃。应用程序必须能正常处理表现层接收的异常数据。通常的做法是遇到异常输入时，应用程序直接返回，提示浏览者必须重新输入，也就是将那些异常输入过滤掉。对异常输入的过滤就是数据校验。

通过 Struts 2 的数据验证机制，继续完善登录程序。此处不再通过实现 Action 接口的方式来实现 Action，而是通过继承 ActionSupport 类来完成 Action 的开发。

ActionSupport 类是一个默认的 Action 实现类，它的全称为 com.opensymphony.xwork2. ActionSupport。在这个类中提供了很多默认方法，包括获取国际化信息的方法、数据校验的方法，以及默认处理用户请求的方法等。由于 ActionSupport 类是 Struts 2 默认的实现类，所以如果在 struts.xml 中的 Action 配置中省略了 class 属性，则代表访问 ActionSupport 类，其 execute( ) 方法直接返回 SUCCESS，同时 ActionSupport 类还增加了对验证、本地化等的支持。

提示

一般情况下的 Action 类的开发，均会选择继承 ActionSupport 类，要想了解更多的 ActionSupport 类的信息，请查看 API 文档。

下面为登录功能添加 Struts 2 的数据校验，在 LoginAction 中添加 validate( ) 方法，并根据结果，选择是否添加错误信息。代码如示例 12 所示。

示例 12

```
public class LoginAction extends ActionSupport{
    // 省略 getter/setter 方法
    public void validate() {
        if(this.getUsername()==null||this.getUsername().length()==0){
            addFieldError("name"," 用户名不能为空 ");
        }
        if(this. getPassword ()==null||this.getPassword().length()==0){
            addFieldError("pwd", " 密码不能为空 ");
        }
    }
    // 省略 Action 执行方法
}
```

在 LoginAction 中添加了 validate() 方法后，一旦在验证过程中添加了校验信息，那么 Struts 2 框架会根据 Action 的配置跳转到 input 的视图页面。现在的问题是，添加了校验信息后，如何在 JSP 页面中显示校验信息呢？这就需要借助 Struts 2 标签来完成了。

任务 5　使用 Struts 2 标签

关键步骤如下。

- 使用 Struts 2 标签替换 HTML 标签修改登录页面。
- 使用 if/elseif/else 标签实现条件控制。
- 使用 iterator 迭代标签对集合进行遍历。

Struts 2 提供了功能强大的标签库，并且远远超出了传统标签库的基本功能：数据显示和数据输出。Struts 2 标签库提供的主题、模板支持极大地简化了视图页面的编写，并且提供了很好的可扩展性，完全可以开发自定义的主题、模板，通过这种方式可以更好地实现代码复用。

Struts 2 标签主要分为两大类，即 UI 标签（UI Tag）和通用标签（Generic Tag）。

Struts 2 标签在使用时，首先需要进行标签库的导入，导入语法与使用 JSTL 标签相同，在 JSP 页面中导入 Struts 2 标签库，其语法如下。

```
<%@ taglib prefix="s" uri="/struts-tags"%>
```

7.5.1　Struts 2 标签之 UI 标签

Struts 2 的 UI 标签可分为 3 类：表单标签、非表单标签、Ajax 标签，本章主要讲解表单标签，其他标签可参考帮助文档“struts-2.3.16.3/docs/tag-reference.html”中的“UI Tags”小节进行学习。Struts 2 中常用的表单标签如表 7-3 所示。

表 7-3　Struts 2 中常用的表单标签

标　签	说　明
<s:form>…</s:form>	获取相应form的值
<s:textfield>…</s: textfield >	文本输入框
<s:password>…</s: password >	密码输入框
<s:textarea>…</s: textarea >	文本域输入框
<s:radio>…</s: radio >	单选按钮
<s:checkbox>…</s: checkbox >	复选框
<s:submit />	提交标签
<s:reset />	重置标签
<s:hidden />	隐藏域标签

下面使用表单标签修改登录页面，完成从 HTML 标签到 Struts 2 标签的替换，如示例 13 所示。

示例 13

```
<%@ page language="java" contentType="text/html; charset=utf-8"
  pageEncoding="utf-8"%>
<%@ taglib prefix="s" uri="/struts-tags"%>
<!-- 省略代码 -->
<div>
      <s:fielderror/>    // 输出校验信息
</div>
<s:form action="login.action">
     <div>
          用户名：<s:textfield name="username"/>
     </div>
     <div>
          密    码：<s:password name="password"/>
     </div>
     <div><s:submit value=" 登录 " /></div>
</s:form>
<!-- 省略代码 -->
```

经验

查看页面源代码可以发现，Struts 2 标签不仅仅被解析为“<input/>”，同时在标签外多了 <table/><tr/><td/> 标签。这是由于使用了 Struts 2 的默认主题，可以通过配置文件（struts.xml）对其默认主题风格进行更改。

```
<struts>
    <!-- 设置用户界面主题 , 默认值为 XHTML 风格 -->
    <constant name="struts.ui.theme" value="simple"/>
```

```
    <!-- 省略其他配置 -->
</struts>
```

修改完毕后表单标签就不会在页面自动生成 <table/><tr/><td/> 标签了，其中 <constant> 元素是 Struts 2 用于配置常量的一种方式。

在示例 13 中使用 <s:fielderror /> 来显示服务器返回的校验错误信息。程序执行效果如图 7.10 和图 7.11 所示。

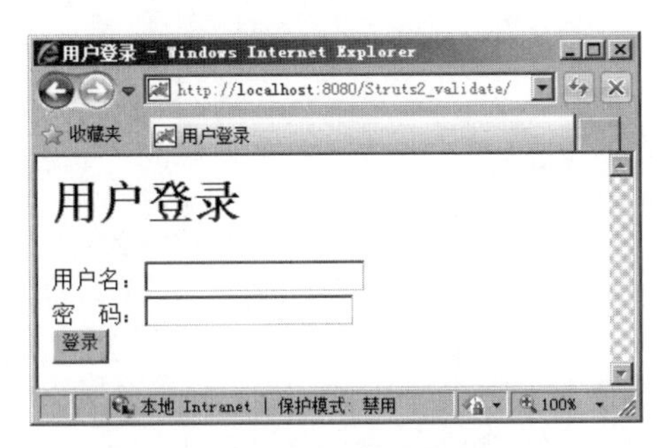

图 7.10　使用 UI 标签的登录页面

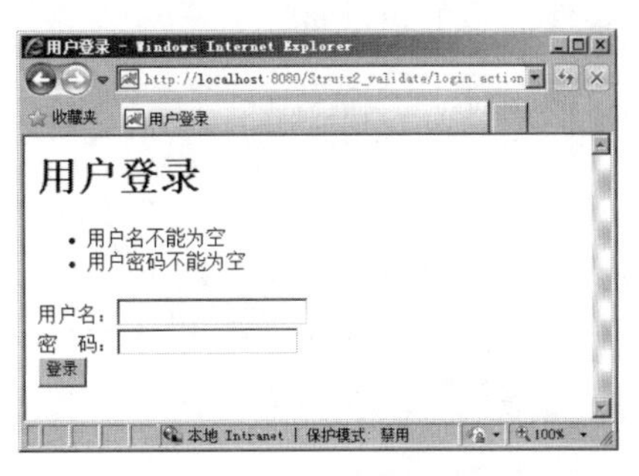

图 7.11　输出校验信息

提示

输出校验错误信息的前提是要使用 ActionSupport 类提供的 addFieldError (String fieldName,String errorMessage) 方法添加信息内容，然后在页面中使用 Struts 2 的另一个标签 <s:fielderror /> 将所有校验错误信息在页面输出，也可以仅输出某一个 fieldName 的校验错误消息，只需将标签 <s:fielderror /> 的 fieldName 属性与 addFieldError( ) 方法的 fieldName 参数对应即可。

7.5.2　Struts 2 标签之通用标签

在 Struts 2 的标签中，UI 标签主要用于视图的设计，在视图设计过程中还往往伴随着一些业务控制的行为，如判断 Action 中读取的集合是否为空，对集合进行迭代遍历等，这些功能的实现就需要使用 Struts 2 的通用标签来完成。

Struts 2 中常用的通用标签如表 7-4 所示。

表 7-4　Struts 2 中常用的通用标签

名　称	标　签	说　明
条件标签	<s:if>…</s:if>	根据表达式的值，判断将要执行的内容
	<s:elseif>…</s:elseif>	
	<s:else>…</s:else>	
迭代标签	<s:iterator>…</s: iterator >	用于遍历集合

1. if/elseif/else 标签

这 3 个标签都是进行条件判断、分支控制的标签。与我们之前在 Java 中所学的条件判断语句的作用是相同的，使用方法也类似，但是需要注意以下几点。

- 3 个标签中只有 <s:if…/> 标签可以单独使用。
- 3 个标签可以组合使用，但是 <s:elseif…/> 标签与 <s:else…/> 标签不能独立使用，必须与 <s:if…/> 标签结合使用。
- <s:if…/> 标签可以与多个 <s:elseif…/> 结合使用，但是只能与一个 <s:else…/> 标签结合在一起。

条件标签的语法如下。

```
<s:if test=" 表达式 ">
        需要执行的代码
  </s:if>
  <s:elseif test=" 表达式 ">
        需要执行的代码
  </s:elseif>
  <s:else>
        需要执行的代码
  </s:else>
```

2. iterator 迭代标签

看到 iterator 自然会想到集合遍历，在 Java 中我们曾经使用 Iterator 迭代器实现集合的遍历操作，在 Struts 2 中对其进行了封装，只要使用 <s:iterator>…</s:iterator> 标签同样可以完成遍历操作。

<s:iterator…/> 标签的语法如下。

```
<s:iterator value=" 集合对象 " status="status" id="name">
    读取集合对象并输出显示
</s:iterator>
```

其中：

- value 属性：需要进行遍历的集合对象。
- status 属性：当前迭代元素的一个实例，通过该实例可以判断当前迭代元素的属性，如元素的索引。
- id 属性：当前迭代元素的 id，通过这个 id 可以直接访问到当前的迭代元素。

为了进一步熟悉 <s:iterator…/> 标签的用法，下面通过一个简单的示例来体现，代码如示例 14 所示。

示例 14

创建一个 IteratorAction，定义一个 List 类型的 Action 属性。

```
public class IteratorAction extends ActionSupport {
    private List<String> list;
```

```
    /**
     * execute 方法，当 Struts 2 处理用户请求时，在默认配置下调用的方法
     * @return
     */
    public String execute() {
        list=new ArrayList<String>();
        list.add("Jack");
        list.add("Marry");
        list.add("John");
        list.add("Bob");

        return SUCCESS;
    }
   //……省略 getter/setter 方法
}
```

创建一个 success.jsp 页面，在该页面中使用 <s:iterator…/> 标签遍历集合。

```
<body>
    使用 iterator 标签遍历集合 :</br>
    <s:iterator value="list" id="name">
        <s:property value="name"/></br>
    </s:iterator>
</body>
```

运行示例 14 的代码，运行结果如图 7.12 所示。

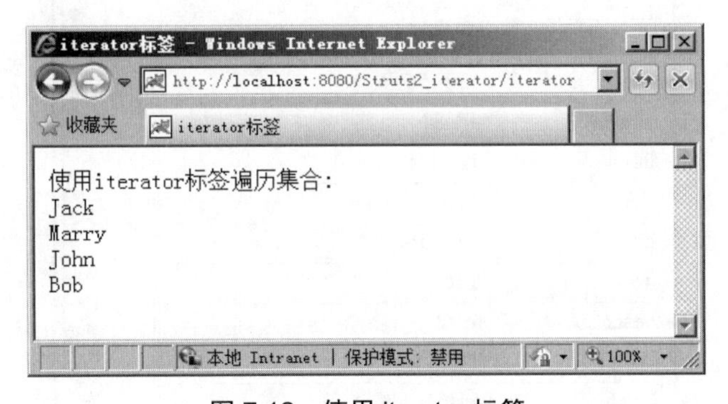

图 7.12　使用 iterator 标签

技能训练

上机练习 3——实现租房网用户登录验证

➢ 需求说明

修改租房系统程序，使用 Struts 2 框架完成用户登录校验功能。

要求如下。

（1）使用 UI 标签完成登录页面。

（2）通过 validate( ) 方法验证输入数据。

输入数据进行非空验证，如图 7.13 所示。

输入用户名和密码进行有效性验证，并返回提示，如图 7.14 所示。

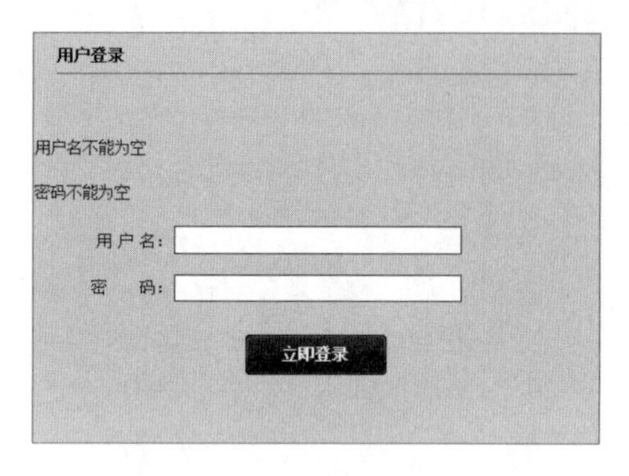

图 7.13　登录非空验证

图 7.14　登录数据有效性验证

上机练习 4——实现用户信息列表显示

➢ 需求说明

从数据库中读取用户信息，并以列表方式在页面中显示，效果如图 7.15 所示。

用户名	密码
jason	123456
admin	admin
hl	123456
szz	123456
ly	123456
test	test
test2	test2
TEST5	TEST5
test6	test6

图 7.15　用户信息列表

要求如下。

（1）使用 UI 标签完成显示页面。

（2）使用 if/elseif/else 标签对用户集合是否为空进行判断。

（3）使用 iterator 标签遍历集合。

本章总结

- Struts 2 是以 WebWork 设计思想为核心，在吸收了 Struts 1 部分优点的基础上设计出来的新一代 MVC 框架。
- 与 Servlet API 解耦的访问方式。
    - 通过 ActionContext 类进行访问。
    - Struts 2 向 Action 注入。
- 与 Servlet API 耦合的访问方式。
    - 通过 ServletActionContext 类进行访问。
    - Struts 2 向 Action 注入。
- ActionSupport 类的全称为 com.opensymphony.xwork2.ActionSupport，其中不仅对 Action 接口进行了简单的实现，还包含了对请求进行处理的方法，如获取国际化信息的方法、数据校验的方法等。
- Struts 2 的标签分为 UI 标签（UI Tag）和通用标签（Generic Tag）。

本章练习

1. 简述 Struts 2 框架的诞生和发展过程。

2. 简述 Struts 2 框架包含哪些表单标签，分别对应 HTML 标签中的哪些标签。

3. 使用 Struts 2 框架访问 Servlet API，记录程序被访问的次数。

提示：*用与 Servlet API 耦合的方式实现。*

4. 使用 Struts 2 框架实现租房网用户注册信息输入校验。要求如下。

用户名：非空。

密码：长度不得低于 6 位。

电话：长度不得低于 11 位。

5. 使用 Struts 2 框架实现租房网用户登录成功后，将该用户信息保存到 HttpSession 中，同时显示该用户发布的租房信息。

随手笔记

第 8 章

Struts 2 配置

技能目标

- ❖ 掌握 Struts 2 的基本架构
- ❖ 掌握 Struts 2 配置文件的结构
- ❖ 掌握 action 元素与 result 元素的配置

本章任务

学习本章，完成以下 3 个工作任务。记录学习过程中遇到的问题，可以通过自己的努力或访问 kgc.cn 解决。

任务 1：解析 Struts 2 执行过程

任务 2：配置 Action

任务 3：配置 Result 结果类型

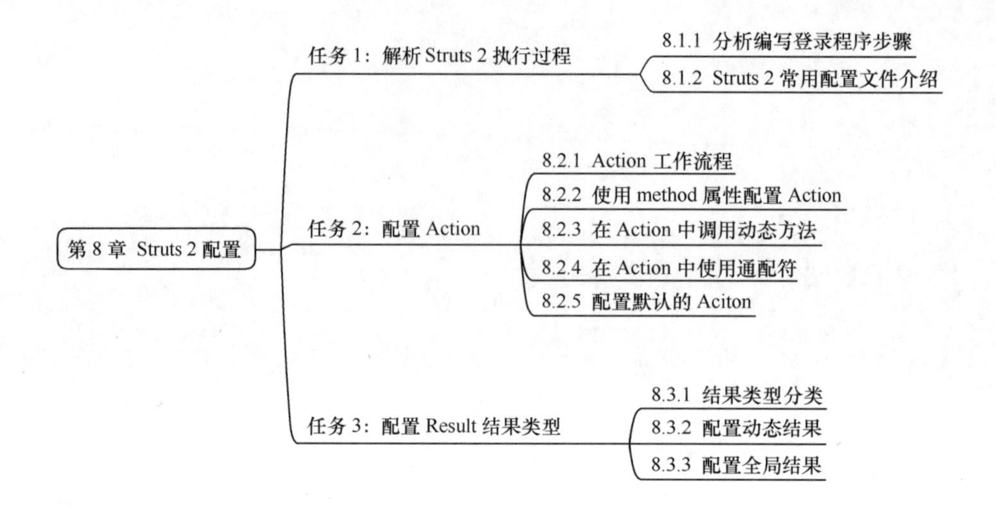

任务 1 解析 Struts 2 执行过程

在之前的学习中，我们使用 Struts 2 框架实现用户登录的功能，使用 Struts 2 标签和 OGNL 表达式简化了视图的开发，利用 Struts 2 提供的特性对输入的数据进行验证，以及访问 Servlet API 实现用户会话跟踪，其简单的程序运行流程如图 8.1 所示。下面通过分析登录程序，带领大家深入了解 Struts 2。

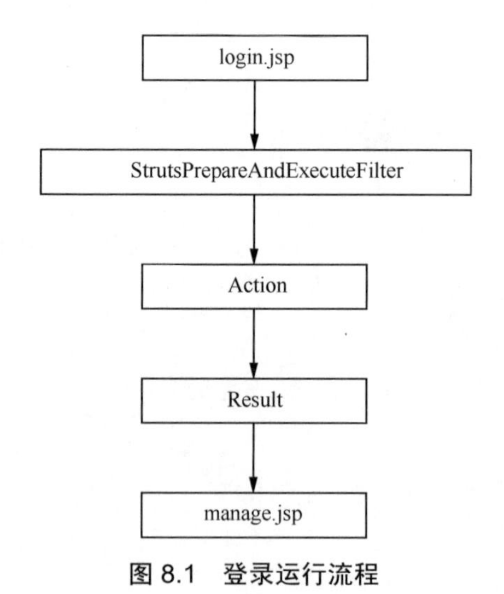

图 8.1 登录运行流程

8.1.1 分析编写登录程序步骤

为了实现用户登录的功能，需要经过以下几个步骤。

（1）获取 Struts 2 资源。

（2）在应用程序中导入 Struts 2 的类库。

（3）在 web.xml 文件中配置 StrutsPrepareAndExecuteFilter。

（4）编写 Action 类并进行配置。

（5）配置返回结果与物理视图资源的关系。

（6）编写结果视图。

众所周知，Struts 2 框架是基于 MVC 模式的。基于 MVC 模式框架的核心就是控制器对所有请求进行统一处理。Struts 2 的控制器 StrutsPrepareAndExecuteFilter 由 Servlet API 中的 Filter 充当，当 Web 容器接收到登录请求后，将把请求交由 web.xml 中配置的过滤器 StrutsPrepareAndExecuteFilter。我们首先来看 StrutsPrepareAndExecute Filter 的配置。

1．web.xml

任何一个 Web 应用程序都是基于请求 / 响应模式构建的，无论采用哪种 MVC 框架，都离不开 web.xml 文件的配置。换句话说，web.xml 并不是 Struts 2 框架特有的文件，只有在 Web 应用中配置了 web.xml 文件，MVC 框架才能真正地与 Web 应用融合起来。因此，web.xml 文件是所有 Java Web 应用程序都需要的核心文件。

Struts 2 框架需要在 web.xml 中配置其核心控制器——StrutsPrepareAndExecuteFilter，用于对框架进行初始化，以及处理所有的请求。对 StrutsPrepareAndExecuteFilter 的配置如示例 1 所示。

示例 1

```
<?xml version="1.0" encoding="UTF-8"?>
<web-app version="2.5"
        xmlns="http://java.sun.com/xml/ns/javaee"
        xmlns:xsi="http://www.w3.org/2001/XMLSchema-instance"
        xsi:schemaLocation="http://java.sun.com/xml/ns/javaee
        http://java.sun.com/xml/ns/javaee/web-app_2_5.xsd">
        <!-- Struts2 配置 -->
        <filter>
            <filter-name>struts2</filter-name>
            <filter-class>
                    org.apache.struts2.dispatcher.ng.filter.StrutsPrepareAndExecuteFilter
            </filter-class>
        </filter>
        <filter-mapping>
            <filter-name>struts2</filter-name>
            <url-pattern>/*</url-pattern>
        </filter-mapping>
</web-app>
```

StrutsPrepareAndExecuteFilter 可以包含一些初始化参数，经常使用的有 config——要加载的 XML 形式的配置文件列表（多个配置文件以逗号分隔），如果没有设置这个参数，Strust 2 框架将默认加载 struts-default.xml、struts-plugin.xml 和 struts.xml，这些配置文件将在后面进行讲解。

StrutsPrepareAndExecuteFilter 作为一个 Filter 在 Web 应用中运行，它负责拦截所有的用户请求，当用户请求到达时，该 Filter 会过滤用户请求。如果用户请求以“.action”结尾，该请求将被输入 Struts 2 框架进行处理。

2. Action

实际上，在 Struts 2 框架中，控制器由两个部分组成，分别如下。

➢ 核心控制器（Filter）：用于拦截用户请求，对请求进行处理。

➢ 业务控制器（Action）：调用相应的 Model 类实现业务处理，返回结果。

对于开发人员来说，使用 Struts 2 框架，主要的编码工作就是编写 Action 类。在之前的学习中，我们介绍了 com.opensymphony.xwork2.Action 接口和 com.opensymphony.xwork2.ActionSupport 类，Struts 2 并不要求编写的 Action 类一定实现 Action 接口，可以编写一个普通的 Java 类作为 Action 类，只要该类含有一个返回字符串的无参的 public 方法即可。

在实际开发中，Action 类通常都继承自 Struts 2 提供的 com.opensymphony.xwork2.ActionSupport 类，以便简化开发。

问答

问题：Action 是如何获取用户请求并进行处理的？

解答：回想一下在学习 Servlet 时，Servlet 是如何实现业务控制的。用户提交请求后，各种业务并没有在 Servlet 中直接完成，而是通过调用不同的 JavaBean 组件来实现的。在 Struts 2 中也是如此，Filter 用来接收用户的请求，在对数据进行简单处理后创建 Action 实例，然后调用 Action 的方法。而 Action 实例的创建就由 struts.xml 中的配置来决定。

开发完成一个 Action 类后，就需要在 struts.xml 中配置 Action 了。处理登录的 Action 类，配置代码如示例 2 所示。

示例 2

```
<?xml version="1.0" encoding="UTF-8" ?>
<!DOCTYPE struts PUBLIC
    "-//Apache Software Foundation//DTD Struts Configuration 2.0//EN"
    "http://struts.apache.org/dtds/struts-2.0.dtd">
<struts>
    <package name="default" namespace="/" extends="struts-default">
        <action name="login" class="cn.houserent.action.LoginAction">
```

```
            <!-- 结果为 "success" 时 , 跳转至 success.jsp 页面 -->
            <result name="success">/page/manage.jsp</result>
            <!-- 结果为 "input" 时 , 跳转至 login.jsp 页面 -->
            <result name="input">/page/login.jsp</result>
            <!-- 结果为 "error" 时 , 跳转至 error.jsp 页面 -->
            <result name="error">/page/error.jsp</result>
        </action>
    </package>
</struts>
```

在配置文件中将一个请求的 URI（action 的名字）对应到一个 Action 类，当一个请求匹配某个 Action 的名称时，框架就会使用这个 Action 类处理请求。action 元素中的 name 属性是必需的，表示 action 的名称，用于匹配请求的 URI。class 属性表示 Action 类的全限定类名，即决定了该 action 的实现类。

3. result

result 元素的作用是实现结果视图的调用，并决定视图以哪种形式展现给客户端。简单地说，就是用来设定在 Action 处理结束后，系统下一步将要做什么。

Action 类在处理完用户请求后，会返回一个处理结果。这个结果是一个简单字符串，框架根据这个字符串选择对应的 Result，因此我们又将其称为逻辑视图名称。这个逻辑视图名称由 result 元素的 name 属性来表示。result 元素的值用来指定这个逻辑视图对应的物理视图资源的位置。需要特别指出的是，逻辑视图名称只有与物理视图资源联系在一起，才能发挥作用，所以必须在配置文件中设置二者之间的对应关系。

通过对 Struts 2 执行过程的分析，可以发现 Struts 2 应用的整个过程都是按照请求 / 响应的过程执行的，这个过程如图 8.2 所示。

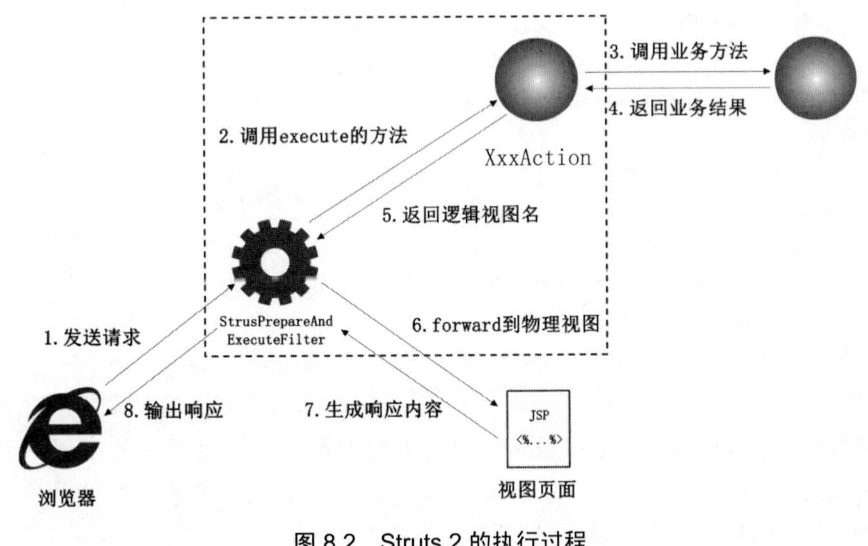

图 8.2　Struts 2 的执行过程

（1）当 Web 容器接收到请求后，将请求交由在 web.xml 中配置的 Struts 2 框架的控制器 StrutsPrepareAndExecuteFilter（核心控制器）。

（2）由 StrutsPrepareAndExecuteFilter 确定请求对应的 Action（业务控制器）。

（3）框架根据 Action 返回的结果字符串，由 StrutsPrepareAndExecuteFilter（核心控制器）选择对应的 result，将结果呈现给用户。

注意

（1）Action 作为业务控制器，只负责返回结果，而不与视图相关联。这样做的优势在于，当视图发生变化时，无须修改 Action 类的代码，仅需要修改配置文件即可。

（2）当 StrutsPrepareAndExecuteFilter（核心控制器）调用相应的视图时，默认采用转发的形式跳转到指定的 JSP 页面，其他跳转形式将在下文中介绍。

在学习本章内容的过程中，涉及很多 Struts 2 的配置，下面将详细介绍 Struts 2 的配置文件。

8.1.2 Struts 2 常用配置文件介绍

1. struts.xml

Struts 2 的核心配置文件就是 struts.xml 配置文件，由开发人员编写，包含 action、result 等的配置，主要负责管理 Struts 2 框架的业务控制器 Action。

一个典型的 struts.xml 文件代码如示例 3 所示。

示例 3

```
<?xml version="1.0" encoding="UTF-8" ?>
<!DOCTYPE struts PUBLIC
    "-//Apache Software Foundation//DTD Struts Configuration 2.0//EN"
    "http://struts.apache.org/dtds/struts-2.0.dtd">
<struts>
    <constant name="" value=""/>
    <package name="" namespace="" extends="">
        <action name="" class="">
            <result name=""></result>
        </action>
    </package>
</struts>
```

首先了解 constant 元素。constant 元素用于配置常量，通过常量的配置，可以改变 Struts 2 框架的一些行为，从而满足不同应用的需求。constant 元素包含两种属性，其中 name 属性表示常量的名称，value 属性表示常量的值。

资料

处理中文乱码问题时，可以通过在 struts.xml 中设置常量的方式解决。

```
<constant name="struts.i18n.encoding" value="UTF-8"/>
```

可配置常量均可在 struts2-core-2.3.16.3.jar 下的 org/apache/struts2/default.properties 文件中找到，部分常量将在用到时进行讲解。使用 <constant> 元素是配置常量的一种方式，另外一种方式是在源文件根目录下创建“struts.properties”来覆盖 default.properties 中的设置，格式和 default.properties 相同，都属于 properties 文件。

下面了解 package 元素。Struts 2 框架会把 action、result 等组织在一个名为 package（包）的逻辑单元中，从而简化维护工作，提高重用性。每一个包都包含了将要用到的 action、result 等的定义。

Struts 2 的包很像 Java 中的包，但与 Java 包不同的是，Struts 2 中的包可以“继承”已经定义好的包，从而继承原有包的所有定义（包括 action、result 等的配置），并且可以添加自己包的配置。

在 struts.xml 中使用 package 元素定义包。package 元素包含多种属性，其中：

name 属性为必需的并且是唯一的，用来指定包的名称（被其他包引用）。

extends 属性类似 Java 的 extends 关键字，用来指定要扩展的包。

经验

在开发过程中，除非有令人信服的理由，否则所定义的包应该总是扩展 struts-default 包。

struts-default 包由 Struts 2 框架定义，其中配置了大量常用的 Struts 2 的特性。若没有这些特性，则连简单地在 action 中获取请求数据都无法完成。

namespace 是一个可选属性，该属性定义该包中 action 的命名空间。如果没有设置该属性，则 action 被放入默认命名空间中。Struts 2 框架使用 action 的名称和它所在包的命名空间来标识一个 action。默认的命名空间用“”表示，也可以使用“/”定义一个根命名空间，二者是有区别的。当请求 Web 应用程序根路径下的 action 时，框架在根命名空间中查找对应的 action，如果在根路径下未找到，则再到默认的命名空间中去查找。

对于 action 元素与 result 元素，在之前已经多次讲解并反复使用，这里不再重复介绍。

2．拆分配置文件

随着项目的规模越来越大，将所有的配置都放在一个配置文件中势必会导致 struts.xml 文件变得非常臃肿。为了提高 struts.xml 文件的可读性，Struts 2 允许将一个配置文件拆分成多个配置文件，但默认只加载 WEB-INF/classes 下的 struts.xml 文件。一旦拆分后，还要能够将拆分过的文件整合在一起，可以在 struts.xml 文件中通过 include 元素将其他配置文件包含进来。include 元素提供 file 属性，该属性指定了被包含配置文件的文件名，如示例 4 所示。

当 Struts 2 接收到一个请求时，框架会将 URL 分为 namespace 和 action 名称两部分，框架首先在 namespace 命名空间中查找这个 action，若没有找到，则再在默认命名空间中查找。

例如，请求 URL 为 /myspace/somespace/some.action，框架首先会在 /myspace/somespace 命名空间中查找 some. action，如果没有找到，框架将会到默认的命名空间中去查找。

示例 4

```
<struts>
    <include file="struts-user.xml"/>
    <include file="struts-house.xml"/>
    <!-- 省略其他配置项 -->
</struts>
```

被包含的 struts-user.xml、struts-house.xml 是标准的 Struts 2 的配置文件，被保存在 WEB-INF/classes 下，与 struts.xml 的结构完全一样。在系统加载 struts.xml 后便会自动加载包含的所有配置文件。

3. struts-default.xml

struts-default.xml 文件是 Struts 2 框架的默认配置文件，为框架提供默认的设置，该配置文件会自动加载。前面提到的 struts-default 包即在 struts-default.xml 文件中定义。

4. struts-plugin.xml

struts-plugin.xml 文件是 Struts 2 插件使用的配置文件，如果不是开发插件，则不需要编写这个配置文件。

任务 2 配置 Action

关键步骤如下。

- 在 method 属性中配置 Action。
- 在 Action 中使用动态方法调用来减少 Action 的数量。
- 使用通配符配置 Action。

➢ 配置默认的 Action。

8.2.1　Action 工作流程

对于 Struts 2 应用的开发者而言，Action 才是应用的核心。开发者需要提供大量的 Action 类，并在 struts.xml 文件中配置 Action。Action 主要有 3 个作用：① Action 最重要的作用是为给定的请求封装需要做的实际工作（调用特定的业务处理类）；②为数据的转移提供场所；③帮助框架决定由哪个结果呈现请求响应。下面来看看 Action 是如何实现这 3 个作用的。

1. 封装工作单元

可以把 Action 看作控制器的一部分，其主要职责就是控制业务逻辑，通常 Action 使用 execute( ) 方法实现这一功能，如示例 5 所示。

示例 5

```
public class HelloWorldAction implements Action {
        // 省略属性及 getter/setter 方法
        /**
         * execute 方法 , 当 Struts 2 处理用户请求时 , 在默认配置下调用的方法
         * @return
         */
        public String execute(){
            // 根据用户输入的姓名 , 进行“Hello, XXXX!”的封装
            this.setMessage("Hello,"+this.getName()+"!");
            // 处理完毕 , 返回“helloWorld”
            return "helloWorld";
        }
}
```

这个程序很简单，是前面章节中完成的 HelloWorld 程序中用于处理“Hello, XXXX!”的 Action，它的 execute( ) 方法只是简单构建问候语。如果业务逻辑很复杂，则会把业务逻辑构建为业务类，再在 Action 中调用这个业务类。现在，只需要谨记 Action 控制业务逻辑或者作为业务逻辑的入口点，并且我们编写的 Action 应该尽可能地让业务逻辑纯粹和简洁。

2. 数据转移的场所

Action 作为数据转移的场所，也许有人认为它会使 Action 变得复杂，实际上它使 Action 变得更加简洁。由于数据保存在 Action 中，因此在控制业务逻辑的过程中可以非常方便地访问它们，如示例 6 所示。

示例 6

```
public class HelloWorldAction implements Action {
        // 用户输入的姓名
        private String name = "";
```

```
        // 向用户显示的信息
        private String message = "";
        /**
         * execute 方法，当 Struts 2 处理用户请求时，在默认配置下调用的方法
         * @return
         */
        public String execute(){
            // 根据用户输入的姓名，进行“Hello, XXXX!”的封装
            this.setMessage("Hello,"+this.getName()+"!");
            // 处理完毕，返回“helloWorld”
            return "helloWorld";
        }
        // 省略 setter/getter 方法
    }
```

或许一系列的 JavaBean 属性会增加 Action 的代码量，但执行 execute( ) 方法时引用这些属性中保存的数据，会使 Action 的代码变得简洁（不再需要从 request 对象中获取请求数据），并且使我们开发的 Action 与 Servlet API 解耦。

3. 返回结果字符串

Action 的最后一个作用是返回结果字符串。Action 根据业务逻辑执行的返回结果判断返回何种结果字符串，框架根据 Action 返回的结果字符串选择对应的视图组件呈现给用户。

接下来，将介绍一些 Action 的常用特性，以便在编写 Action 时灵活运用。

8.2.2 使用 method 属性配置 Action

在之前的程序中，每实现一个功能都会去创建一个 Action，并完成相应的方法，那么是否可以在同一个 Action 中实现不同的功能呢？答案是肯定的，这也是我们将要学习的另一种 Action 应用，即使用 method 属性实现在同一个 Action 中处理不同的请求。

随着应用程序的不断扩大，我们不得不管理数量庞大的 Action。例如，一个系统中用户的操作可分为登录和注册两部分，如果一个请求对应一个 Action，将要编写两个 Action 处理用户的请求。在具体的开发过程中，为了减少 Action 的数量，通常在一个 Action 中编写不同的方法（必须遵守 execute( ) 方法的相同格式）来处理不同的请求，如编写 UserAction，其中 login( ) 方法处理登录请求，register( ) 方法处理注册请求，此时就可以通过配置 action 元素的 method 属性来实现，如示例 7 所示。

示例 7

```
<!-- 省略其他配置 -->
<action name="login"
        class="cn.houserent.action.UserAction" method="login">
        <result>/page/manage.jsp</result>
        <result name="input">/page/login.jsp</result>
```

```
        <result name="error">/page/error.jsp</result>
    </action>
    <action name="register"
        class="cn.houserent.action.UserAction" method="register">
        <result>/page/success.jsp</result>
        <result name="input">/page/register.jsp</result>
        <result name="error">/page/error.jsp</result>
    </action>
```

在示例 7 的代码中，可以看到配置文件中分别定义了两个 action 元素，每个 action 元素的 name 属性不同，但是其指向的实现类的引用却是相同的，Struts 2 在接收请求后通过 method 属性确定该执行同一个 Action 中的哪一个方法。也就是说，如果用户请求的是 login.action，那么就会调用 UserAction 类中的 login( ) 方法；如果是 register.action，则会调用 register( ) 方法。

这样配置的结果可以使程序中的 Action 数量减少。一旦在 Action 中添加新的方法，则只需要修改配置文件中的设置即可。同时，需要特别强调的是，使用 method 属性可以指定任意方法处理请求（只要该方法和 execute( ) 方法具有相同的格式）。

提示

Struts 2 在根据 action 元素的 method 属性查找执行方法时有两种途径。

- 查找与 method 属性值完全一致的方法。
- 查找 doMethod( ) 形式的方法。

例如，在示例 7 中的配置，当请求 login.action 且 method 属性值为 login 时，Struts 2 框架会首先在 UserAction 中查找 login( ) 方法；如果找不到，则会查找 doLogin( ) 方法。

8.2.3　在 Action 中调用动态方法

为了减少配置 Action 的数量，还可以使用动态方法进行处理。动态方法调用（Dynamic Method Invocation，DMI）是指表单元素的 action 并不是直接等于某个 Action 的名称，而是通过在 Action 的名称中使用感叹号（!）来标识要调用的方法名称，格式为 **actionName!methodName.action**。下面举例说明，假如配置文件中 Action 的配置如示例 8 所示。

动态方法调用

示例 8

```
<action name="user" class="cn.houserent.action.UserAction">
    <result name="login">/page/manage.jsp</result>
    <result name="register">/page/success.jsp</result>
    <result name="login_input">/page/login.jsp</result>
```

```
        <result name="register_input">/page/register.jsp</result>
        <result name="error">/page/error.jsp</result>
</action>
```

当请求 user!login.action 时，框架将调用 UserAction 的 login( ) 方法；当请求 user!register.action 时，框架将调用 UserAction 的 register( ) 方法。

因为动态的方法调用可能会带来安全隐患（通过 URL 可以执行 Action 中的任意方法），所以在确定使用动态方法调用时，应该确保 Action 中的所有方法都是普通的、开放的方法。基于这个原因，Struts 2 框架默认禁止动态方法调用，由前面提过的 default.properties 中的 struts.enable. DynamicMethodInvocation 属性配置，默认为 false。可以在 struts.xml 文件中，通过将 constant 元素设置为 true 来启用动态方法调用，如示例 9 所示。

示例 9

```
<constant name="struts.enable.DynamicMethodInvocation" value="true"/>
```

使用 method 属性调用不同方法与动态方法的适用条件如下。

（1）如果同一个 Action 的不同方法要处理的请求使用相同的配置（result 等），则使用动态方法调用。

（2）如果不同方法的调用需要不同的配置，那么就要使用 action 元素的 method 属性，为同一个 Action 配置多个名称，但使用 method 属性会导致配置文件中存在大量的 Action 配置。

从安全角度出发，建议采用 method 属性来实现同一个 Action 的不同方法处理不同的请求。但是新的问题随之而来，即随着 Action 的逐渐增多，导致在 struts.xml 文件中存在大量的 Action 配置。虽然减少了 Action 的数量，但是再能够降低 Action 配置的数量，那就更好了。Struts 2 中提供了通配符这种方式，很好地解决了 Action 配置过多的问题。

8.2.4 在 Action 中使用通配符

在配置 <action…/> 元素时，需要指定 name、class 和 method 属性，其中 name 属性支持通配符，class、method 属性支持使用表达式。这种使用通配符的方式是另一种形式的动态方法调用。通配符用星号（*）表示，用于配置 0 个或多个字符串。

在配置 Action 时，可以在 action 元素的 name 属性中使用星号来匹配任意的字符串，如示例 10 所示。

示例 10

```
<!-- 省略其他配置 -->
<action name="*User"
        class="cn.houserent.action.UserAction" method="{1}">
        <result name="success">/page/{1}_success.jsp</result>
        <result name="input">/page/{1}.jsp</result>
        <result name="error">/page/error.jsp</result>
</action>
```

在 action 元素的 name 属性中使用星号，允许这个 Action 匹配所有以 User 结尾的 URI，如 loginUser.action。配置该 action 元素时，还指定了 method 属性，该属性使用了表达式 {1}，该表达式的值就是 name 属性值中第一个“*”的值。例如，当请求为 loginUser.action 时，通配符匹配的是 login，那么这个值替换 {1}，最终请求 loginUser.action，将由 UserAction 的 login( ) 方法执行。

8.2.5　配置默认的 Action

如果请求一个不存在的 Action，那么将会在页面上呈现 HTTP 404 错误。为了解决这个问题，Struts 2 框架允许指定一个默认的 Action，即如果没有一个 Action 匹配请求，那么默认的 Action 将被执行。

配置默认的 Action 通过 <default-action-ref…/> 元素完成，在每个 package 下只能有一个 <default-action-ref…/> 元素。指定其 name 属性为当前 package、子 package、父 package 三者中的一个 Action name，如果在某一继承树上的各 package 中分别定义了多个 <default-action-ref…/> 元素，则搜索顺序为：由子 package 往父 package 寻找，找到即停止。默认 Action 的配置如示例 11 所示。

示例 11

```
<struts>
    <package name="default" extends="struts-default">
        <default-action-ref name="defaultAction" />
        <action name="defaultAction">
            <result>error.jsp</result>
        </action>
    </package>
</struts>
```

在配置文件中，如果将 action 元素的 class 属性省略，那么默认将使用 ActionSupport 类。ActionSupport 类实现了 Action 接口，并给出了 execute( ) 方法的默认实现，这个实现只是简单地返回“success”字符串。

技能训练

上机练习 1——使用同一个 Action 处理用户登录和注册请求

➢ 需求说明

升级租房网，使用同一个 Action 处理用户登录和注册请求。

上机练习 2——使用通配符升级 Action 配置

➢ 需求说明

修改上机练习 1 的代码，实现在 Action 配置中使用通配符。

提示

```
<action name="*Action"
    class="cn.houserent.action.UserAction" method="{1}">
    <result name="success">/page/{1}_success.jsp</result>
    <result name="input">/page/ {1}_input.jsp </result>
</action>
```

上机练习 3——为租房网增加默认的 Action

➢ 需求说明

升级租房网，为租房网增加默认的 Action。

提示

参照书中示例完成。

任务 3 配置 Result 结果类型

关键步骤如下。

➢ 配置常用的结果类型。

➢ 配置动态结果。

➢ 配置全局结果。

Struts 2 的 Action 处理用户请求结束后，返回一个普通字符串——逻辑视图名称，必须在 struts.xml 文件中完成逻辑视图和物理视图资源的映射，才可以让系统转到实际的视图资源。Struts 2 通过在 struts.xml 文件中使用 <result…/> 元素来配置结果。Result 的配置由两部分组成：一部分是 Result 所代表的实际资源的位置及 Result 名称；另一部分是 Result 的类型，由 result 元素的 type 属性进行设定。

在 Struts 2 框架中调用 Action 对请求进行处理之后，就要向用户呈现结果视图。Struts 2 支持多种类型的视图，这些视图是由不同的结果类型来管理的。

8.3.1 结果类型分类

1. dispatcher 类型

最常用的结果类型是 dispatcher，它是默认的结果类型。Struts 2 在内部使用 Servlet API 的 RequestDispatcher 来转发请求，代码如示例 12 所示。

示例 12

```
<struts>
```

```
    <package name="default" extends="struts-default">
        <action name="*User"
            class="cn.houserent.action.UserAction" method="{1}">
            <result name="success" type="dispatcher">
                /page/{1}_success.jsp
            </result>
            <result name="input">/page/{1}.jsp</result>
            <result name="error">/page/error.jsp</result>
        </action>
    </package>
</struts>
```

dispatcher 类型属于 result 元素默认的结果类型。如果在 result 元素中没有配置 type 属性，那么 Action 的处理结果将自动以 dispatcher（转发）方式请求指定的视图资源。

使用 dispatcher 类型实际上是通过转发来完成页面的跳转的。但是在实际的应用开发中，有很多情况需要使用重定向来完成页面的跳转，这就要用到下面介绍的另一种结果类型——redirect 类型。

2. redirect 类型

redirect 结果类型与 dispatcher 结果类型的主要差别在于，使用 dispatcher 结果类型是将请求转发（forward）到指定的视图资源，所以请求中包含的数据信息依然存在；而 redirect 结果类型是在内部使用 HttpServletResponse 对象的 sendRedirect( ) 方法将请求重定向至指定的 URL，这意味着请求中包含的参数、属性、Action 实例及 Action 封装的属性将全部丢失。

简单地说，在 Result 结果类型中，dispatcher 结果类型和 redirect 结果类型与之前在 JSP 中学习的转发和重定向的效果是一样的。

3. redirectAction 类型

redirectAction 类型与 redirect 类型相似，都是使用 Http Servlet Response 对象的 sendRedirect( ) 方法将请求重定向至指定的 URL。但 redirectAction 类型主要用于重定向到另一个 Action。也就是说，当请求处理完成后，需要在另一个 Action 中继续处理请求时，就要使用 redirectAction 结果类型重定向到指定的 Action。

因此，对于 redirect 类型与 redirectAction 类型而言，二者虽然都会生成一个新的请求，但是 redirect 类型常用于执行对一个具体资源（如视图）的请求，而后者则主要用于执行对一个 Action 的请求。

提示

既然 redirect 类型与 redirectAction 类型都是执行重定向，那么两种结果类型都会丢失请求中包含的参数、属性及前一个 Action 的处理结果。

对 Result 配置中常用的 3 种结果类型总结如下。

- dispatcher 类型：Action 默认的结果类型，采用转发的形式请求指定的视图资源，请求中的数据信息不会丢失。
- redirect 类型：采用重定向的方式请求指定的视图资源，通过 HttpServletResponse 对象的 sendRedirect( ) 方法重新生成一个请求，原请求中的数据信息会丢失。
- redirectAction 类型：采用重定向的方式请求一个新的 Action，原请求中的数据信息会丢失。

8.3.2 配置动态结果

动态结果是指在配置时，用户不知道执行后的结果是哪一个，只有在运行时才能知道哪个结果作为视图显示给用户。即在配置时使用表达式，在运行时由框架根据表达式的值来确定要使用哪个结果。

例如，用户角色分为管理员和普通用户，用户登录时根据用户的角色决定用户能够浏览的资源。用户登录依然由 UserAction 处理，普通用户可访问的资源由 OrdinaryUserAction 处理，管理员可访问的资源由 ManagerAction 处理，如示例 13 所示。

示例 13

```
public class UserAction extends ActionSupport {
    private String nextDispose;
    // 省略其他属性
    /**
     * execute 方法 , 当 Struts 2 处理用户请求时 , 在默认配置下调用的方法
     * @return
     */
    public String login(){

        // 省略处理代码
        if(user.isManager()){
            nextDispose = "manager";
        }else{
            nextDispose = "common";
        }
        return SUCCESS;
    }
    // 省略 setter/getter 方法
}
```

在用户登录成功后，判断用户的权限，根据不同的用户设置变量 nextDispose 的值。具体配置如示例 14 所示。

示例 14

```
<struts>
```

```
    <package name="default" extends="struts-default">
        <action name="login"
            class="cn.houserent.action.UserAction" method="login">
            <result type="redirectAction">${nextDispose}</result>
            <result name="error">/page/error.jsp</result>
        </action>
        <action name="common"
            class="cn.houserent.action.OrdinaryUserAction">
            <!-- 省略代码 -->
        </action>
        <action name="manager"
            class="cn.houserent.action.ManagerAction">
            <!-- 省略代码 -->
        </action>
    </package>
</struts>
```

在示例 14 中，使用 ${nextDispose} 来获取 Action 中 nextDispose 属性的值，这个值要在运行时才能知道，框架在运行时解析出 ${nextDispose} 的值，然后将请求重定向到指定的 Action。需要注意的是，使用“${ 属性名 }”语法访问的属性一定要在 Action 中存在，并且 Action 要提供该属性的 getter 方法。

8.3.3 配置全局结果

之前我们配置的结果都在 action 元素的内部，这些结果不能被其他的 Action 使用。在一些情况下，多个 Action 可能需要访问同一个结果，这时就需要配置全局结果来满足多个 Action 共享一个结果的要求。

全局结果也在包中定义，这个包中的所有 Action 都可以共享这个结果。全局结果的定义如示例 15 所示。

示例 15

```
<struts>
    <package name="default" extends="struts-default">
        <global-results>
            <result name="error">/page/error.jsp</result>
            <result name="login" type="redirect">/page/login.jsp</result>
        </global-results>
        <!-- 省略代码 -->
    </package>
</struts>
```

全局结果也同样使用 result 元素配置，与 action 配置 result 元素的区别在于，全局结果需要在 global-results 元素中嵌套 result 元素。如果在 Action 中的 result 元素的名称与全局结果的名称相同，则 Action 中的 result 元素将会覆盖全局 result 结果。也就是说，当 Action 处理用户请求结束后，会首先在本 Action 的 result 结果中搜索与逻辑视图名称对应的结果，只有在 Action 中无法找到与逻辑视图对应的结果时，才会去全局结果中寻找并执行。

技能训练

上机练习 4——用户登录成功显示该用户的房屋信息

➢ 训练要点

Result 常用结果类型。

➢ 需求说明

用户登录成功后，在管理页面显示该用户发布的房屋信息。

➢ 实现思路及关键代码

（1）编写并配置登录 Action。

（2）编写查询房屋信息的 Action，并进行配置。

（3）按照登录用户查询房屋信息。

（4）编写视图页面显示房屋信息。

➢ 参考解决方案

提示

```
<action name="*Action" class="cn.houserent.action.Login"
          method ="{1}">
    <result name="success" type="redirectAction">house</result>
    <result name="input">/page/{1}_input.jsp</result>
</action>
<action name="house" class="cn.houserent.action.HouseAction">
        <result name="success">/page/manage.jsp</result>
</action>
```

上机练习 5——实现租房网租房信息的发布

➢ 需求说明

再次升级登录程序，用户登录成功后，可以进入管理首页，并实现房屋信息的发布，如图 8.3 所示。

在管理页面单击“发布房屋信息”链接，页面跳转至房屋信息发布页面，如图 8.4 所示。

填写房屋信息，提交表单，实现房屋信息的发布。

图 8.3　管理页面

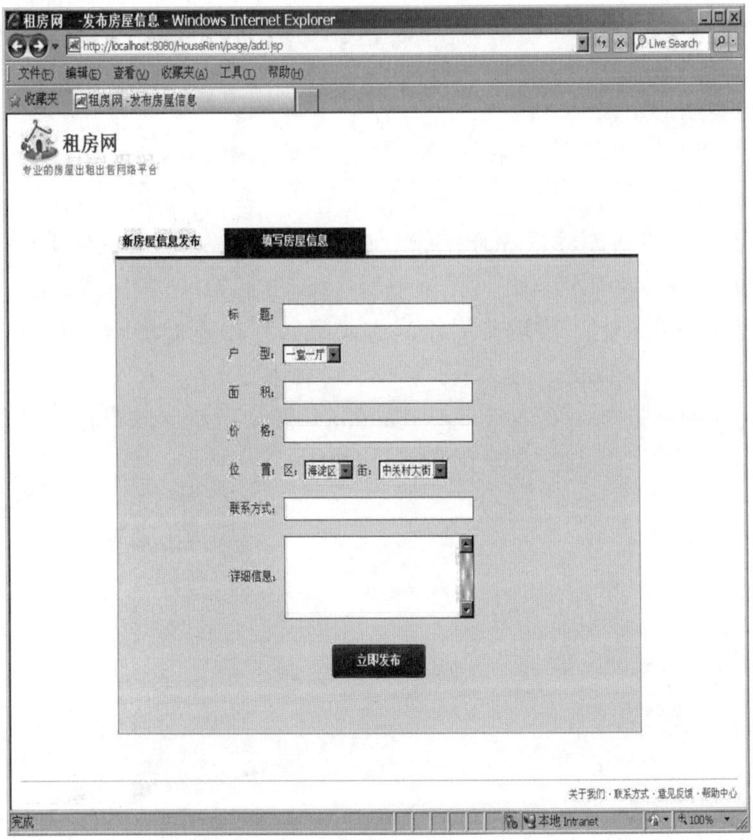

图 8.4　房屋信息发布页面

本章总结

➢ Struts 2 的配置文件。

- ◆ struts.xml：Struts 2 的核心配置文件。
- ◆ struts-plugin.xml：Struts 2 插件使用的配置文件。
- ◆ struts-default.xml：Struts 2 的默认配置文件。

➢ struts.xml 文件的各项内容如下。

Action 配置：

- ◆ 动态方法：actionName! methodName.action。
- ◆ 通配符：使用星号（*）表示 0 个或多个字符串。
- ◆ 默认 Action：使用 <default-action-ref/> 完成。

Result 配置：

- ◆ 常用结果类型：dispatcher 类型、redirect 类型、redirectAction 类型。
- ◆ 动态结果：使用 ${attributeName} 访问 Action 中的属性，实现动态结果配置。
- ◆ 全局结果：在 global-results 元素中嵌套 result 元素实现全局结果配置。

本章练习

1．简述常用的结果类型。

2．Struts 2 的核心配置文件是 struts.xml，请简述 struts.xml 文件中各个配置元素的作用。

3．使用 Struts 2 编写影院俱乐部管理程序，实现用户注册及登录功能，要求调用动态方法并解决中文乱码问题，表单使用 Struts 2 的 UI 标签完成。

4．练习 3 的基础上，实现普通用户登录后，可以查看影讯信息列表，要求页面使用 Struts 2 的标签完成。

5．练习 4 的基础上，实现管理员（admin）登录后，可以进行影讯信息发布及删除操作。

第 9 章

OGNL 表达式

技能目标

- ❖ 掌握 Struts 2 的类型转换
- ❖ 能够编写自定义类型转换器
- ❖ 理解值栈的概念
- ❖ 能够使用 OGNL 表达式访问数据

本章任务

学习本章，完成以下 5 个工作任务。记录学习过程中遇到的问题，可以通过自己的努力或访问 kgc.cn 解决。

任务 1：初识 OGNL

任务 2：了解 OGNL 在框架中的作用

任务 3：理解数据类型转换

任务 4：使用 OGNL 表达式操作数据

任务 5：使用 URL 标签和日期标签简化代码开发

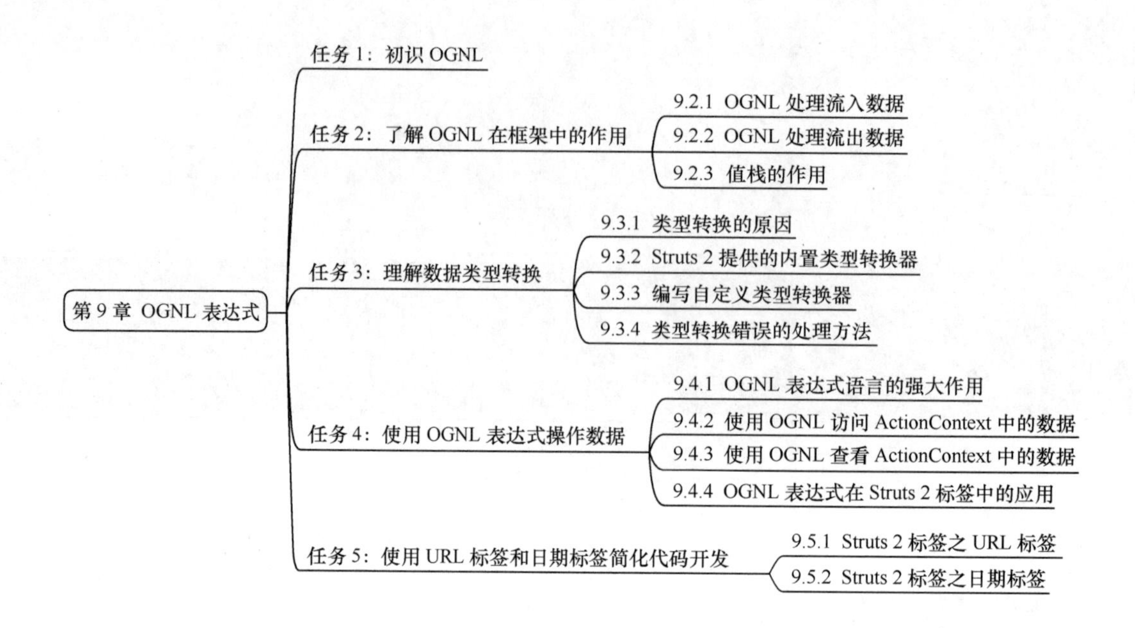

任务 1 初识 OGNL

OGNL 的全称是 Object Graph Navigation Language，即对象图导航语言。它是一个开源项目，工作在视图层，用来取代页面中的 Java 脚本，简化数据的访问操作。与 JSP 2.0 中内置的 EL 相比，它们同属于表达式语言，用于进行数据访问，但是 OGNL 的功能更为强大，提供了很多 EL 所不具备的功能，如强大的类型转换功能、访问方法、操作集合对象等。

OGNL 是一种强大的技术，被集成在 Struts 2 框架中用来帮助实现数据的传输和类型转换。OGNL 是基于字符串的 HTTP 输入 / 输出和基于 Java 对象的内部处理之间的“黏合剂”，它的功能非常强大，掌握了 OGNL 这个强大的工具，开发效率会成倍地提升。

OGNL 在框架中主要做两件事情：表达式语言和类型转换器。

1. 表达式语言

在视图层将数据从页面传入框架和从框架获取输出数据生成页面的过程中，OGNL 提供了一个简单的语法，将表单或 Struts 2 标签与 Java 各种类型的数据绑定起来。如我们前面学习的页面中 <input type="text" **name="user.name"**/> 的输入对应 Action 类中 User 对象的 name 属性。在 OGNL 的帮助下，输入时，数据从请求参数转移到了 Action 的 JavaBean 属性上；输出时，数据又从这些属性转移到生成的页面中。

2. 类型转换器

除了表达式语言，我们还会用到 OGNL 类型转换器。每次数据流入和流出框架，页面中字符串类型的数据和 Java 数据类型之间都会发生转换。我们已经用过一些简单类型的内置转换器，在本章将介绍如何将传入的数据转换为各种 Java 数据类型，包括集合类型。

首先了解一下 OGNL 是如何在 Struts 2 框架中发挥它的作用的。

任务 2　了解 OGNL 在框架中的作用

理解 OGNL 在框架中起的作用，会让框架使用起来更加得心应手。图 9.1 展示了 OGNL 是如何融入框架中的。

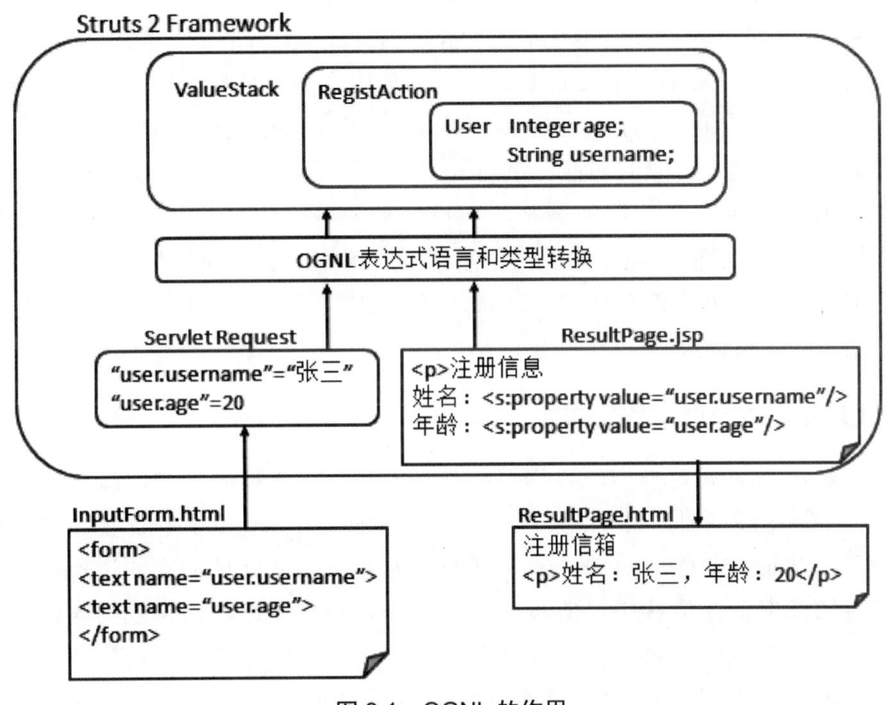

图 9.1　OGNL 的作用

图 9.1 展示了数据流入和流出框架的传递过程，数据从表单 InputForm.html 开始，用户提交请求，Struts 2 框架处理请求并返回响应，在图中对应到 ResultPage.html。为了突出用户感兴趣的内容，图中的代码用伪标记和伪代码的形式表示。

下面我们沿着数据流入和流出的路径来学习 OGNL 是如何在将数据从一个区域传到另一个区域时对其进行绑定和类型转换的。

9.2.1　OGNL 处理流入数据

从图 9.1 中可以看到，数据最开始来自页面 InputForm.html，表单中包含两个文本输入框，它的 name 属性是 OGNL 表达式。当用户提交后，在 Java 的世界里，请求以 HttpServletRequest（Servlet API）请求对象的形式进入框架。众所周知，Struts 2 框架是基于 Servlet API 的，正如我们在图 9.1 中所看到的（Servlet Request 部分），请求参数对

象中包含了两个名 / 值对，它们都是字符串类型的。这时框架和 OGNL 会接手后面的处理，对请求参数进行类型转换，并将数据传到某个地方。那么，数据传到哪里呢？由 OGNL 来决定，它会在框架的运行环境中找到指定的目标。

框架在处理每个请求时，都会创建该请求对应的运行环境，并将请求对应的 Action 对象放入其中。如图 9.1 所示，Action 对象被放在一个叫作值栈（ValueStack）的对象中，并且 User 对象作为 Action 对象的一个 JavaBean 属性而被暴露出来，值栈本身放在运行环境中。接下来 params 拦截器（后面章节将会学习）会负责将来自 HttpServletRequest 对象的数据传到值栈上。那么，如何将请求参数的名字映射到值栈属性上去呢？这就是 OGNL 发挥作用的地方。

在图 9.1 中，对于请求参数 user.age 来说，它会被作为 OGNL 表达式，针对值栈进行解析。首先会看值栈上是否存在 user 属性，因为值栈会暴露它所包含对象 RegistAction 的属性，所以 user 属性是存在的；其次看 user 对象上是否有 age 属性，当然也存在。很显然，到这里我们已经找到了对应的属性。下面只要通过调用该属性对应的 setter 方法，将正确的值赋给 user 对象即可。但问题是，来自请求参数的值是字符串“20”，如何赋给 Integer 类型的 age 属性呢？这就需要类型转换器发挥作用了。OGNL 会检索所有可用的类型转换器，看能否处理这个转换。Struts 2 框架内置了丰富的类型转换器，可以在字符串和整型之间互相转换。

9.2.2 OGNL 处理流出数据

了解了数据如何流入框架，我们继续看图 9.1 来了解数据是如何流出框架的。数据流出的过程和流入类似，只不过顺序是反过来的。当 Action 完成业务处理后，最终会返回一个结果，并生成页面。最关键的地方在于，在处理请求的过程中，所有的业务数据对象都保留在值栈中。值栈充当了一个容器，通过它，在框架的各个地方都可以随时访问这些业务对象。在生成页面的过程中，页面标签可以访问值栈，并通过 OGNL 表达式获取对象的属性值。在图 9.1 中，生成的页面是 ResultPage.jsp。在页面中，property 标签利用表达式 user.age 在值栈中取得了 user 对象 age 属性的值。同样地，这时也需要进行类型转换，将整型转换为字符串。转换完成后，就可以写入页面中了，如图 9.1 中的“年龄：20”。

9.2.3 值栈的作用

值栈是什么呢？简单地说，值栈就是框架创建的一个存储区域，用来保存 Model 对象。它具有栈的特征，可以存放多个对象，并且多个对象是按照先后顺序压入值栈的。在 9.2.1 节中曾提到，框架在处理每个请求时，都会创建该请求对应的运行环境，这时会创建值栈和请求对应的 Action 实例，并将 Action 实例压入值栈中。

值栈是一个虚拟对象，它可以暴露它所包含的所有对象的属性，就好像这些属性是它自己的一样。那为什么说值栈是一个“虚拟”对象呢，因为在解析 OGNL 表达式时，我们似乎面对的是一个单一对象，但实际并非如此，只是值栈把自己伪装成了一个单一对象。值栈包含存放在其中的所有对象的所有属性，假如存放了多个对象，在查找 OGNL 表达式对应的属性时，会从栈顶开始依次往下查找，一直到栈底，先找到的对象的属性就作为“虚拟”对象的属性。换句话说，假如栈内存放了多个对象，且不同对象存在相同名称的属性时，那么靠近栈顶的对象的优先级更高，下面的对象的该属性就被“隐藏”了。

那么什么时候会出现多个对象的情况呢？多种情况下都会发生这种情况。例如，在 iterator 标签执行的过程中，会把迭代的每一个对象临时压入值栈，这样在标签内就可以直接访问该对象的属性了。框架在处理这个标签时，迭代每一个对象实例，如 myModel，并临时压入值栈，使其位于值栈顶端，如图 9.2 所示。

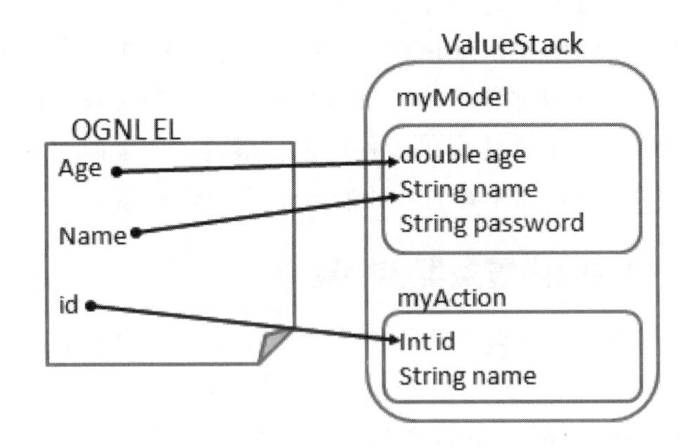

图 9.2　OGNL 与值栈

从图 9.2 中，我们可以看到对于 Name 表达式来说，取得的是 myModel 的 name 属性（因为它在栈顶）；对于 id 表达式来说，取得的是 myAction 的 id 属性（因为它之上的对象都不存在 id 名称的属性）。

从整体架构上，我们了解了 OGNL 在框架中所起的作用，下面来具体学习 OGNL 的类型转换。

任务 3　理解数据类型转换

关键步骤如下。

- 创建和配置日期类型转换器。
- 处理类型转换错误。

9.3.1　类型转换的原因

在基于 HTTP 协议的 Web 应用中，客户端请求的所有内容（如在表单中输入的姓名、年龄、生日等）均以文本编码的方式传输到服务器端，但服务器端的编程语言（如 Java）有着丰富的数据类型，如 int、boolean、Date 及自定义类型等。因此，当这些参数进入应用程序时，它们必须转换为合适的服务器端编程语言的数据类型。

在 Servlet 中，类型转换工作是由开发者自己完成的。例如，可以通过下面的语句完成字符串类型和整型、字符串类型和日期类型之间的类型转换。

```
String agestr = request.getParameter("age");
int age = Integer.parseInt(agestr);
String birthstr=request.getParameter("birthday");
DateFormat sdf= new SimpleDateFormat("yyyy/MM/dd");
Date birthday =sdf.parse(birthstr);
```

可以看出，类型转换的工作是必不可少的、重复性的。如果有一个良好的类型转换机制，必将大大节省开发时间，提高开发效率。

作为一个成熟的 MVC 框架，Struts 2 提供了非常强大的类型转换功能，提供了多种内置类型转换器，可以自动对客户端传来的数据进行类型转换，这一过程对开发者而言是完全透明的。另外，Struts 2 还提供了很好的扩展性，如果内置类型转换器不能满足应用需要，那么开发者还可以简单地开发出自己的类型转换器。

9.3.2 Struts 2 提供的内置类型转换器

对于大部分的常用类型，开发人员在开发过程中不需要自己编码实现类型转换，这是因为在 Struts 2 框架中可以完成大多数常用的类型转换。

这些常用的类型转换是通过 Struts 2 框架内部提供的类型转换器完成的。这些内置的类型转换器有很多种，用于实现字符串类型和常用类型之间的转换。具体的转换器种类包括以下几种。

（1）String：将 int、long、double、boolean、String 类型的数组或者 java.util.Date 类型转换为字符串。

（2）boolean/Boolean：在字符串和布尔值之间进行转换。

（3）char/Character：在字符串和字符之间进行转换。

（4）int/Integer、float/Float、long/Long、double/Double：在字符串和数值型数据之间进行转换。

（5）Date：在字符串和日期类型之间进行转换。具体输入 / 输出格式与当前的 Local 相关。

（6）数组和集合：在字符串数组和数组对象、集合对象之间进行转换。

下面分几种情况具体讲解一下。

1. 原始类型和包装类

这种情况比较简单，我们一直使用的也是这种方式，下面使用 Struts 2 标签在页面输出原始类型数据。

Action 代码如示例 1 所示。

示例 1

```
public class ShowOriginalAndJavaBeanAction extends ActionSupport {
```

```
    private User user;
    private String message;
    // 省略 setter/getter 代码
    public String execute(){
        user=new User();
        user.setName("jason");
        user.setAge(23);
        Address address = new Address();
        address.setCountry(" 中国 ");
        address.setCity(" 北京 ");
        address.setStreet(" 成府路 207 号 ");
        user.setAddress(address);
        setMessage(" 展示原始类型和 JavaBean");
        return SUCCESS;
    }
}
```

页面展示数据代码如示例 2 所示。

示例 2

```
<body>
    信息：<s:property value="message" default=" 展示数据 " /><br/>
    姓名：<s:property value="user.name" /><br/>
    年龄：<s:property value="user.age"   /><br/>
    国家：<s:property value="user.address.country" />
</body>
```

property 标签用于输出 ValueStack 中对象属性的值，其中 value 属性用来指定要输出对象的属性，如果没有 value 属性，则默认输出 ValueStack 栈顶的对象，类型为 Object；default 属性是属性值为空时输出的默认值，类型为 String。

2. 多值类型请求参数的处理

如果在请求中出现多个值对应同一个请求参数的情况，Struts 2 会将这样的数据转换为面向集合的数据类型，如数组、集合。下面分别介绍对于数组和集合对象是如何实现类型转换的。

（1）数组

使用数组处理多值请求非常便利，Struts 2 对转移数据到 Java 数组提供了非常好的支持。下面通过一个示例来学习如何将有关表单字段名映射到数组。

表单代码如示例 3 所示。

示例 3

```
<s:form action="ArraysDataTransfer">
    <s:textfield name="hobbies" label=" 爱好："/>
    <s:textfield name="hobbies" label=" 爱好："/>
```

```
        <s:textfield name="hobbies" label=" 爱好：" />

        <s:textfield name="numbers[0]" label=" 数字：" />
        <s:textfield name="numbers[1]" label=" 数字：" />
        <s:textfield name="numbers[2]" label=" 数字：" />
        <s:submit value=" 提交 " />
</s:form>
```

从 OGNL 表达式的角度看，只需要知道如何编写导航到 Java 对象中数组类型属性的 OGNL 表达式即可。在示例 3 中，第一个数组属性是 hobbies，接收提交的爱好信息；第二个数组属性是 numbers，接收提交的数字，如果数据转移要正常工作，那么这些属性必须存在 ValueStack 中。通常会在 Action 类中公开这些属性，ArraysDataTransferAction 如示例 4 所示。

示例 4

```
public class ArraysDataTransferAction extends ActionSupport {
    private String[] hobbies;
    private Double[] numbers = new Double[3];
    // 省略 setter&getter&execute 方法
}
```

在示例 4 中可以看到，属性不需要带索引参数的 setter 和 getter 方法，OGNL 处理所有与索引有关的细节，只需 Action 公开数组即可。我们都知道 Struts 2 框架会自动实例化任何用于填充数据的对象，因此我们可以实例化数组，也可以不实例化数组。

（2）集合

按照与数组属性相似的方式，Struts 2 支持将一系列请求参数自动转换到各种集合类型的属性。下面以 List 为例来讲解，使用 List 与使用数组几乎相同，仅有的不同是集合类型可以借助泛型实现。

表单代码如示例 5 所示。

示例 5

```
<s:form action="ListDataTransfer">
    <s:textfield name="hobbies" label=" 爱好：" />
    <s:textfield name="hobbies" label=" 爱好：" />
    <s:textfield name="hobbies" label=" 爱好：" />

    <s:textfield name="numbers[0]" label=" 数字：" />
    <s:textfield name="numbers[1]" label=" 数字：" />
    <s:textfield name="numbers[2]" label=" 数字：" />

    <s:textfield name="users.name" label=" 姓名：" />
    <s:textfield name="users.name" label=" 姓名：" />
    <s:textfield name="users.name" label=" 姓名：" />
```

```
    <s:submit value=" 提交 "/>
</s:form>
```

通过分析示例 5 中的代码，可以看出相同名称参数有多个数据输入，因此可以将具有相同名称的参数看作一个集合。需要特别说明的是 users.name 这个参数名称，当 OGNL 解析这个表达式时，它会首先定位 users 属性，与其他两个不同的是，users 是一个指定了元素为 User 对象的 List。ListDataTransferAction 代码如示例 6 所示。

示例 6

```
public class ListDataTransferAction extends ActionSupport {
    private List hobbies;
    private List<Double> numbers;
    private List<User> users;
    // 省略 setter&getter&execute 方法
}
```

List 类型的属性看起来很像数组，但有 3 个方面需要说明。

（1）不需要初始化任何一个 List。

（2）如果没有类型说明，List 类型中的元素都会是 String。

（3）如果 List 指定了元素类型为 JavaBean，Struts 2 会自动创建指定类型的对象作为 List 的元素。

9.3.3 编写自定义类型转换器

随着互联网的不断普及，用户体验已经成为网站吸引用户的主要手段，如在发布房屋信息时，用户不希望分别填写 X 坐标和 Y 坐标，而是希望以某种格式（使用工具将经纬度转换为坐标的格式，如 123.45，123.45）直接输入。还有用户希望以任何正确的时间格式输入的时间都能够成功发布，如在房产日期输入框中输入“1993/12/24”或者“1993 年 12 月 24 日”都可以，而不需指定某种特定的时间格式。

对于 Java 的基本数据类型及一些系统类（如 Date 类、集合类），Struts 2 提供了内置类型转换功能，但也有一定的限制。很显然，对于坐标 Point 这样的用户自定义类，Struts 2 还没有智能到可以进行自动类型转换，内置的日期类型转换对输入 / 输出格式是有要求的。如果希望 Struts 2 可以更智能一些，如能够转换坐标信息，能够对多种格式的日期进行类型转换，可通过自定义类型转换器完成，由开发者指定输入格式及转换逻辑。

1．创建自定义类型转换器

Struts 2 提供了一个开发人员编写自定义类型转换器时可以使用的基类：org.apache.struts2. util.StrutsTypeConverter。StrutsTypeConverter 类是抽象类，定义了两个抽象方法，用于不同的转换方向，分别如下。

- public Object convertFromString(Map context, String[] values, Class toType)：将一个或多个字符串值转换为指定的类型。参数 context 是表示 OGNL 上下文的 Map 对象，

参数 values 是要转换的字符串值，参数 toType 是要转换的目标类型。

- public String convertToString(Map context, Object object)：将指定对象转化为字符串。参数 context 是表示 OGNL 上下文的 Map 对象，参数 object 是要转换的对象。

如果继承 StrutsTypeConverter 类编写自定义类型转换器，需要重写以上两个抽象方法。

2．配置自定义类型转换器

自定义类型转换器后，还必须进行配置，将类型转换器和某个类或属性通过 properties 文件建立关联。Struts 2 提供了两种方式来配置转换器，一种是应用于全局范围的类型转换器，另一种是应用于特定类的类型转换器。

（1）应用于全局范围的类型转换器

要指定应用于全局范围的类型转换器，需要在 classpath 的根路径下（通常是 WEB-INF/classes 目录，对应开发时的 src 目录）创建一个名为 xwork-conversion.properties 的属性文件，其内容为

转换类全名＝类型转换器类全名

（2）应用于特定类的类型转换器

要指定应用于特定类的类型转换器，需要在特定类的相同目录下创建一个名为 ClassName- conversion.properties 的属性文件（ClassName 代表实际的类名），其内容为

特定类的属性名＝类型转换器类全名

3．创建和配置日期类型转换器

下面按照创建和配置类型转换器的方法创建一个日期类型转换器。

针对日期类 java.util.Date 进行类型转换。要求客户端可以使用“yyyy-MM-dd”“yyyy/MM/dd”或者“yyyy 年 MM 月 dd 日”中的任一种格式输入，并且以“yyyy-MM-dd”的格式输出，该类型转换器应用于全局范围。实现代码如示例 7 所示。

示例 7

```
public class DateConverter extends StrutsTypeConverter {
    // 支持转换的多种日期格式 , 可增加时间格式
    private   final DateFormat[] dfs = {
        new SimpleDateFormat("yyyy 年 MM 月 dd 日 "),
        new SimpleDateFormat("yyyy-MM-dd"),
        new SimpleDateFormat("MM/dd/yy"),
        new SimpleDateFormat("yyyy.MM.dd"),
        new SimpleDateFormat("yyMMdd"),
        new SimpleDateFormat("yyyy/MM/dd") };
    /**
     * 将指定格式字符串转换为日期类型
     */
    public Object convertFromString(Map context, String[] values,
            Class toType) {
```

```
        String dateStr = values[0];                    // 获取日期的字符串
        for(int i=0;i<dfs.length;i++) {                // 遍历日期支持格式，进行转换
            try {
                return dfs[i].parse(dateStr);
            } catch (Exception e) {
                continue;
            }
        }
        // 如果遍历完毕后仍没有转换成功，则表明出现转换异常
        throw new TypeConversionException();
    }
    /**
     * 将日期转换为指定格式字符串
     */
    public String convertToString(Map context, Object object) {
        Date date = (Date) object;
        // 输出的格式是 yyyy-MM-dd
        return new SimpleDateFormat("yyyy-MM-dd").format(date);
    }
}
```

然后在 src 目录下创建文件 xwork-conversion.properties，并添加如下代码。

```
java.util.Date=cn.ognl.util.DateConverter
```

其中 key 为 Date 类的完整类名。

完成了上面的操作后，重新部署项目，再运行程序就基本实现了我们的需求。还有一个问题没有解决，就是在页面中如果输入了错误的格式，是不是也能给出报错信息呢？

9.3.4 类型转换错误的处理方法

如果在页面中输入了错误格式的内容，除了在页面中使用 JavaScript 进行判断外，在服务器端是不是也能够判断呢？答案当然是能。

1. **前提条件**

如果要在服务器端判断类型转换错误，需要满足如下前提条件。

- 启动 StrutsConversionErrorInterceptor 拦截器。该拦截器已经包含在 defaultStack 拦截器栈中，可参看 struts-default.xml 文件。如果在 struts.xml 中扩展了 struts-default 包，启动项目时会自动加载。
- 实现 ValidationAware 接口，ActionSupport 实现了该接口。
- 配置 input 结果映射。出现类型转换错误后将在所配置页面显示错误信息，如果没有配置将出现错误提示，提示没有指定 input 页面。
- 在页面使用 Struts 2 表单标签或使用 <s:fielderror> 标签来输出转换错误，Struts 2 表单标签内嵌了输出错误信息功能。

2. 修改所有类型的转换错误信息

在默认情况下，所有类型的转换错误都是用通用的 I18N 消息键 xwork.default.invalid.fieldvalue 来报告错误信息的，默认文本是“Invalid field value for fieldxxx”，xxx 是字段名称。如果希望提高友好性，可修改默认的错误信息文本，代码如下所示。

```
<constant name="struts.custom.i18n.resources" value="message"/>
```

然后在 src 目录下创建资源文件 message.properties，并添加文本，代码如下所示。

```
xwork.default.invalid.fieldvalue= 字段 "{0}" 的值无效
```

当然也可以创建不同 Local 的资源文件，实现错误信息转换的国际化。

3. 定制特定字段的类型转换错误信息

I18N 消息键 xwork.default.invalid.fieldvalue 的设置对所有的类型转换错误都适用。如果希望为特定字段单独定制转换错误信息，则可以在 Action 范围的资源文件中添加 I18N 消息键 invalid.fieldvalue. xxx，其中 xxx 是字段名称。

```
invalid.fieldvalue.timeDate= 日期转换错误
```

提示

Action 范围的资源文件是为某个 Action 单独指定的资源文件，需要在 Action 类所在包内添加，命名格式为 ActionClassName_language_country.properties，其中“ActionClassName”部分为固定写法，“_language_country”可选，更多相关内容请查看 Struts 2 帮助文档中国际化相关内容。比如为 cn.houserent.action.RegisterAction 指定资源文件，可在 cn.houserent.action 包下创建资源文件 RegisterAction.properties，该文件只能被该 Action 访问。

技能训练

上机练习 1——编写日期类型转换器

➢ 需求说明

用户在客户端输入“1993/12/24”“1993 年 12 月 24 日”“1993-12-24”几种格式的字符串，服务器端均可以正确地转换为日期类型，该转换适用于整个应用范围。如果输入了错误的内容，在输入页面将显示提示信息：字段“{0}”的值无效。

提示

（1）创建自定义类型转换器 DateConverter，实现指定格式字符串和日期之间的相互转换。

（2）配置自定义类型转换器 DateConverter，指定为应用于全局范围的类型转换器。

(3) 在资源文件中，指定 xwork.default.invalid.fieldvalue 属性的值，提高界面友好性。

(4) 创建配套的 JSP 页面、Action，并配置 struts.xml。

(5) 部署并运行项目，演示自定义类型转换器效果。

任务 4 使用 OGNL 表达式操作数据

关键步骤如下。

- 使用 <s:property> 标签访问 bean 属性。
- 使用 <s:iterator> 和 <s:property> 访问集合对象。
- 使用 OGNL 访问 ActionContext 中的数据。
- 使用 OGNL 查看 ActionContext 中的数据。

首先介绍表达式语言的基本语法，然后讲解如何用 OGNL 表达式访问运行环境中除值栈对象之外的其他对象，最后简单介绍一下在 Struts 标签中使用 OGNL 表达式需要注意的一些地方。

9.4.1 OGNL 表达式语言的强大作用

作为表达式语言，OGNL 十分强大，通常使用它来引用各种 Java 对象的属性。

1. 访问 bean 属性

我们之前已经接触过表达式的形式。表达式是由属性链构成的，如 user.father.father.name 表达式由 4 个链式的属性构成，它引用了 user 祖父的名字。

我们既可以用表达式来给属性赋值，也可以用它来获取属性的值，这取决于使用的具体场景。

当我们在表单输入标签的 name 中使用表达式时，希望用它来给属性赋值。例如，下面的代码：

```
<s:form action="Register">
<s:textfield name="user.address.streetName" label=" 请输入街道名称 ."/>
<s:submit/>
</s:form>
```

框架会用这个表达式在值栈中定位属性，并将其设置为用户输入的街道名称。需要注意的是，在属性链中间的某个属性对象是 null 的情况下，框架会自动创建对象，并赋值给该属性。该操作有两个前提：第一，对象类型必须是遵循 JavaBean 规范的类，即这个类必须具有无参数的构造方法，否则无法自动创建实例；第二，属性必须提供 setter 方法，否则框架无法为该属性赋值。

当在结果页面的标签中使用表达式时，我们希望用它来获取属性的值。例如，下面的代码：

```
<p> 街道名称：<s:property value="user.address.streetName" /></p>
```

标签会用这个表达式在值栈中定位属性，并且将其值在页面中输出。

2. 访问集合对象

下面使用 Struts 2 标签和 OGNL 表达式实现对数组和集合元素的访问。

Action 类代码如示例 8 所示。

示例 8

```
public class ShowArraysAndListAction extends ActionSupport {
    private String[] hobbies;
    private List<Double> numbers;
    private List<User> users;
    public String execute(){
        // 省略代码
        return SUCCESS;
    }
}
```

页面展示数据代码时，我们使用之前学习的 iterator 迭代标签，如示例 9 所示。

示例 9

迭代数组：

```
<s:iterator value="hobbies">
    <s:property />
</s:iterator>
```

迭代集合（元素类型为 Double）：

```
<s:iterator value="numbers">
    <s:property />
</s:iterator>
```

迭代集合（元素类型为 User）：

```
<s:iterator value="users" >
    用户名 :<s:property value="name"/><br/>
    年龄 :<s:property value="age"/><br/>
    国家 :<s:property value="address.country"/><br/>
</s:iterator>
```

使用 Struts 2 的 iterator 标签迭代一个集合或者数组，其中 value 属性用于指定要迭代的集合属性，其类型可以为 Collection、Map、Iterator 或者数组类型。iterator 标签在迭代过程中，会把迭代的每一个对象暂时压入值栈的栈顶，这样在该标签内部可以直接访问元素对象的属性和方法，即可以像示例 9 中那样使用不带 value 属性的 property 标签输出数据，在 iterator 标签体执行完毕后，位于栈顶的对象即被删除。迭代下一个元素时，重复该过程。

对于集合对象的访问，在开发过程中往往还有以下几种情况。

（1）访问列表或者数组的某一个元素，可以用属性名 [index] 的方式，如 userList[1].name 或者 userArray[2].age。

（2）访问 Map 的某一个元素，可以用属性名 [key] 的方式，如 userMap'userA'.name。

（3）通过 size 或者 length 来访问集合的长度，如 userList.size、userArray.length、userMap.size。

9.4.2 使用 OGNL 访问 ActionContext 中的数据

前面已经学过，Action 对象是存放在值栈中的，OGNL 表达式是面向值栈中的对象来解析的。但实际上，OGNL 表达式可以针对运行环境中的任意一个对象进行解析，值栈只是运行环境中存放的所有对象中的一个。这个运行环境之前我们也接触过，就是 ActionContext，也称为运行上下文。ActionContext 中包含了框架处理一个请求时会用到的所有数据，从业务数据到 session 或者 application 内的数据，而通常与业务相关的数据是放在值栈内的。ActionContext 中的数据存放如图 9.3 所示。

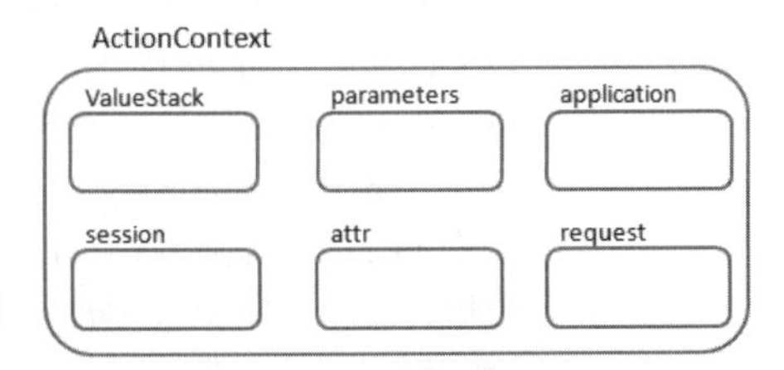

图 9.3 ActionContext 包含的内容

所有表达式的解析必须针对 ActionContext 中的某个对象，这个对象也称为根对象。默认情况下，OGNL 表达式是针对值栈解析的。换句话说，值栈是默认的根对象，当然也可以通过明确指定名称的方式将其他对象作为根对象，如访问 session map 可以采用 #session'user'。下面对 ActionContext 中的对象进行说明。

- application：用于访问 application 属性。例如，#application.username 或者 #application 'username'，相当于调用 application.getAttribute"username"。
- session：用于访问 session 属性。例如，#session.username 或者 #session['username']，相当于调用 session.getAttribute"username"。
- request：用于访问 request 属性。例如，#request.username 或者 #request['username']，相当于调用 request.getAttribute"username"。
- parameters：用于访问 HTTP 的请求参数。例如，#parameters.username 或者 #parameters 'username'，相当于调用 request.getParameterValues"username"，将返回一个数组。
- attr：按照 pageContext → request → session → application 的顺序访问其属性。

下面通过示例演示这些对象的使用，代码如示例 10 所示。为了方便演示，不再编写 Action 类，而是在页面中直接设置对象的值。

示例 10

```
<%@ page language="java" import="java.util.*;" pageEncoding="UTF-8"%>
<%@taglib prefix="s" uri="/struts-tags"%>
<!DOCTYPE HTML PUBLIC "-//W3C//DTD HTML 4.01 Transitional//EN">
<html>
    ......
    <body>
        <s:set name="age" value="10" scope="request"/>
        <s:set name="username" value="'jbit'" scope="session"/>
        <s:set name="count" value="5" scope="application"/>
        Request 作用域中 age 的值 :<s:property value="#request.age"/><br/>
        Session 作用域中 username 的值 :
        <s:property value="#session.username"/><br/>
        Application 作用域中 count 的值 :
        <s:property value="#application.count"/><br/>
        使用 attr 对象获取 Application 作用域中 count 的值 :
        <s:property value="#attr.count" /><br />
        ==========================================<br>
        <s:set name="country1" value="China"/>
        <s:set name="country2" value="'China'" />
        变量 country1:<s:property value="#country1"/><br/>
        变量 country2:<s:property value="#country2"/><br/>
        使用 request 对象获取变量 country2:
        <s:property value="#request.country2"/><br/>
    </body>
</html>
```

运行结果如图 9.4 所示。

图 9.4　访问非值栈对象

示例 10 中使用 Struts 2 的 set 标签替代了传统的 Java 脚本。该标签将一个值赋给指定作用域中的变量。如果在页面中多次使用一个复杂的表达式，可以使用该标签，这样不仅提高了代码的可读性，而且提高了性能（只计算一次）。

set 标签的常用属性如下。

- name 属性用于指定变量的名字，类型为 String。
- value 属性指定一个表达式赋给变量，类型为 Object。
- scope 属性用于指定变量的作用域，取值范围可以是 page、request、session、application 和 action。如果没有指定 scope 属性，则取默认值 action，变量将被同时保存到 request 作用域中和 ActionContext 中。

需要注意的是，<s:set name="country2" value="'China'"/> 的作用是将字符串 "China" 赋给变量 country2，而 <s:set name="country1" value="China"/> 的含义却是将变量 China 的值赋给 country1。由于该 China 变量不存在，所以当执行 <s:property value="#country1"/> 时页面无输出。

9.4.3 使用 OGNL 查看 ActionContext 中的数据

在 Struts 2 中为了方便页面的数据调试和查看，特别提供了 <s:debug/> 标签，该标签的作用就是辅助调试，会在页面中生成一个超链接，单击超链接会分别显示 ValueStack 和 Stack Context 中的所有信息，效果如图 9.5 所示。

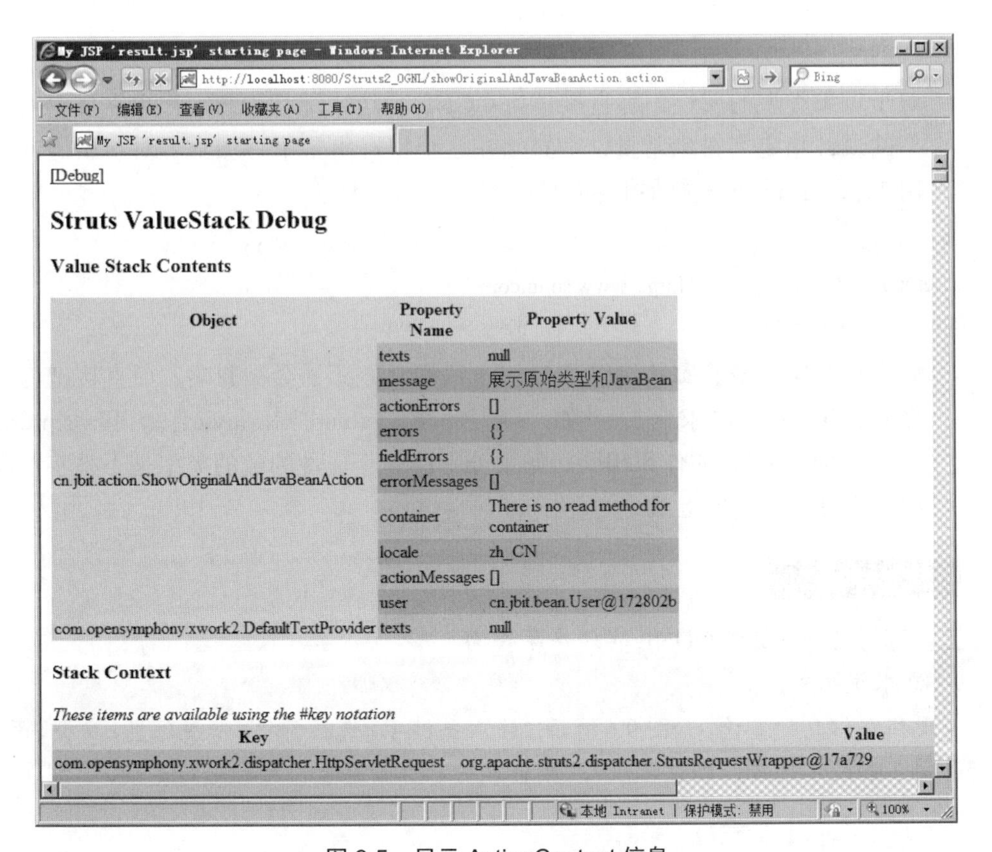

图 9.5　显示 ActionContext 信息

经验

<s:debug/> 标签是一个非常方便的信息查看工具，通过查看 debug 中的信息，开发人员可以知道数据是否读取正确。因此，强烈推荐在进行页面开发时使用 <s:debug/> 标签来协助开发和进行调试。

9.4.4 OGNL 表达式在 Struts 2 标签中的应用

使用 OGNL 表达式最多的地方就是 Struts 2 标签，在标签中使用表达式需要注意以下几点。

- Struts 2 标签的属性都可使用 OGNL 表达式。Struts 2 标签的属性是具有类型的，分为字符串类型和对象类型。例如，用于创建 URL 的标签 <s:url> 中的 value 属性为字符串类型，<s:set><s:property> 标签的 value 属性为对象类型。
- 对于字符串类型的属性，如果要访问动态数据，必须使用 %{…} 这样的语法，否则将被直接看作字符串常量。例如：

```
<s:set name="myurl" value="'http://www.sohu.com'"/>
<s:url value="#myurl"/>              // 显示 #myurl
<s:url value="%{#myurl}"/>           // 显示 http://www.sohu.com
```

- 对于对象类型的属性，将直接作为 OGNL 表达式进行计算。如果需要对对象类型的属性指定字符串常量，则必须在这个字符串常量外加上一对单引号或者使用 %{'constant string'} 这样的语法。

```
// 要使用单引号或 %{''}
<s:set name="myurl" value="'http://www.sohu.com'"/>
<s:property value="#myurl"/>   // 显示 http://www.sohu.com
```

- 如果对对象类型的属性使用了 %{…} 语法，则语法会被忽略，而直接把内容当作 OGNL 表达式求解。例如，<s:property value="%{#myurl}"/> 和 <s:property value="#myurl"/> 的作用相同。如果分不清一个属性的值的类型是不是字符串类型，则可以直接加上 %{…}。

技能训练

上机练习 2——使用 OGNL 实现房屋查询

- 需求说明

实现租房信息的查询，如图 9.6 所示。输入关键字，选择价格、房屋位置、房型、面积、更新时间（如果不选择，默认不限），然后单击“搜索房屋”按钮进行查询。

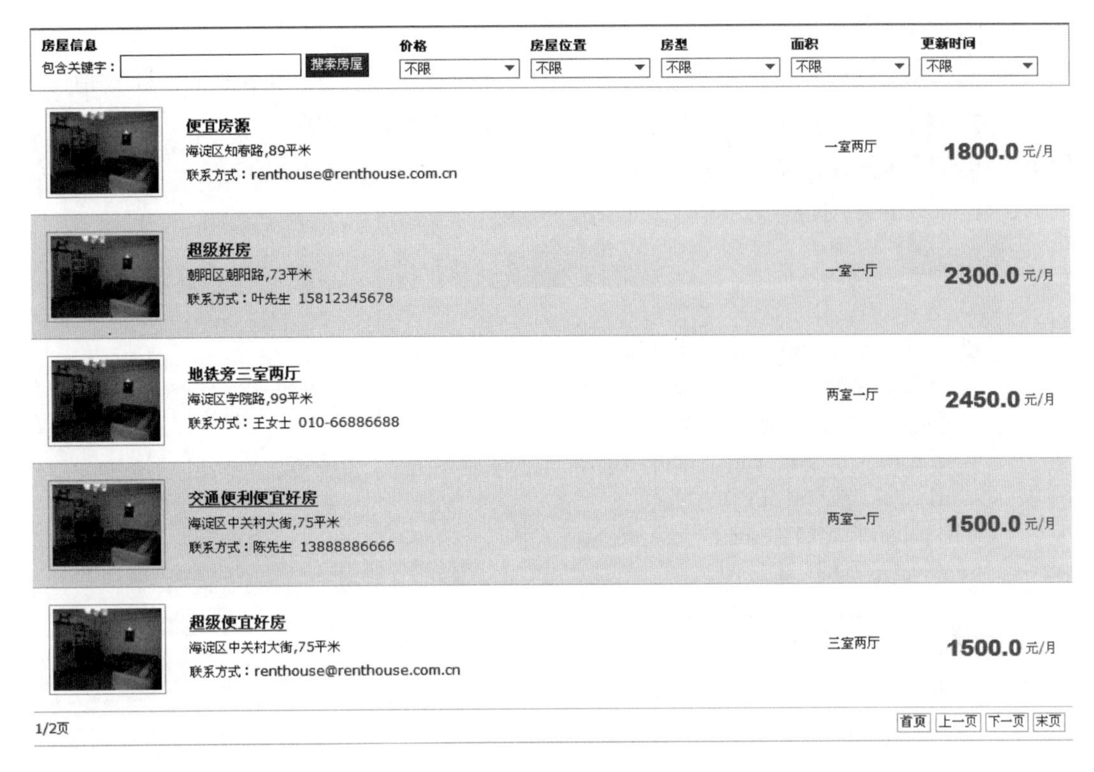

图 9.6　查询租房信息

任务 5　使用 URL 标签和日期标签简化代码开发

关键步骤如下。

- 使用 <s:url> 标签构建 URL 地址。
- 使用 <s:date> 标签格式化输出日期。

URL 标签和日期标签

到目前为止，我们学习了 Struts 2 提供的很多标签，包括表单标签、条件标签等，下面再来学习两个在日常应用中会经常用到的标签，分别是 URL 标签和日期标签。

9.5.1　Struts 2 标签之 URL 标签

从 URL 标签的名称上，就可以知道这个标签的作用是构建一个 URL 地址，在该标签中借助 param 子元素可以指定在跳转 URL 的同时传递的参数。URL 标签的语法如下。

```
<s:url value="url" >
    <s:param name="parname"   value="parvalue" />
</s:url>
```

其中：

<s:url/> 标签中的 value 属性表示指定生成 URL 的地址；而 <s:param/> 标签是一个参数标签，表示需要传递的参数信息，其中，name 属性表示传递的参数名称，value 属性表示传递参数所具有的值。

URL 标签的使用也比较简单，如示例 11 的代码所示。

示例 11

```
<body>
    使用 value 指定 URL 地址 <br/>
    <s:url value="http://www.sohu.com"/> <br/>
    使用变量生成 URL 地址 <br/>
    <s:set name="myurl" value="'http://www.sohu.com'"/>
    <s:url value="%{#myurl}"/><br/>
    使用 param 指定参数 <br/>
    <s:url value="show.action">
        <s:param name="id" value="123"/>
    </s:url>
</body>
```

运行示例 11 的代码，效果如图 9.7 所示。

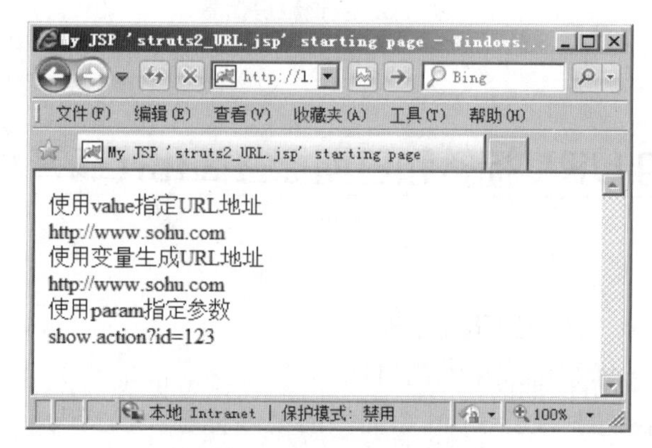

图 9.7　使用 URL 标签

9.5.2　Struts 2 标签之日期标签

日期标签用于格式化输出一个日期，除此之外，该标签还可以计算指定日期和当前日期之间的时差。日期标签的语法如下。

```
<s:date format="format"  nice="true|false"  name="name" id="id"/>
```

其中：

- format 属性：表示按照指定的格式进行日期格式化。
- nice 属性：该属性只有 true 和 false 两个取值，用于指定是否输出指定日期与当前时间的时差，默认是 false。

- name 属性：表示当前需要格式化的日期。
- id 属性：表示引用该元素的 id 值。

下面就通过示例来了解 <s:date/> 标签的使用方法。代码如示例 12 和示例 13 所示。

示例 12

```
public class DateAction extends ActionSupport {
    private Date    currentDate;

    public String execute(){
        currentDate=new Date();
        return SUCCESS;
    }

    public Date getCurrentDate() {
        return currentDate;
    }

    public void setCurrentDate(Date currentDate) {
        this.currentDate = currentDate;
    }
}
```

示例 13

```
<body>
    指定日期格式：
    <s:date name="currentDate" format="dd/MM/yyyy"/><br/>
    不指定日期格式：
    <s:date name="currentDate"/><br/>
</body>
```

在示例 13 中，输出日期时，一种是使用格式化效果进行输出，另一种则是不指定日期格式进行输出显示，页面效果如图 9.8 所示。

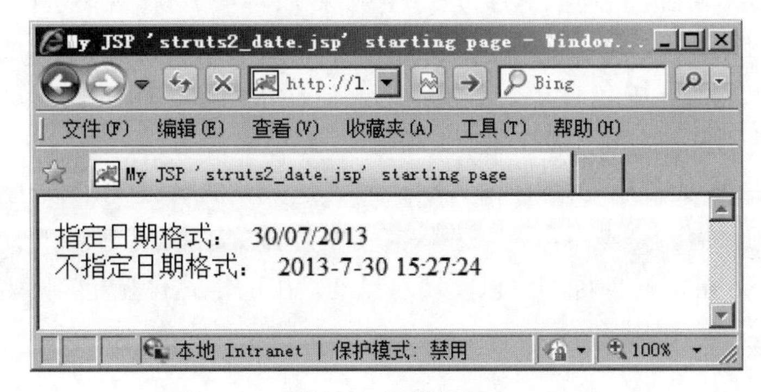

图 9.8　日期标签

技能训练

上机练习 3——使用 URL 标签显示房屋详情页面

➢ 需求说明

在房屋信息列表页面中，单击房屋的标题或者图片，均可以进入房屋详情页面进行查看。

提示

（1）修改原有页面，使用 URL 标签构建房屋详情页面的请求地址。

（2）修改 struts.xml 配置文件。

上机练习 4——使用 OGNL 实现房屋信息分页显示

➢ 需求说明

修改租房网系统，实现首页房屋信息分页显示（每页显示 5 条数据）。

提示

（1）在原有的业务基础上添加分页查询的功能。

（2）修改 struts.xml 配置文件。

（3）使用 URL 标签生成分页链接，实现分页功能。

本章总结

➢ Struts 2 提供了非常强大的类型转换功能，有多种内置的类型转换器，还支持开发自定义类型转换器。

➢ Struts 2 提供了两种方式来配置转换器，即应用于全局范围的类型转换器和应用于特定类的类型转换器。

➢ OGNL 即对象图导航语言，是一个开源项目，工作在视图层，用来简化数据的访问操作。OGNL 比 EL 的功能更为强大。

➢ ActionContext 中包含多个对象。如果访问根对象，可直接书写对象的属性，而要使用其他对象则必须使用“#key”前缀来访问。

➢ Struts 2 框架使用 OGNL 作为默认的表达式语言，还对 OGNL 进行了扩展，最大的扩展就是支持值栈，并将值栈作为 OGNL 的根对象。

➢ 使用 Struts 2 日期标签可以实现对日期输出的格式化显示，使用 URL 标签可以构建一个超链接。

本章练习

1．请简述使用 Struts 2 框架开发 Web 应用程序时数据是如何流入的。

2．简述 Struts 2 提供的内置类型转换器及其作用。

3．创建自定义类型转换器，实现英文全名（fullname=firstname+middlename+lastname）的转换，要求页面输入形式为 firstname-middlename-lastname，转换为 FullName 类（属性包含 firstName、middleName、lastName）。

4．编写代码实现新学员注册功能，要求学生的属性为姓名、年龄、性别、班级。在 Action 中获取注册的数据，并封装到 Student 类中，然后保存到 request 对象中。在 JSP 页面中借助 Struts 2 标签和 OGNL 表达式输出学生的注册信息，并使用 <s:debug/> 标签对比查看 ValueStack 与 Context 中保存的数据差别。

提示：本题只要求功能实现，展示效果不做要求。

随手笔记

第 10 章

Struts 2 拦截器

技能目标

- ❖ 掌握 Struts 2 体系结构
- ❖ 掌握 Struts 2 拦截器
- ❖ 掌握 Struts 2 框架的文件上传和下载

本章任务

学习本章，完成以下 4 个工作任务。记录学习过程中遇到的问题，可以通过自己的努力或访问 kgc.cn 解决。

任务 1：分析 Struts 2 的架构

任务 2：配置 Struts 2 拦截器

任务 3：使用 Struts 2 框架实现文件上传功能

任务 4：使用 Struts 2 框架实现文件下载功能

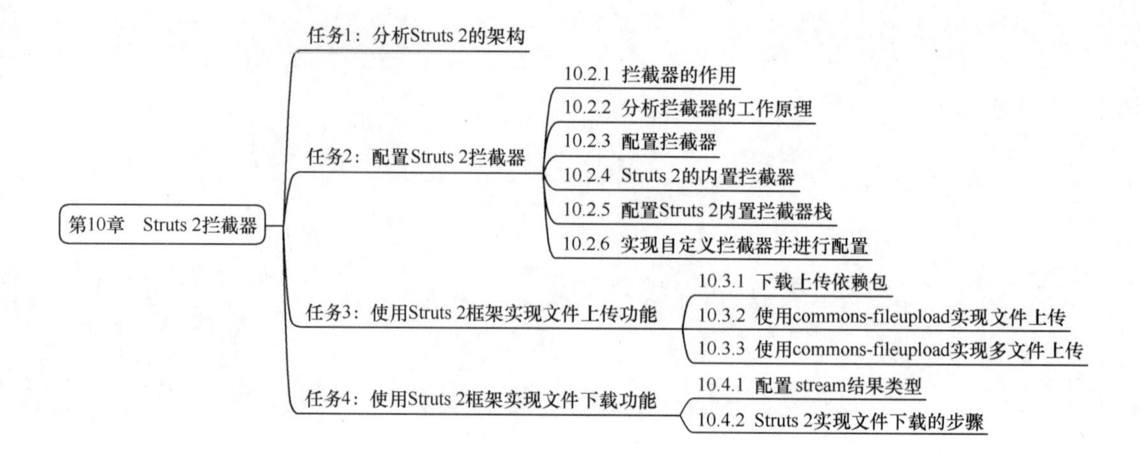

任务 1 分析 Struts 2 的架构

2006 年，WebWork 与 Struts 这两个优秀的 Java Web 框架的开发团队，合作开发了一个新的、整合了 WebWork 与 Struts 的优点，并且更加优雅、扩展性更强的框架，将其命名为 Struts 2。Struts 2 框架由两部分组成：XWork 2 和 Struts 2。XWork 2 是一个命令模式的框架，是 Struts 2 的基础。该框架的核心包括 Action、拦截器、Result。Struts 2 扩展了这些核心概念的基础实现，用于支持 Web 应用程序的开发。

在 Struts 2 的文档中提供了如图 10.1 所示的体系结构图。

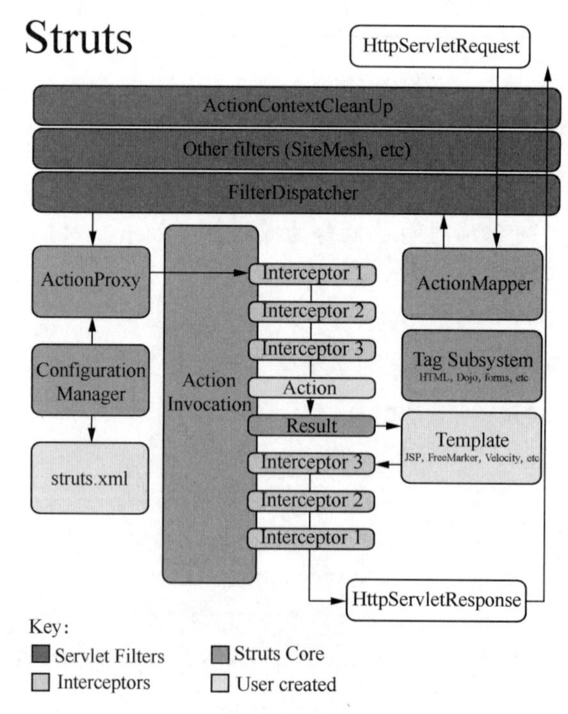

图 10.1 Struts 2 体系结构图

说明

在之前的章节中曾经介绍过，不同版本的 Strust 2 的核心控制器有所不同。为了便于描述，下面有关核心控制器的名称均采用 FilterDispatcher 来进行描述。需要特别指出的是，FilterDispatcher 在版本 2.1.3 后被 StrutsPrepareAndExecuteFilter 替代。

结合图 10.1 所示的 Struts 2 的体系结构，下面按照箭头所示的过程来详细介绍 Struts 2。

当 Web 容器收到一个请求时，它将请求传递给一个标准的过滤器链，其中包括 ActionContextCleanUp 过滤器及其他过滤器（如集成 SiteMesh 的插件），这是非常有用的技术。接下来，需要调用 FilterDispatcher，它调用 ActionMapper 来确定请求调用哪个 Action，ActionMapper 返回一个收集了 Action 详细信息的 ActionMapping 对象。

接下来 FilterDispatcher 将控制权委派给 ActionProxy，ActionProxy 调用配置管理器（Configuration Manager）从配置文件中读取配置信息，然后创建 ActionInvocation 对象。实际上 ActionInvocation 的处理过程就是 Struts 2 处理请求的过程。ActionInvocation 被创建的同时，填充了需要的所有对象和信息，它在调用 Action 之前会依次调用所有配置的拦截器。

一旦 Action 执行返回结果字符串，ActionInvocation 负责查找结果字符串对应的 Result，然后执行这个 Result。通常情况下，Result 会调用一些模板（如 JSP 等）来呈现页面。

之后拦截器会被再次执行（顺序和 Action 执行之前相反），最后响应，被返回给在 web.xml 中配置的那些过滤器（FilterDispatcher 等）。

从整个 Struts 2 的体系结构图中，我们可以发现一些重要的对象，这些对象在 Struts 2 中发挥了什么作用呢？下面就介绍一下 Struts 2 体系结构图中涉及的这些对象。

1. ActionMapper

ActionMapper 提供了请求和 Action 调用请求之间的映射，ActionMapper 根据请求的 URI 来查找是否存在对应的 Action 调用请求。如果有，则返回一个描述 Action 映射的 ActionMapping 对象；如果没有，则返回 null。

2. ActionMapping

ActionMapping 保存了调用 Action 的映射信息，其中必须保存 Action 的命名空间信息和 name 属性信息。

3. ActionProxy

ActionProxy 在 XWork 和真正的 Action 之间充当代理，在执行 Action 的过程中，因为使用代理而非直接操纵对象，所以可以在 Action 执行前后执行额外的操作。

ActionProxy 创建了 ActionInvocation 对象。

4. ActionInvocation

ActionInvocation 表示 Action 的执行状态，它保存拦截器（按配置顺序）、Action 实例。ActionInvocation 由 ActionProxy 创建，通过调用 invoke( ) 方法开始 Action 的执行，执行的顺序为按配置顺序执行拦截器，拦截器执行完毕后执行 Action，Action 执行结束后返回结果字符串，匹配对应的 Result 后，再一次执行拦截器。

5. Interceptor（拦截器）

拦截器是一种可以在请求处理之前或者之后执行的 Struts 2 组件。拦截器是 Struts 2 的重要特性，Struts 2 框架的绝大多数功能都是通过拦截器来完成的。因为其非常重要，所以下面将详细、深入地讲解它。

任务 2 配置 Struts 2 拦截器

关键步骤如下。

- 在 struts.xml 中使用 <interceptor…/> 定义拦截器。
- 在 struts.xml 中通过 <interceptor-ref…/> 元素来使用拦截器。
- 编写自定义拦截器并配置。

10.2.1 拦截器的作用

任何优秀的 MVC 框架都会提供一些通用的操作，如请求数据的封装、类型转换、数据校验、解析上传的文件、防止表单的多次提交等。早期的 MVC 框架将这些操作都统一封装在核心控制器中，但这些通用的操作并不是所有请求都需要实现，因此导致框架的灵活性不足、可扩展性降低。

Struts 2 将它的核心功能放到拦截器中实现而不是集中在核心控制器中实现，把大部分控制器需要完成的工作按功能分开定义，每一个拦截器完成一个功能，而完成这些功能的拦截器可以自由选择、灵活组合。需要哪些拦截器，只需要在 struts.xml 中指定即可，从而增强了框架的灵活性。

拦截器的方法在 Action 执行之前或者执行之后自动地执行，从而将通用的操作动态地插入 Action 执行的前后，这样有利于系统的解耦。这种功能的实现类似于我们自己组装的计算机，变成了可插拔式。需要某个功能就“插入”一个拦截器，不需要某个功能就“拔出”一个拦截器。可以任意地组合 Action 提供的附加功能，而不需要修改 Action 代码。

如果有一批拦截器经常固定在一起使用，可以将这些执行小粒度功能的拦截器定义成大粒度的拦截器栈（根据不同的应用需求而定义的拦截器组合）。从结构上看，拦截器栈相当于多个拦截器的组合；而从功能上看，拦截器栈也是拦截器，同样可以和其他拦截器（或拦截器栈）一起组成更大粒度的拦截器栈。

通过组合不同的拦截器，我们能够以自己需要的方式来组合 Struts 2 框架的各种功能；通过扩展自己的拦截器，我们可以“无限”扩展 Struts 2 框架。

10.2.2　分析拦截器的工作原理

拦截器围绕着 Action 和 Result 的执行而执行。Struts 2 拦截器的工作方式如图 10.2 所示。从图中可以看出，Struts 2 拦截器的实现原理和 Servlet Filter 的实现原理差不多，以链式执行，对真正要执行的方法（execute( )）进行拦截。首先执行 Action 配置的拦截器，在 Action 和 Result 执行之后，拦截器再一次执行（与先前调用相反的顺序），在此链式的执行过程中，任何一个拦截器都可以直接返回，从而终止余下的拦截器、Action 及 Result 的执行。

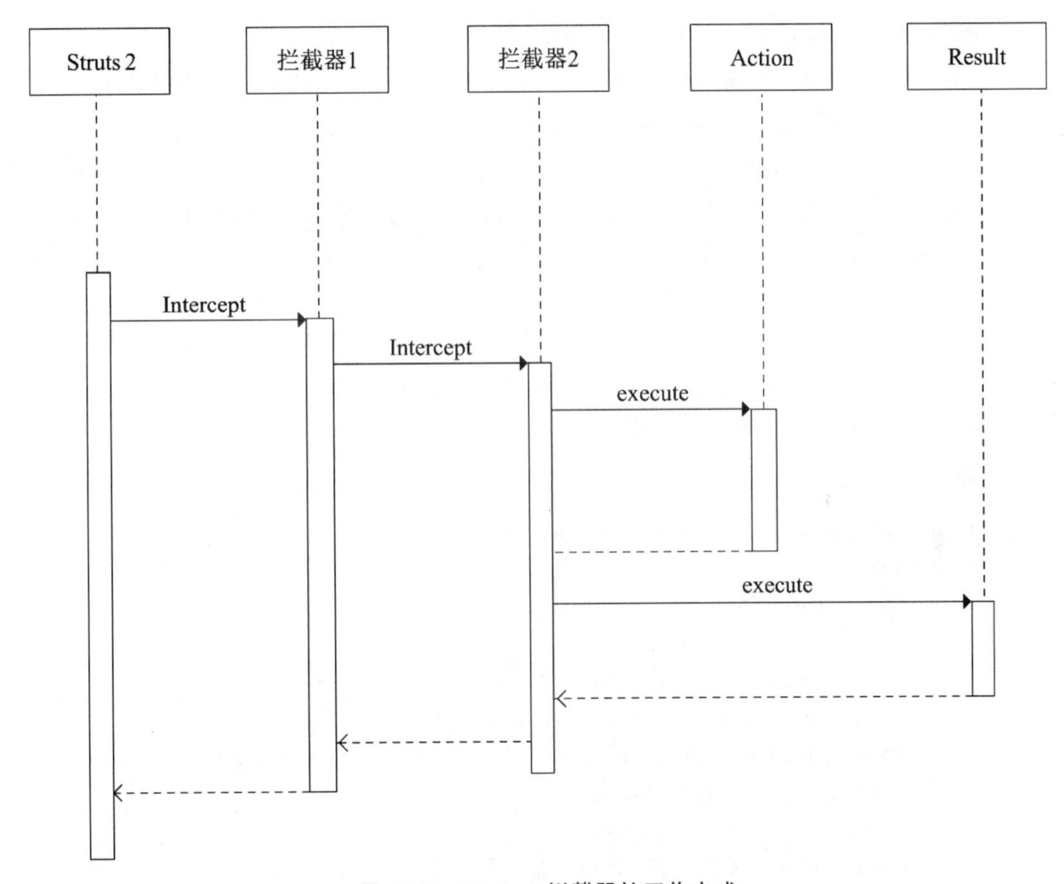

图 10.2　Struts 2 拦截器的工作方式

当 ActionInvocation 的 invoke( ) 方法被调用时，开始执行 Action 配置的第一个拦截器，拦截器做出相应处理后会再次调用 ActionInvocation 的 invoke( ) 方法。ActionInvocation 对象负责跟踪执行过程的状态，并且把控制权交给合适的拦截器。ActionInvocation 通过调用拦截器的 intercept( ) 方法将控制权转交给拦截器。因此，拦截器的执行过程可以看作是一个递归的过程，后续拦截器继续执行，直到最后一个拦截器，invoke( ) 方法才会执行 Action。

问答

问题：为什么把拦截器的执行看作递归过程？

解答：框架通过第一次调用 ActionInvocation 的 invoke( ) 方法开始这一过程，ActionInvocation 通过调用拦截器的 intercept( ) 方法把控制权转交给为 Action 配置的第一个拦截器。最重要的是 intercept( ) 把 ActionInvocation 实例看作参数，在拦截器的处理过程中，它会调用 ActionInvocation 对象上的 invoke( ) 方法来继续调用后续拦截器。

拦截器有一个三阶段的、有条件的执行周期，如下所示。

- 做一些 Action 执行前的预处理。拦截器可以准备、过滤、改变或者操作任何可以访问的数据，包括 Action。
- 调用 ActionInvocation 的 invoke( ) 方法将控制权转交给后续的拦截器或者返回结果字符串终止执行。如果拦截器决定请求的处理不应该继续，可以不调用 invoke( ) 方法，而是直接返回一个控制字符串。通过这种方式，可以停止后续的执行，并且决定将哪个结果呈现给客户端。
- 做一些 Action 执行后的处理。此时拦截器依然可以改变可以访问的对象和数据，只是此时框架已经选择了一个结果呈现给客户端了。

下面通过示例代码来体会拦截器的三个阶段，如示例 1 所示。

示例 1

```
public class MyTimerInterceptor extends AbstractInterceptor {
    @Override
    public String intercept(ActionInvocation invocation)
                throws Exception {
        //1. 执行 Action 之前的工作 : 获取开始执行时间
        long startTime = System.currentTimeMillis();
        System.out.println( "执行 Action 之前的工作 , 开始时间 " + startTime);
        //2. 执行后续拦截器或 Action
        String result = invocation.invoke();
        //3. 执行 Action 之后的工作 : 计算并输出执行时间
        long endTime = System.currentTimeMillis();
        long execTime = endTime - startTime;
        System.out.println(" 执行 Action 后的工作 , 结束时间 " + endTime);
        System.out.println(" 总共用时 " + execTime);
        // 返回结果字符串
        return result;
    }
}
```

MyTimerInterceptor 拦截器记录动作执行所花费的时间，代码很简单。intercept( ) 方法是拦截器执行的入口方法，需要注意的是它接收 ActionInvocation 的实例。

当 intercept( ) 方法被调用时，拦截器开始记录开始时间（也就是进行预处理的工作），接着 MyTimerInterceptor 拦截器调用 ActionInvocation 实例的 invoke( ) 方法，将控制权转交给剩余的拦截器和 Action，因为没有理由终止记录执行时间，所以 MyTimerInterceptor 拦截器总是调用 invoke( ) 方法。

在调用 invoke( ) 方法后，MyTimerInterceptor 拦截器等待这个方法的返回值。虽然这个结果字符串告诉 MyTimerInterceptor 拦截器哪个结果会被呈现，但并未指出 Action 是否执行（可能剩余的拦截器终止了执行操作）。无论 Action 是否执行，当 invoke( ) 方法返回时，就表明某个结果已经被呈现了（响应页面已经生成完毕）。

获得结果字符串之后，MyTimerInterceptor 拦截器记录了执行的用时，在控制台进行了输出。此时拦截器可以使用结果字符串做一些操作，但是在这里不能停止或者改变响应。对于 MyTimerInterceptor 拦截器而言，它不关心结果，因此它不查看返回的结果字符串。

MyTimerInterceptor 拦截器执行到最后，返回了从 invoke( ) 方法获得的结果字符串，从而使递归又回到了拦截器链，使前面的拦截器继续执行它们的后续处理工作。

10.2.3　配置拦截器

在示例 1 中我们已经看到了部分定义拦截器的代码，下面将介绍如何对拦截器进行配置。配置拦截器需要经过以下两个步骤。

（1）通过 <interceptor…/> 元素来定义拦截器。

（2）通过 <interceptor-ref…/> 元素来使用拦截器。

使用拦截器的 struts.xml 配置文件，内容如示例 2 所示。

示例 2

```
<package name="default" namespace="/" extends="struts-default">
    <interceptors>
        <interceptor name="myTimer"
            class="com.houserent.interceptor.MyTimerInterceptor">
        </interceptor>
    </interceptors>
    <action name="action" class="com.houserent.action.MyTimerAction">
        <result>/index.jsp</result>
        <interceptor-ref name="myTimer" ></interceptor-ref>
        <interceptor-ref name="defaultStack" ></interceptor-ref>
    </action>
</package>
```

在 struts.xml 文件中，首先在 <interceptors> 元素中使用 <interceptor> 子元素来定义拦截器，<interceptor> 元素的 name 属性与 class 属性是必须填写的，前者指定拦截器的名称，后者指定拦截器的全限定类名。然后在 <action> 元素中使用 <interceptor-ref> 子元素指定引用的拦截器。如果除了希望调用自己编写的拦截器外，还希望调用 Struts 2 框架定义的默认拦截器，就需要将默认拦截器一并添加到 <action> 元素中，有关 Struts 2 默认拦截器的内容将在后面介绍。

示例 2 实现了一个简单的拦截器配置，运行程序后在控制台将会输出 Action 的执行用时，如图 10.3 所示。

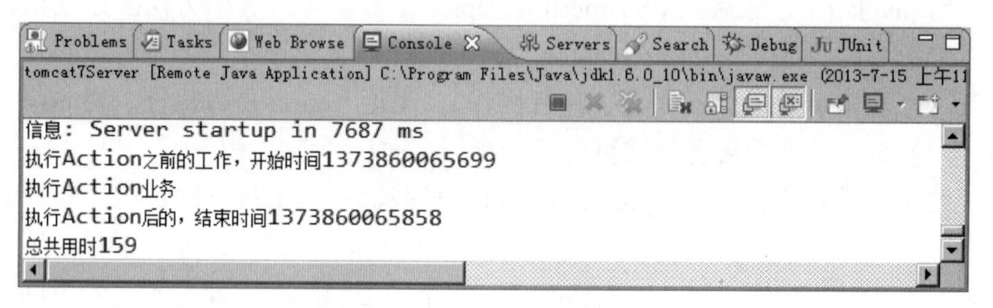

图 10.3　Action 的执行用时

从图 10.1 中看到，在 Struts 2 体系结构中可以包含多个拦截器，那么配置过程就会相对复杂，而拦截器详细的配置过程如示例 3 所示。

示例 3

```
<package name="packageName" extends="struts-default"
            namespace="/manage">
    <interceptors>
        <!-- 定义拦截器 -->
        <interceptor name="interceptorName" class="interceptorClass"/>
        <!-- 定义拦截器栈 -->
        <interceptor-stack name="interceptorStackName">
            <!-- 指定引用的拦截器 -->
            <interceptor-ref
             name="interceptorName|interceptorStackName"/>
        </interceptor-stack>
    </interceptors>
    <!-- 定义默认的拦截器引用 -->
    <default-interceptor-ref
      name="interceptorName|interceptorStackName"/>
    <action name="actionName" class="actionClass">
        <!-- 为 Action 指定拦截器引用 -->
        <interceptor-ref name="interceptorName|interceptorStackName"/>
        <!-- 省略其他配置 -->
    </action>
</package>
```

如果想要把多个拦截器组成一个拦截器栈，就需要在 interceptors 元素中使用 interceptor-stack 元素定义拦截器栈，其中 name 属性指定拦截器栈的名称，依然使用 interceptor-ref 元素指定引用的拦截器。

引用拦截器时，Struts 2 并不区分拦截器和拦截器栈，因此，在定义拦截器栈时，可以引用其他的拦截器栈。

如果配置文件中的大多数 Action 都引用相同的拦截器，建议大家定义默认的拦截器引用，<default-interceptor-ref> 元素用来定义默认的拦截器引用，其 name 属性指定引用的拦截器或拦截器栈的名称。

在 Struts 2 框架中，内置了很多拦截器供开发人员使用，下面我们就来学习 Struts 2 的内置拦截器。

10.2.4 Struts 2 的内置拦截器

1．params 拦截器

params 拦截器提供了框架必不可少的功能，将请求中的数据设置到 Action 的属性上。

2．staticParams 拦截器

staticParams 拦截器是将在配置文件中通过 <action> 元素的子元素 <param> 设置的参数设置到对应的 Action 的属性中。

3．servletConfig 拦截器

servletConfig 拦截器提供了一种将源于 Servlet API 的各种对象注入 Action 当中的简洁方法。Action 必须实现相对应的接口，servletConfig 拦截器才能将对应的 Servlet 对象注入 Action 中。

表 10-1 列出的接口可以由 Action 实现，用来取得 Servlet API 的不同对象。

表 10-1 获取 Servlet API 对象的接口

接　口	作　用
ServletContextAware	设置ServletContext
ServletRequestAware	设置HttpServletRequest
ServletResponseAware	设置HttpServletResponse
ParameterAware	设置Map类型的请求参数
RequestAware	设置Map类型的请求（HttpServletRequest）属性
SessionAware	设置Map类型的会话（HttpSession）属性
ApplicationAware	设置Map类型的应用程序作用域对象（ServletContext）

为了降低 Action 与 Servlet API 之间的耦合，在实际开发中要尽量减少或者避免在 Action 中直接访问 Servlet API。

4. fileUpload 拦截器

fileUpload 拦截器将文件和元数据从多重请求（multipart/form-data）转换为常规的请求数据，以便将它们设置在对应的 Action 属性上，实现文件上传。

5. validation 拦截器

validation 拦截器用于执行数据校验。

6. workflow 拦截器

workflow 拦截器提供当数据校验错误时终止执行流程的功能。

7. exception 拦截器

exception 拦截器用于捕获异常，并且能够根据异常类型将捕获的异常映射到用户自定义的错误页面。该拦截器执行时应该位于所定义的所有拦截器中的第一个。

Struts 2 内置拦截器

Struts 2 框架定义了许多有用的拦截器，这里只介绍了比较常用的几个，在实际开发中如果有需要，可以查阅 struts-default.xml 文件，了解更多的 Struts 2 内置拦截器。

10.2.5 配置 Struts 2 内置拦截器栈

Struts 2 框架除了提供这些有用的拦截器外，还定义了一些拦截器栈，在开发 Web 应用程序时，可以直接引用这些拦截器栈，而无须自己组合拦截器。

struts-default.xml 中定义了一个非常重要的拦截器栈——defaultStack 拦截器栈。defaultStack 拦截器栈组合了多个拦截器，这些拦截器的顺序经过精心的设计，能够满足大多数 Web 应用程序的需求。只要在定义包的过程中继承 struts-default 包，那么 defaultStack 拦截器栈将是默认的拦截器的引用。defaultStack 拦截器栈的定义如示例 4 所示。

示例 4

```
<interceptor-stack name="defaultStack">
<interceptor-ref name="exception"/>
<interceptor-ref name="alias"/>
<interceptor-ref name="servletConfig"/>
<interceptor-ref name="prepare"/>
<interceptor-ref name="i18n"/>
<interceptor-ref name="chain"/>
<interceptor-ref name="debugging"/>
<interceptor-ref name="profiling"/>
```

```
        <interceptor-ref name="scopedModelDriven"/>
        <interceptor-ref name="modelDriven"/>
        <interceptor-ref name="fileUpload"/>
        <interceptor-ref name="checkbox"/>
        <interceptor-ref name="staticParams"/>
        <interceptor-ref name="params">
            <param name="excludeParams">dojo\..*</param>
        </interceptor-ref>
        <interceptor-ref name="conversionError"/>
        <interceptor-ref name="validation">
            <param name="excludeMethods">input,back,cancel,browse</param>
        </interceptor-ref>
        <interceptor-ref name="workflow">
            <param name="excludeMethods">input,back,cancel,browse</param>
        </interceptor-ref>
    </interceptor-stack>
```

Struts 2 为我们提供了如此丰富的拦截器，但是这并不意味着我们失去了创建自定义拦截器的能力，恰恰相反，自定义 Struts 2 拦截器是相当容易的一件事。

10.2.6　实现自定义拦截器并进行配置

在前面已经了解了一些 Struts 2 内置的拦截器类型，那么在 Struts 2 框架中，也同样支持自定义的拦截器。需要注意的是，在 Struts 2 框架中所有的 Struts 2 拦截器都直接或间接地实现接口 com.opensymphony.xwork2.interceptor.Interceptor。该接口提供了 3 个方法，如下所示。

- void init( )：该拦截器被初始化之后，在执行拦截之前，系统回调该方法。对于每个拦截器而言，此方法只执行一次。
- void destroy( )：该方法跟 init( ) 方法对应。在拦截器实例被销毁之前，系统将回调该方法。
- String intercept(ActionInvocation invocation) throws Exception：该方法是用户需要实现的拦截动作，会返回一个字符串作为逻辑视图。

自定义拦截器

除此之外，继承 com.opensymphony.xwork2.interceptor.AbstractInterceptor 类是更简单的一种实现拦截器的方式，AbstractInterceptor 类提供了 init( ) 和 destroy( ) 方法的空实现，这样我们只需要实现 intercept( ) 方法，就可以创建自己的拦截器了。

问答

问题 1：是不是觉得我们已经接触过自定义拦截器了呢？

解答：我们在讲解拦截器的工作原理时，示例 1 中展示的 MyTimerInterceptor 拦截器就是一个自定义的拦截器。

问题 2：我们应该怎样使用这个拦截器呢？

解答：在 10.2.3 节中我们学习了如何配置拦截器。在编写好一个拦截器之后，还需要执行如下两步才可以使用这个自定义的拦截器。

（1）通过 <interceptor> 元素来定义拦截器。

（2）通过 <interceptor-ref> 元素来引用这个拦截器。

为租房网开发一个自定义拦截器来判断用户是否登录。当用户需要请求执行某个受保护的操作时，先检查用户是否登录。如果没有登录，则向用户显示登录页面；如果用户已经登录，则继续操作。首先编写权限验证拦截器，代码如示例 5 所示。

示例 5

```
/**
* 权限验证检查拦截器
**/
public class AuthorizationInterceptor extends AbstractInterceptor {
    /*
     * 拦截器的拦截方法
     */
     public String intercept(ActionInvocation invocation)
                    throws Exception {
        // 获取用户会话信息
        Map session = invocation.getInvocationContext().getSession();
        User user = (User)session.get("login");
        if(user == null) {
            // 终止执行 , 返回登录页面
            return Action.LOGIN;
        } else{
            // 继续执行剩余的拦截器和 Action
            return invocation.invoke();
        }
     }
}
```

然后在配置文件中，定义拦截器并引用它。配置文件的内容如示例 6 所示。

示例 6

```
<package name="default" namespace="/" extends="struts-default">
    <interceptors>
        <!-- 定义权限验证拦截器 -->
        <interceptor name="myAuthorization"
            class="cn.houserent.interceptor
                    .AuthorizationInterceptor">
```

```
        </interceptor>
        <interceptor-stack name="myStack">
            <interceptor-ref name="myAuthorization" />
            <interceptor-ref name="defaultStack" />
        </interceptor-stack>
    </interceptors>
    <!-- 定义默认拦截器 -->
    <default-interceptor-ref name="myStack" />
    <default-action-ref name="defaultAction" />
    <!-- 定义全局结果 -->
    <global-results>
        <result name="login" type="redirect">
            /page/login.jsp
        </result>
    </global-results>
    <action name="defaultAction" class="cn.houserent.action.Default">
        <result name="fail">/page/fail.jsp</result>
    </action>
    <action name="house" class="cn.houserent.action.HouseAction">
        <result name="success">/page/manage.jsp</result>
        <!-- 指定默认拦截器（default-interceptor-ref）后在 action 中可省略拦截器
        引用 -->
        <!--<interceptor-ref name="myStack" />-->
    </action>
</package>
```

示例 6 中，在 HouseAction 中配置添加了用于权限控制的拦截器，当用户直接请求 HouseAction 时，拦截器将判断用户是否登录，实现访问权限的控制。

问答

问题：为什么在浏览器中直接请求页面，拦截器没有发挥作用？

解答：因为在 Struts 2 框架中，拦截器只针对 Action 的请求才会发生作用，所以如果直接请求页面，拦截器是不进行响应的。

技能训练

上机练习 1——实现用户权限的访问控制

➢ 需求说明

参照示例完成租房网的用户权限控制功能，当用户访问管理页面时，验证用户是否已经登录。如果用户没有登录，则直接返回登录页面。

提示

（1）编写自定义拦截器，继承自 AbstractInterceptor。

（2）在配置文件中定义拦截器。

（3）引用拦截器。

任务 3 使用 Struts 2 框架实现文件上传功能

关键步骤如下。

- 下载实现文件上传所需要的依赖包。
- 编写上传页面。
- 开发实现文件上传的 Action。
- 在表单中添加多个相同 name 属性的 File 控件实现多文件上传。

文件上传是一个在生活和工作中经常遇到的功能，如在个人微博中上传照片，给上级主管发送数据报告等。在学习 JSP 时，我们使用 commons-fileupload 组件实现了文件上传的功能，那么 Struts 2 框架是否也支持文件上传呢？当然，在 Struts 2 框架中已经封装好了上传组件，我们只需要在程序中简单设置就可以实现文件上传。

10.3.1 下载上传依赖包

在学习 JSP 时，我们学习了如何实现文件的上传操作。在 Struts 2 框架中，同样可以实现文件上传。由于 Struts 2 框架对上传组件进行了封装，使得文件上传的实现更简单。

在 Struts 2 框架中提供了对 commons-fileupload 组件的支持，并且默认使用该组件实现文件上传。因此，为了实现文件上传功能，我们需要在项目中包含两个 jar 文件：commons-fileupload-x.x.x. jar、commons-io-x.x.x. jar。

说明

jar 文件的版本取决于当前工程使用的 Struts 2 的版本。

10.3.2 使用 commons-fileupload 实现文件上传

1. 上传页面的准备

制作一个简单页面，用于实现文件上传，制作页面的代码如示例 7 所示。

示例 7

```
<s:form action="upload.action" enctype="multipart/form-data"
```

```
method="post">
    <s:textfield name="title" label=" 标题 "/><br/>
    <s:file name="upload" label=" 选择文件 "/><br/>
    <s:submit name="submit" value=" 上传文件 "/>
</s:form>
```

2. 开发实现文件上传的 Action

实现文件上传的代码如示例 8 所示。

示例 8

```
public class UploadAction extends ActionSupport {
    // 封装上传到服务器的文件对象
    private File upload;
    // 封装上传文件的类型
    private String uploadContentType;
    // 封装上传文件名称
    private String uploadFileName;
    // 获取上传文件的保存路径，是应用上下文中的相对路径
    private String savePath;

    @Override
    public String execute() throws Exception {
        byte[] buffer=new byte[1024];
        // 读取文件
        FileInputStream fis=new FileInputStream(getUpload());
        // 保存文件 , 并设置保存目录的路径
        FileOutputStream fos=new FileOutputStream(getSavePath()+"\\"
                                +this.getUploadFileName());
        int length=fis.read(buffer);
        while(length>0) {
            // 每次写入 length 长度的内容
            fos.write(buffer,0, length);
            length=fis.read(buffer);
        }
        fis.close();
        fos.flush();
        fos.close();
        return SUCCESS;
    }
    // 通过读取存放目录获得保存文件的绝对路径
    public String getSavePath() {
        return ServletActionContext.getServletContext()
                .getRealPath(savePath);
    }
```

```
        // 省略 setter/getter 方法
}
```

需要特别强调的是，在 Action 中使用了 3 个属性来封装文件信息，分别如下。

- File 类型的 xxx 属性：与表单中的 File 控件的 name 属性一致，用于封装 File 控件对应的文件内容。
- String 类型的 xxxFileName 属性：该属性名称由前面的 File 类型属性和“FileName”组合而成，是固定语法，其作用是封装 File 控件对应文件的文件名。
- String 类型的 xxxContentType 属性：同样由 xxx 属性和“ContentType”组合而成，是固定语法，其作用是封装 File 控件对应文件的文件类型。

有了这 3 个属性，在执行文件上传时就可以直接通过 getter 方法来获取上传文件的文件名、类型及文件内容。

Action 编写完毕后，下一步就需要进行配置。配置 Action 的方法很简单，代码如示例 9 所示。

示例 9

```
<action name="upload" class="cn.houserent.action.UploadAction">
    <!-- 通过 param 参数设置保存目录的路径 -->
    <param name="savePath">/upload</param>
    <result name="success">/upload_success.jsp</result>
</action>
```

配置好 Action 后，最后需要做的就是开发结果页面 upload_success.jsp，代码如示例 10 所示。

示例 10

```
<body>
    您所上传的文件是：<s:property value="uploadFileName"/><br/>
    文件类型：<s:property value="uploadContentType"/>
</body>
```

在结果页面中，输出上传文件的标题及文件类型。运行效果如图 10.4 和图 10.5 所示。

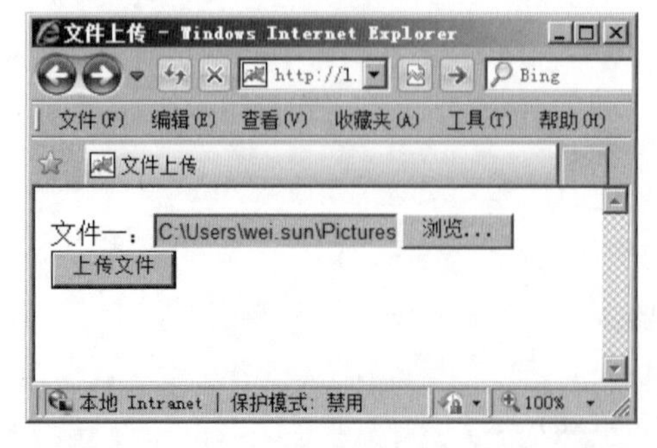

图 10.4　上传文件

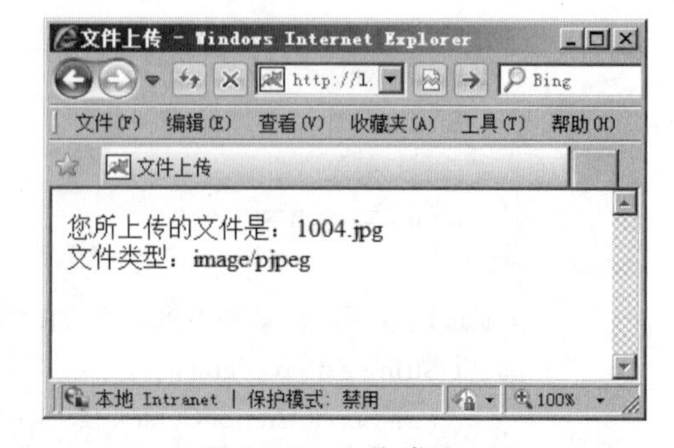

图 10.5　上传成功

10.3.3　使用 commons-fileupload 实现多文件上传

实现多文件上传的操作非常简单，在表单中添加多个相同 name 属性的 File 控件，这样当表单提交时，将会提交一个数组。因此只需要在上传 Action 中将原本处理单个文件的操作改成对数组的操作即可。

修改实现文件上传的 Action，以满足多文件的上传，代码如示例 11 所示。

示例 11

```
public class UploadAction extends ActionSupport {

    // 获取提交的多个文件
    private File[] upload;
    // 封装上传文件的类型
    private String[] uploadContentType;
    // 封装上传文件名称
    private String[] uploadFileName;
    // 获取文件上传的路径
    private String savePath;
    public String getSavePath() {
        return ServletActionContext.getServletContext()
        .getRealPath(savePath);
    }
    public void setSavePath(String savePath) {
        this.savePath = savePath;
    }
    // 省略其他 setter 和 getter 方法
    @Override
    public String execute() throws Exception {
        byte[] buffer=new byte[1024];
        for(int i=0; i<upload.length; i++) {
            FileIutputStream fis=new FileInputStream(getUpload()[i]);
            FileOutputStream fos=new FileOutputStream(getSavePath()+"\\"
                                        +getUploadFileName()[i]);
            int length=fis.read(buffer);
            while(length>0) {
                // 每次写入 length 长度的内容
                fos.write(buffer,0, length);
                length=fis.read(buffer);
            }
            fis.close();
            fos.flush();
            fos.close();
        }
```

```
            return SUCCESS;
        }
    }
```

提示

实现多文件上传，还可以采用多个 File 控件、不同 name 属性的方式，不过这样每增加一个 File 控件，都必须相应地增加属性设置，会造成 Action 中属性过多的情况，因此不建议使用这种方式。

技能训练

上机练习 2——实现单个文件的上传功能

➢ 需求说明

参照示例创建一个个人简历发布页面，实现个人图片的上传功能。

提示

（1）使用 File 控件上传文件，并修改表单的 enctype 属性。

（2）编写实现文件上传的 Action，注意 xxxContentType 属性和 xxxFileName 属性名称的设置规则。

（3）创建流实现文件读取和保存。

（4）在配置文件中进行 Action 的配置。

上机练习 3——实现多文件的上传功能

➢ 需求说明

参照示例创建一个页面，实现多文件上传功能。

提示

（1）将多个 File 控件的 name 属性设置为相同名称。

（2）在 Acion 中以数组方式读取上传文件。

（3）循环处理上传文件数组实现多文件上传功能。

任务 4 使用 Struts 2 框架实现文件下载功能

关键步骤如下。

➢ 定义 InputStream。

➢ 配置 stream 结果类型。

既然使用 Struts 2 框架可以实现文件上传，那么一定可以实现文件下载，并且相对于文件上传，文件下载更容易实现。

为了支持文件的下载，Struts 2 框架提供了 stream 结果类型，该类型的作用就是专门实现文件下载功能。

10.4.1　配置 stream 结果类型

stream 结果类型用于实现文件下载功能，在实现功能时需要指定一个输入流，即 inputStream 参数，通过这个流就可以读取需要下载的文件内容。当然，实现文件下载也并非如此简单，还需要对相关的参数进行配置，如 MIME 类型、HTTP 请求头信息、缓冲区的大小等。

stream 结果类型的配置参数如表 10-2 所示。

表 10-2　stream 结果类型的配置参数

名　称	作　用
contentType	设置发送到浏览器的MIME类型
contentLength	设置文件的大小
contentDisposition	设置响应的HTTP头信息中的Content-Disposition参数的值
inputName	指定Action中提供的inputStream类型的属性名称
bufferSize	设置读取和下载文件时的缓冲区大小

10.4.2　Struts 2 实现文件下载的步骤

Struts 2 框架支持文件下载功能，下面通过分步的方式实现文件的下载功能。

1．定义 InputStream

在 Struts 2 中实现文件下载需要用到 InputStream，所以在文件下载 Action 中要提供一个获得 InputStream 的方法，通过这个输入流就可以获取希望下载的文件内容。代码如示例 12 所示。

示例 12

```
public class FileDownAction extends ActionSupport {
        //读取下载文件的目录
        private String inputPath;
        //下载文件的文件名
        private String fileName;
        //读取下载文件的输入流
        private InputStream inputStream;
        //省略 setter 和 getter 方法
        //创建 InputStream 输入流
        public    InputStream getInputStream() throws
```

```
                                        FileNotFoundException{
            String path=ServletActionContext.getServletContext().
                          getRealPath(inputPath);
            return new BufferedInputStream(
                          new FileInputStream(path+"\\"+fileName));
      }

      @Override
      public String execute() throws Exception {
            return SUCCESS;
      }
}
```

在示例 12 中，通过 ServletContext 上下文得到下载文件的实际路径，并构建了一个 InputStream 输入流实现文件的读取。

2. **配置 stream 结果类型**

在配置文件中，同样要对下载 Action 进行配置，并且要对 stream 结果类型的参数进行设置，代码如示例 13 所示。

示例 13

```
<action name="download" class="cn.houserent.action.FileDownAction">
      <param name="inputPath">/upload</param>
      <result name="success" type="stream">
            <param name="contentType">application/octet-stream</param>
            <param name="inputName">inputStream</param>
            <param name="contentDisposition">
                  attachment;filename="${fileName}"
            </param>
            <param name="bufferSize">4096</param>
      </result>
</action>
```

在配置文件中，contentType 参数决定了下载文件的类型。不同的文件类型对应的参数值也是不同的，如表 10-3 所示。

表 10-3　contentType 对应的文件类型

文 件 类 型	contentType设置
Word	application/msword
Excel	application/vnd.ms-excel
PPT	application/vnd.ms-powerpoint
图片	image/gif、image/bmp、image/jpeg
文本文件	text/plain
html网页	text/html
任意的二进制数据	application/octet-stream

提示

通常情况下，contentType 参数直接设置为 application/octet-stream 即可。

contentDisposition 参数由两部分组成，前一部分表示处理文件的形式，如 attachment 表示在下载时弹出对话框，提示用户保存或者直接打开该文件；后一部分表示下载文件的文件名称。两部分之间以“;”进行分隔。

最后我们开发一个简单的下载页面，在页面中设置一个超链接，并通过超链接请求下载 Action，代码如示例 14 所示。

示例 14

```
<body>
    <a href="download.action?fileName=334.gif"> 点击此处下载文档 </a>
</body>
```

当单击超链接时，将出现下载提示框，运行程序后的效果如图 10.6 所示。

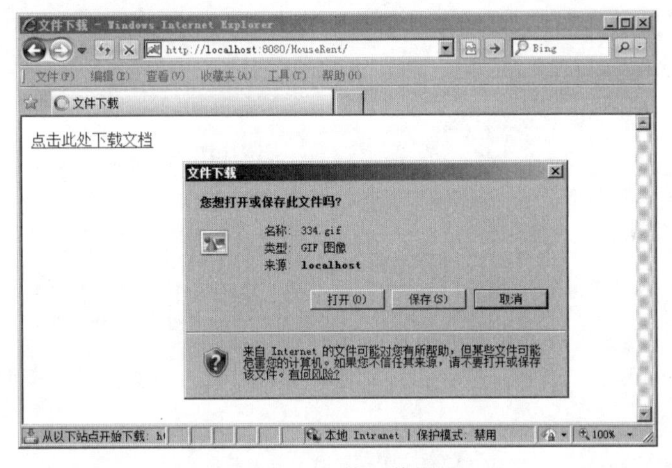

图 10.6　文件下载提示

技能训练

上机练习 4——实现文件下载功能

➢ 需求说明

参照示例将个人简历中上传的图片下载到本地保存。

提示

(1) 编写下载文件的 Action。

(2) 编写获取 InputStream 输入流的方法。

(3) 在配置文件中设置 stream 结果类型的参数。

本章总结

Struts 2 体系结构的核心就是拦截器。

- 拦截器以链式执行，对真正要执行的方法（execute()）进行拦截。首先顺序执行 Action 配置的拦截器，在 Action 和 Result 执行之后，拦截器再一次执行（与先前调用相反的顺序），在此链式的执行过程中，任何一个拦截器都可以直接返回，从而终止余下的拦截器、Action 及 Result 的执行。
- Struts 2 内置拦截器。
  - params 拦截器：将请求中的数据设置到 Action 的属性上。
  - servletConfig 拦截器：将源于 Servlet API 的各种对象注入 Action。
  - staticParams 拦截器：将在配置文件中配置的参数注入 Action 中对应的属性。
  - fileUpload 拦截器：将文件和元数据从多重请求转换为常规的请求数据。
  - validation 拦截器：执行数据校验。
  - workflow 拦截器：当数据校验错误时，提供终止流程的功能。
  - exception 拦截器：用于捕获异常。
- 自定义拦截器。
  - 实现 Interceptor 接口。
  - 继承 AbstractInterceptor 类。
- Struts 2 框架实现文件上传时需要添加 commons-fileupload-x.x.x.jar 和 commons-io- x.x.x. jar 文件。在 Action 中使用 3 个属性封装文件信息。
  - File 类型的 xxx 属性。
  - String 类型的 xxxFileName。
  - String 类型的 xxxContentType。
- 使用 Struts 2 框架实现文件下载时，需要通过 stream 结果类型来实现，设置以下参数。
  - contentType：下载文件的文件类型。
  - contentLength：设置文件的大小。
  - inputName：对应实现的 InputStream 属性。
  - contentDisposition：一方面表示文件的处理方式，另一方面指定下载文件的文件名称。
  - bufferSize：指定下载文件时的缓冲区大小。

本章练习

1. 简述 Struts 2 的体系结构。
2. 简述 Struts 2 拦截器的作用。

3．简述如何开发自定义拦截器。

4．升级租房网，开发权限控制拦截器，要求只有管理员有权利管理房屋信息。

5．编写通讯录系统，实现为好友添加头像的功能。通讯录好友表的表结构如表 10-4 所示。

表 10-4　通讯录好友表

字段名	类　型	说　明
id	NUMBER(10)	主键编号
name	VARCHAR2(50)	好友姓名
age	NUMBER(10)	年龄
gender	VARCHAR2(50)	性别
homecountry	VARCHAR2(50)	家乡
address	VARCHAR2(50)	住址
phone	VARCHAR2(50)	电话
photo	VARCHAR2(50)	头像

随手笔记

第 11 章

SSH 框架整合

技能目标

❖ 掌握 Spring 与 Hibernate 的集成
❖ 掌握 Spring 与 Struts 2 的集成

本章任务

学习本章，完成以下 8 个工作任务。记录学习过程中遇到的问题，可以通过自己的努力或访问 kgc.cn 解决。

任务 1：使用 SSH 搭建 Web 应用
任务 2：将 Spring 和 Hibernate 进行整合
任务 3：编写业务层并添加声明式事务管理
任务 4：将 Spring 和 Struts 2 进行整合
任务 5：修改 web.xml 配置
任务 6：使用 HibernateCallback 开发自定义功能
任务 7：Struts 2 和 Spring 整合进阶
任务 8：使用注解整合 SSH 框架

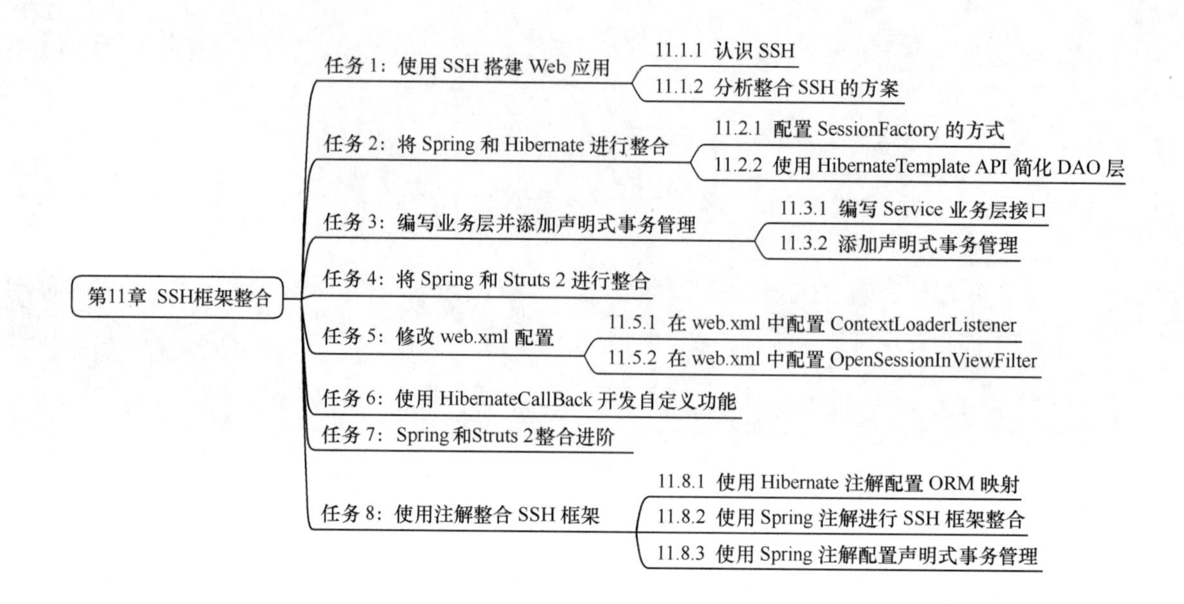

任务 1 使用 SSH 搭建 Web 应用

11.1.1 认识 SSH

SSH 架构指的是使用 Struts 2、Spring 和 Hibernate 这 3 个框架来搭建项目的主体架构，这也是目前流行的项目架构。

Struts 2 和 Hibernate 是两个独立的框架，它们之间没有直接的联系。由于 Spring 框架提供了对象管理、切面编程等非常实用的功能，如果把 Struts 2 和 Hibernate 的对象交给 Spring 容器进行解耦合管理，不仅能大大增强系统的灵活性，便于功能扩展，还能通过 Spring 提供的服务简化编码，减少开发工作量，提高开发效率。所以 SSH 框架整合其实就是分别实现 Spring 与 Struts 2、Spring 与 Hibernate 的整合，而实现整合的主要工作就是把 Struts 2、Hibernate 中的对象配置到 Spring 容器中，交给 Spring 来管理。

11.1.2 分析整合 SSH 的方案

Java Web 应用开发经过多年的发展，已经形成了一套成熟的程序结构。一个典型的使用了 Struts 2 和 Hibernate 框架的应用，其结构如图 11.1 所示。

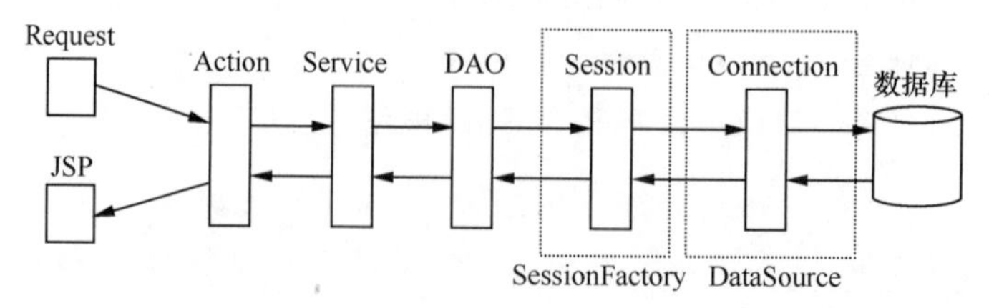

图 11.1 Struts 2+Hibernate 应用的程序结构

Struts 2 的主控制器接到请求后会调用特定的 Action。在 Action 中又会调用业务类（Service）来执行业务逻辑。如果需要访问数据库，业务类则会继续调用数据库访问对象（DAO）。而在数据库访问对象中，则需要调用 SessionFactory 提供的 Session 实例的方法执行具体操作。Session 最终会通过 Connection 等 JDBC API 来实现增、删、改、查等操作，而 Connection 可以通过配置的数据源（DataSource）来提供。

通过以上分析不难看出，程序执行过程中依赖的方向是 Action → Service → DAO → Session（由 SessionFactory 提供）→ Connection（由 DataSource 提供），当使用 Spring IoC 进行依赖管理时，依赖注入的方向则正好与之相反。下面通过租房系统中的用户登录功能展示 SSH 架构的搭建过程。

问题

使用 SSH 架构实现租房系统的登录功能。

分析

根据之前的分析，我们将按照 DataSource → SessionFactory → DAO → Service → Action 的顺序实现依赖注入，即先完成 Spring 和 Hibernate 的整合，再对业务层进行整合，最后完成 Spring 和 Struts 2 的整合。

实现思路及关键代码

（1）为租房系统添加 3 个框架所需的 JAR 文件，如图 11.2 所示，并创建相关的配置文件。

（2）配置数据源对象。

（3）为 Hibernate 配置 SessionFactory 对象。

（4）实现并配置 DAO 和 Service。

（5）为业务层添加事务管理。

（6）实现并配置 Action。

（7）创建 JSP 测试页面（登录页面）。

```
Referenced Libraries
  antlr-2.7.6.jar
  aopalliance-1.0.jar
  aspectjweaver-1.6.9.jar
  commons-collections-3.1.jar
  commons-dbcp-1.4.jar
  commons-fileupload-1.3.1.jar
  commons-io-2.2.jar
  commons-lang-2.4.jar
  commons-lang3-3.1.jar
  commons-logging-1.2.jar
  commons-pool-1.6.jar
  dom4j-1.6.1.jar
  ehcache-1.2.3.jar
  freemarker-2.3.19.jar
  hibernate-jpa-2.0-api-1.0.1.Final.jar
  hibernate3.jar
  javassist-3.12.0.GA.jar
  jta-1.1.jar
  log4j-1.2.17.jar
  ognl-3.0.6.jar
  ojdbc6.jar
  slf4j-api-1.6.1.jar
  slf4j-log4j12-1.6.1.jar
  spring-aop-3.2.13.RELEASE.jar
  spring-beans-3.2.13.RELEASE.jar
  spring-context-3.2.13.RELEASE.jar
  spring-core-3.2.13.RELEASE.jar
  spring-expression-3.2.13.RELEASE.jar
  spring-jdbc-3.2.13.RELEASE.jar
  spring-orm-3.2.13.RELEASE.jar
  spring-tx-3.2.13.RELEASE.jar
  spring-web-3.2.13.RELEASE.jar
  struts2-core-2.3.16.3.jar
  struts2-spring-plugin-2.3.16.3.jar
  xwork-core-2.3.16.3.jar
```

图 11.2 框架所需 JAR 文件

任务 2 将 Spring 和 Hibernate 进行整合

关键步骤如下。

- 在 Spring 配置文件中实现 SessionFactory Bean 的定义。
- 使用 HibernateTemplate API 简化 DAO。

11.2.1 配置 SessionFactory 的方式

使用 Spring 整合 Hibernate，首先应将诸如 JDBC DataSource 或者 Hibernate SessionFactory 等数据访问资源以 Bean 的形式定义在 Spring 容器中，交由 Spring 容器进行管理。

如果应用中存在一个独立的 Hibernate 配置文件 hibernate.cfg.xml，则可以采用如示例 1 所示的方式在 Spring 配置文件中轻松实现 SessionFactory Bean 的定义。

示例 1

```
<bean id="sessionFactory"
    class="org.springframework.orm.hibernate3.LocalSessionFactoryBean" >
    <property name="configLocation">
        <value>classpath:hibernate.cfg.xml</value>
    </property>
</bean>
```

这里使用了 Spring 提供的 LocalSessionFactoryBean，并通过 configLocation 属性为其指定 Hibernate 配置文件的位置，这样该 FactoryBean 就可以根据配置文件中的信息创建 Hibernate SessionFactory 对象了。通常我们使用 LocalSessionFactoryBean 的子类 AnnotationSessionFactoryBean，因为其额外提供了对 Hibernate 注解映射的支持。

除此之外，也可以把 Hibernate 的配置信息编写在 Spring 配置文件中，省去独立的 Hibernate 配置文件，有利于配置信息的集中管理。采用此种配置方式时，Spring 配置文件中首先要配置的是数据源对象。目前流行的数据源框架有 dbcp、c3p0、Proxool 等，它们都实现了连接池功能，都能为 Hibernate 的 Session 提供数据库连接。这里以配置 dbcp 数据源为例进行讲解，其他数据源的配置方法也类似，大家可以自行查询相关资料进行学习。要使用 dbcp 数据源，需要在项目中添加 commons-dbcp-1.4.jar 和 commons-pool-1.6.jar 两个文件。Spring 配置文件的代码如示例 2 所示。

示例 2

```
<!-- 定义 dbcp 数据源 -->
<bean id="dataSource" class="org.apache.commons.dbcp.BasicDataSource">
    <!-- 指定 JDBC 驱动类 -->
```

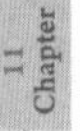

```
        <property name="driverClassName" value="oracle.jdbc.driver.OracleDriver">
        </property>
        <!-- 提供连接数据库的 URL 地址 -->
        <property name="url" value="jdbc:oracle:thin:@localhost:1521:orcl">
        </property>
        <!-- 提供连接数据库的用户名和密码 -->
        <property name="username" value="scott"></property>
        <property name="password" value="tiger"></property>
    </bean>
```

数据源配置好后，就可以在此基础上配置 SessionFactory Bean 了，代码如示例 3 所示。

示例 3

```
<!-- 定义 SessionFactory Bean -->
<bean id="sessionFactory"
    class="org.springframework.orm.hibernate3
            .annotation.AnnotationSessionFactoryBean">
    <!-- 为 AnnotationSessionFactoryBean 注入定义好的数据源 -->
    <property name="dataSource">
        <ref bean="dataSource" />
    </property>
    <!-- 添加 Hibernate 配置参数 -->
    <property name="hibernateProperties">
        <props>
            <prop key="hibernate.dialect">
                org.hibernate.dialect.Oracle10gDialect
            </prop>
            <prop key="hibernate.show_sql">true</prop>
            <prop key="hibernate.format_sql">true</prop>
        </props>
    </property>
    <!-- 添加对象关系映射文件 -->
    <property name="mappingResources">
        <list>
            <value>cn/houserent/entity/House.hbm.xml</value>
            <!-- 省略部分映射文件信息 -->
        </list>
    </property>
</bean>
```

如示例 3 代码所示，配置 Hibernate 的 SessionFactory Bean 时，需要注入定义好的数据源对象，还要通过 hibernateProperties 和 mappingResources 属性分别注入 Hibernate 的相关配置参数和对象关系映射文件的信息。

在实际开发中，对象关系映射文件可能会非常多，为每个文件都添加一条配置信息是一项很烦琐的工作，也使得配置文件变得臃肿。为了解决这个问题，可以使用 mappingDirectoryLocations 属性指定映射文件所在的目录，简化映射文件的配置。代码如示例 4 所示。

示例 4

```
<!-- 添加对象关系映射文件所在路径 -->
<property name="mappingDirectoryLocations">
    <list>
        <value>classpath:cn/houserent/entity/</value>
    </list>
</property>
```

11.2.2 使用 HibernateTemplate API 简化 DAO 层

配置好所需 SessionFactory Bean 后，就可以在此基础上进行 DAO 层的开发了。针对使用 Hibernate 框架开发的 DAO 类，Spring 提供了一个模板类 HibernateTemplate 来简化编码过程。

Hibernate 框架以面向对象的方式对 JDBC 的操作进行了封装，大大简化了持久化层的开发难度。一个典型的使用 Hibernate 完成数据保存的方法如下所示。

```
public void save(House transientInstance) {
    log.debug("saving House instance");
    Transaction tx = null;
    try {
        tx = getSession().beginTransaction();
        getSession().save(transientInstance);
        tx.commit();
        log.debug("save successful");
    } catch (RuntimeException re) {
        tx.rollback();
        log.error("save failed", re);
        throw re;
    }
}
```

可以看到，在以上方法中存在大量流程化的代码，编码过程依然显得有些烦琐。如果使用 Spring 提供的 HibernateTemplate，实现相同的功能则只需一行代码即可，关键代码如下所示。

```
public void save(House transientInstance) {
    this.getHibernateTemplate().save(transientInstance);
}
```

HibernateTemplate 的 save( ) 方法帮我们实现了流程化的代码，并调用 Session 的 save( ) 方法完成持久化操作。HibernateTemplate 的常用方法及功能如表 11-1 所示。

表 11-1　HibernateTemplate 常用的方法

方　法	功　能
List find(String queryString)	根据HQL查询字符串来返回实例集合
List find(String queryString,Object… values)	查询HQL，并将占位符“?”绑定到给定的参数Object…
List findByValueBean(String queryString,Object valueBean)	查询HQL，将命名参数绑定到给定的valueBean属性值
Serializable save(Object entity)	保存新的实例
void update(Object entity)	根据给定的持久化对象更新记录
void delete(Object entity)	删除指定的持久化类实例
void deleteAll(Collection entities)	删除集合内全部持久化类实例
Object get(Class entityClass,Serializable id)	根据主键加载特定持久化类的实例
Object load(Class entityName, Serializable id)	延迟加载实例，调用Hibernate Session对象的load( )方法
Object merge(Object entity)	将给定的entity按OID复制到持久化对象中并返回持久化对象
void saveOrUpdate(Object entity)	根据实例状态，选择保存或者更新
void setMaxResults(int maxResults)	设置结果集的最大行数

既然使用 HibernateTemplate 可以极大地简化开发，那么如何获取它的实例呢？相关代码如示例 5 所示。

示例 5

```
// DAO 实现类的代码
public class UserDaoImpl extends HibernateDaoSupport implements UserDao{
    // 添加用户方法
    public void save(User user) {
        this.getHibernateTemplate().save(user);
    }
    // 按属性值查找用户
    public List<User> findUserByProperty(String propertyName, Object value) {
        String queryString = "from User as u where u."
                                + propertyName + "= ?";
        return this.getHibernateTemplate().find(queryString,value);
    }
    // 按条件查询方法
    public List<User> findByExample(User instance) {
        return this.getHibernateTemplate().findByExample(instance);
```

```
    }
    // 删除用户方法
    public void delete(User user) {
        this.getHibernateTemplate().delete(user);
    }
    // 更新用户方法
    public void update(User user) {
        this.getHibernateTemplate().update(user);
    }
    // 查询指定用户方法
    public User findById(Integer id) {
        return this.getHibernateTemplate().get(User.class, id);
    }
    // 查询所有用户
    public List<User> findAll() {
        return this.getHibernateTemplate().find("from User");
    }
}
```

Spring 配置文件中：

```
<!-- 省略数据源及 SessionFactory Bean 的定义 -->
<!-- 配置 DAO 的关键代码 -->
<bean id="userDao" class="cn.houserent.dao.impl.UserDaoImpl">
        <property name="sessionFactory" ref="sessionFactory" />
</bean>
```

从示例 5 可以看到，UserDaoImpl 类继承了 Spring 提供的 HibernateDaoSupport 类，该基类中提供了 setSessionFactory( ) 方法，当通过这个 setter 方法注入 SessionFactory Bean 时，会自动创建 HibernateTemplate 实例，这样就可以通过 HibernateDaoSupport 类提供的 getHibernateTemplate( ) 方法直接获取该实例进行使用了。因此我们定义 DAO 类时仅仅需要继承 HibernateDaoSupport 类即可，无须额外声明 HibernateTemplate 或 SessionFactory 类型的属性。

至此，我们就实现了 Spring 对 Hibernate 的集成，下面对这一过程做一个小结。首先在 Spring 配置文件中定义 DataSource 和 SessionFactory Bean，然后定义和配置 DAO。Spring 为 Hibernate DAO 提供了 HibernateDaoSupport 类，该类的以下两个方法比较重要。

public final void setSessionFactory(SessionFactory sessionFactory)。

public final HibernateTemplate getHibernateTemplate( )。

其中，setSessionFactory( ) 方法使 DAO 通过依赖注入方式获得 SessionFactory 的实例，并创建 HibernateTemplate 的实例。而 getHibernateTemplate( ) 方法则用来返回 HibernateTemplate 的实例，帮助 DAO 类完成持久化操作。

提示

Spring 为多种持久化方案提供了模板支持，包括 JDBC、Hibernate、JDO、MyBatis（针对 Spring 3.x，SqlSessionTemplate 由 MyBatis 自己提供）等。借助 Spring 提供的模板，可以通过相同的访问模式，实现不同数据库访问技术的应用，这种模式极大地减少了 DAO 层的代码量，提高了开发效率。并且 Spring 在模板中把特定于某种技术的异常（如 SQLException、HibernateException）转化为自己统一的异常类型，这样在编码的时候就可以不用考虑处理各种技术中特定的异常，可以更方便地在这些持久化技术间切换。

任务 3　编写业务层并添加声明式事务管理

关键步骤如下。

- 编写 Service 业务层接口。
- 在 Spring 配置文件中为业务层添加声明式管理。

在使用 Spring 实现对 DAO 层的管理之后，就可以开始业务层的开发了。

11.3.1　编写 Service 业务层接口

业务层接口及实现类的关键代码如示例 6 所示。

示例 6

```
public interface UserBiz {
    /**
     * 登录
     * @param name 用户名
     * @param password 密码
     * @return 登录成功返回登录成功的用户信息 , 登录失败返回 null
     */
    public User login(String name, String password);
    // 省略其他方法
}

/**
* User 业务逻辑类实现
*/
public class UserBizImpl implements UserBiz {
    private UserDao userDao;
```

```
    // 注入 userDao
    public void setUserDao(UserDao userDao) {
        this.userDao = userDao;
    }

    public User login(String name,String password){
        User user = null;
        try {
            List<User> users = userDao.findUserByProperty("name", name);
            Iterator<User> it = users.iterator();
            if(it.hasNext()){
                user = (User)it.next();
                if(password.equals(user.getPassword())) return user;
            }
            return null;
        } catch (RuntimeException e) {
            e.printStackTrace();
            return null;
        }
    }
    // 省略其他方法的实现
}
```

在 Spring 配置文件中配置业务 Bean 的关键代码如示例 7 所示。

示例 7

```
<!-- 省略数据源、SessionFactory Bean 及 DAO 的配置 -->
<!-- 配置业务 Bean -->
<bean id="userBiz" class="cn.houserent.service.impl.UserBizImpl">
    <property name="userDao" ref="userDao"></property>
</bean>
```

11.3.2 添加声明式事务管理

声明式
事务配置

自 Spring 2.0 开始，声明式事务的配置可以采用 Schema 的方式进行，这需要用到 tx 和 aop 两个命名空间下的标签。因此在配置事务前，首先要在 Spring 配置文件中导入这两个命名空间。代码如示例 8 所示。

示例 8

```
<?xml version="1.0" encoding="UTF-8"?>
<beans xmlns="http://www.springframework.org/schema/beans"
    xmlns:xsi="http://www.w3.org/2001/XMLSchema-instance"
    xmlns:p="http://www.springframework.org/schema/p"
    xmlns:tx="http://www.springframework.org/schema/tx"
```

```
    xmlns:aop="http://www.springframework.org/schema/aop"
    xsi:schemaLocation="http://www.springframework.org/schema/beans
    http://www.springframework.org/schema/beans/spring-beans-3.2.xsd
    http://www.springframework.org/schema/tx
    http://www.springframework.org/schema/tx/spring-tx-3.2.xsd
    http://www.springframework.org/schema/aop
    http://www.springframework.org/schema/aop/spring-aop-3.2.xsd">
    <!-- 省略具体配置 -->
</beans>
```

接下来需要配置一个事务管理器对象，它提供对事务处理的全面支持和统一管理。Spring 为 Hibernate 提供了事务管理类 HibernateTransactionManager，其配置方式如示例 9 所示。

示例 9

```
<!-- 省略数据源、SessionFactory Bean、DAO 及业务 Bean 的配置 -->
<!-- 定义事务管理器 -->
<bean id="txManager"
    class="org.springframework.orm.hibernate3.HibernateTransactionManager">
    <property name="sessionFactory" ref="sessionFactory" />
</bean>
```

注意

配置 HibernateTransactionManager 时，要为其 sessionFactory 属性注入事先定义好的 SessionFactory Bean。

然后通过 <tx:advice> 标签配置事务增强，设定事务的属性，为不同的业务方法指定具体的事务规则。其代码片段如示例 10 所示。

示例 10

```
<!-- 省略其他配置 -->
<!-- 通过 <tx:advice> 标签定义事务增强，并指定事务管理器 -->
<tx:advice id="txAdvice" transaction-manager="txManager">
    <!-- 定义事务属性，声明事务规则 -->
    <tx:attributes>
    <tx:method name="find*" read-only="true" />
    <tx:method name="search*" read-only="true" />
    <tx:method name="query*" read-only="true" />
    <tx:method name="add*" propagation="REQUIRED" />
    <tx:method name="register" propagation="REQUIRED" />
    <tx:method name="del*" propagation="REQUIRED" />
    <tx:method name="update*" propagation="REQUIRED" />
```

```
        <tx:method name="do*" propagation="REQUIRED" />
        <tx:method name="*" propagation="REQUIRED" read-only="true" />
    </tx:attributes>
</tx:advice>
```

提示

transaction-manager 属性的默认值是 transactionManager。也就是说，如果定义的事务管理器 Bean 的名称是 transactionManager，则可以不指定该属性值。

设置完事务规则，最后还要定义切面，将事务规则应用到指定的方法上。代码如示例 11 所示。

示例 11

```
<!-- 定义切面 -->
<aop:config>
    <!-- 定义切入点 -->
    <aop:pointcut id="serviceMethod"
        expression="execution(* cn.houserent.service.*.*(..))" />
    <!-- 将事务增强与切入点组合 -->
    <aop:advisor advice-ref="txAdvice" pointcut-ref="serviceMethod" />
</aop:config>
```

至此，Spring 的声明式事务就配置完成了，最后总结一下配置的步骤。

（1）导入 tx 和 aop 命名空间。

（2）配置事务管理器，并为其注入 SessionFactory Bean。

（3）通过 <tx:advice> 配置事务增强，绑定事务管理器并定义事务规则。

（4）配置切面，将事务增强与方法切入点组合。

随着事务配置的完成，业务层的开发也就结束了，接下来需要将业务 Bean 注入到 Struts 2 的 Action，这样就进入了 Spring 和 Struts 2 的整合阶段。

任务 4 将 Spring 和 Struts 2 进行整合

在没有 Spring 介入的情况下，Action 是由 Struts 2 创建并管理的，而 Action 所依赖的业务对象则需要在 Action 中通过代码自行创建和管理。为了更好地利用 Spring 提供的 IoC 特性实现依赖注入，我们通常希望将 Action、拦截器等 Struts 2 框架的核心对象交给 Struts 2 创建和管理，而将 Action 所依赖的业务对象交由 Spring 来管理。在前面的配置过程中，我们已经将业务对象的创建和管理交给了 Spring 来处理。接下来，我们需要做的就是在 Struts 2 创建 Action 对象时，为其注入这些 Spring 管理下的业务对象，从而达到整合 Struts 2 与 Spring 的目的。由于 Struts 2 在设计时就已经充分考虑到和 Spring 的整合问题并给出了解决方案，所以整合的过程变得非常简单。

要实现 Struts 2 和 Spring 的整合，需要将 Struts 2 开发包中的 struts2-spring-plugin-2.3.16.3.jar 文件添加到工程中，这个由 Struts 2 提供的插件即 Struts 2 和 Spring 整合的关键所在。该 JAR 文件中有一个 struts-plugin.xml 文件，其中有如下配置片段。

```
<bean type="com.opensymphony.xwork2.ObjectFactory" name="spring"
            class="org.apache.struts2.spring.StrutsSpringObjectFactory" />
<!--  Make the Spring object factory the automatic default -->
<constant name="struts.objectFactory" value="spring" />
```

这段配置代码通过设置常量 struts.objectFactory，将 Struts 2 的对象创建工厂类替换成了 StrutsSpringObjectFactory，该工厂类集成了 Spring，可以为 Struts 2 创建的 Action 对象注入 Spring 管理下的业务 Bean。

由于不需要在 Spring 中配置 Action，当 Struts 2 创建好 Action 的实例后，如何为其注入业务 Bean 呢？在这里，Struts 2 提供的整合插件使用了 Spring 的自动装配机制。Struts 2 提供的整合插件默认情况下会使用按名称匹配的方式为 Action 自动注入业务 Bean。在此模式下，要求 Action 中业务类属性的 setter 方法和 Spring 配置文件中所需业务 Bean 的名称一定要匹配。例如，在本章示例 7 中，我们在 Spring 配置文件中添加了一个名为 userBiz 的业务 Bean，为了将此业务 Bean 注入对应的 Action，该 Action 类中应如示例 12 所示添加 setter 方法。

示例 12

```
// 定义业务接口属性
private UserBiz userBiz;
// 定义 setter 方法 , 方法名应和 Spring 配置文件中业务 Bean 的名称相匹配
public void setUserBiz(UserBiz userBiz) {
    this.userBiz = userBiz;
}

// 省略 getter 方法
```

这样，Spring 就能根据该 setter 方法的名称获知所需的业务 Bean 名为“userBiz”。在创建该 Action 的实例时，就会自动将该业务 Bean 注入 Action 实例。

综上所述，在默认条件下实现 Struts 2 和 Spring 的整合，只需以下两个步骤。

（1）在工程中添加 struts2-spring-plugin-2.3.16.3.jar 文件。

（2）按照名称匹配的原则定义业务 Bean 和 Action 中的 setter 方法。

实现用户登录的 Action 类及其在 struts.xml 中的配置如示例 13 所示。

示例 13

```
/**
* 用户 action
```

```
*/
public class UserAction extends ActionSupport {
    private static final long serialVersionUID = 537099716868797289L;
    private String name;
    private String password;
    private String message;

    // 定义业务接口属性
    private UserBiz userBiz;
    // 定义 setter 方法 , 方法名应和 Spring 配置文件中业务 Bean 的名称相匹配
    public void setUserBiz(UserBiz userBiz) {
        this.userBiz = userBiz;
    }

    public String login() throws Exception {
        User user = userBiz.login(name, password);
        ActionContext ac = ActionContext.getContext();
        if(name == null || name.equals("")){
            this.setMessage(" 登录失败，请检查用户名和密码是否正确 ");
            return "login_input";
        }
        if(password == null || password.equals("")){
            this.setMessage(" 登录失败，请检查用户名和密码是否正确 ");
            return "login_input";
        }
        Map session = ac.getSession();
        if(null != user){
            session.put("login", user);
            return "login_success";
        }
        this.setMessage(" 登录失败，请检查用户名和密码是否正确 ");
        return "login_input";
    }
    // 省略其他方法和 getter/setter 方法
}
```

struts.xml 文件：

```
<!-- 省略部分其他配置 -->
<!-- 使用动态方法实现用户登录（login）、注册 (register)-->
<action name="user" class="cn.houserent.action.UserAction">
    <result name="register_success">/page/success.jsp</result>
    <result name="register_input">/page/register.jsp</result>
    <result name="login_success" type="redirectAction">manage</result>
```

```
    <result name="login_input">/page/login_struts2.jsp</result>
</action>
```

提示

通过在 struts.xml 中配置 struts.objectFactory.spring.autoWire 常量，可以改变插件的自动装配策略，如

```
<constant name="struts.objectFactory.spring.autoWire" value="type"/>
```

将自动装配策略调整为按类型。这时 setter 方法名和 Bean 的名称可以不再匹配，Spring 会根据 setter 方法的参数类型查找合适的 Bean 实现注入。

任务 5　修改 web.xml 配置

完成了 Spring 和 Struts 2 的整合，我们还需要在 web.xml 文件中进行最后的配置。

11.5.1　在 web.xml 中配置 ContextLoaderListener

Spring 需要启动容器才能为其他框架提供服务，配置代码如示例 14 所示。

示例 14

```
<!-- 配置环境参数 , 指定 Spring 配置文件的位置 -->
<context-param>
    <param-name>contextConfigLocation</param-name>
    <param-value>classpath:applicationContext.xml</param-value>
</context-param>
<!-- 配置 Spring 的 ContextLoaderListener 监听器 , 初始化 Spring 容器 -->
<listener>
    <listener-class>
        org.springframework.web.context.ContextLoaderListener
    </listener-class>
</listener>
<!-- 省略 web.xml 其他配置项 -->
```

11.5.2　在 web.xml 中配置 OpenSessionInViewFilter

Spring 为我们提供了一个名为 OpenSessionInViewFilter 的过滤器，可以和前面提到的事务管理器及 HibernateDaoSupport 很好地配合。其作用是把一个 Hibernate Session 和一次完整的请求过程绑定，在请求开始时开启 Session，请求结束时关闭 Session。这使得在一次请求的完整周期中，所使用的 Hibernate Session 是唯一的且一直保持开启的可用状态，比较简便地解决了诸如延迟加载等问题。

OpenSessionInViewFilter 是一个标准的 Servlet Filter，其配置方式如示例 15 所示。

示例 15

```
<!-- 省略 web.xml 其他配置 -->
<filter>
    <filter-name>OpenSessionInViewFilter</filter-name>
    <filter-class>
        org.springframework.orm.hibernate3.support.OpenSessionInView Filter
    </filter-class>
</filter>
<filter-mapping>
    <filter-name>OpenSessionInViewFilter</filter-name>
    <url-pattern>*.action</url-pattern>
</filter-mapping>
<!-- 省略 web.xml 其他配置 -->
```

注意

（1）OpenSessionInViewFilter 默认会去 Spring 容器中查找名为 sessionFactory 的 SessionFactory Bean。如果之前我们在 Spring 中定义 SessionFactory Bean 时的名称不是 sessionFactory，而是如 mySessionFactory，按照示例 15 配置的 OpenSessionInViewFilter 将无法获取所需的 SessionFactory Bean。这时就需要在配置时通过参数指定 SessionFactory Bean 的名称，参考代码如下。

```
<filter>
    <filter-name>OpenSessionInViewFilter</filter-name>
    <filter-class>
        org.springframework.orm.hibernate3.support.
            OpenSessionInViewFilter
    </filter-class>
    <!-- 通过 sessionFactoryBeanName 参数指定名称 -->
    <init-param>
        <param-name>sessionFactoryBeanName</param-name>
        <param-value>mySessionFactory</param-value>
    </init-param>
</filter>
```

（2）OpenSessionInViewFilter 要配置在 Struts 2 核心控制器 StrutsPrepareAndExecuteFilter 的前面，否则无法发挥作用。

完整的 web.xml 配置如示例 16 所示。

示例 16

```
<!-- Spring 配置 -->
<context-param>
    <param-name>contextConfigLocation</param-name>
    <param-value>classpath:applicationContext.xml</param-value>
</context-param>
<listener>
    <listener-class>org.springframework.web.context.ContextLoaderListener
    </listener-class>
</listener>
<filter>
    <filter-name>OpenSessionInViewFilter</filter-name>
    <filter-class>
        org.springframework.orm.hibernate3.support.OpenSessionInViewFilter
    </filter-class>
</filter>
<filter-mapping>
    <filter-name>OpenSessionInViewFilter</filter-name>
    <url-pattern>*.action</url-pattern>
</filter-mapping>

<!--Struts 2 配置 -->
<filter>
    <filter-name>struts2</filter-name>
    <filter-class>
        org.apache.struts2.dispatcher.ng.filter.StrutsPrepareAndExecuteFilter
    </filter-class>
</filter>
<filter-mapping>
    <filter-name>struts2</filter-name>
    <url-pattern>/*</url-pattern>
</filter-mapping>
```

最后，添加测试页面并部署运行即大功告成。

至此，我们搭建的 SSH 架构已经可以稳定地运行，并且性能良好。Struts 2 负责交互，Hibernate 负责数据持久化，Spring 管理组件间的依赖关系并提供事务管理等服务。SSH 架构在稳定性与生产效率上获得了极佳的平衡，是目前比较流行的企业级开发架构。

技能训练

上机练习 1——使用 SSH 实现用户登录注册功能

➢ 训练要点

（1）使用 Spring、Struts 2 和 Hibernate 集成编写程序。

（2）掌握使用 HibernateTemplate 简化 Hibernate DAO 的开发。

（3）掌握声明式事务的配置。

（4）掌握分层思想。

➢ 需求说明

（1）实现用户注册。

（2）实现用户登录。

➢ 实现思路及关键代码

（1）在租房系统（Struts 2+Hibernate）的基础上进行修改。

（2）添加 UserDao 接口，包括增、删、改、查方法。

（3）创建 UserDaoImpl 类，继承 Spring 提供的 HibernateDaoSupport 类并实现 UserDao 接口。

（4）创建 UserBiz 接口及其实现 UserBizImpl 类。实现业务的方法包括用户注册、用户登录、验证是否重名、按用户 ID 查询。

（5）创建 UserAction 类作为 Action 处理请求。

（6）使用 Spring 在业务类注入 DAO，在 UserAction 类注入业务 Bean。

（7）配置声明式事务。

（8）配置 web.xml 加载 Spring IoC 容器。

（9）实现注册、登录页面。

➢ 参考解决方案

用户 DAO 接口和实现类的代码如下。

```
public interface UserDao {

    /**
     * 添加用户
     * @param user 用户
     */
    public void save(User user);

    /**
     * 删除用户
     * @param user 用户
     */
    public void delete(User user);

    /**
     * 修改用户
     * @param user 用户
     */
    public void update(User user);
```

```
    /**
     * 按 id 获取用户
     * @param id 用户编号
     * @return 返回用户
     */
    public User findById(java.lang.Integer id);

    /**
     * 按条件查询用户列表
     * @param instance 查询条件
     * @return 返回用户列表
     */
    public List<User> findByExample(User instance);

    /**
     * 按属性值查询用户列表
     * @param propertyName 属性名
     * @param value 属性值
     * @return 返回用户列表
     */
    public List<User> findUserByProperty(String propertyName, Object value);

    /**
     * 获取全部用户列表
     * @return 返回全部用户列表
     */
    public List<User> findAll();

}
```

实现类略。

用户业务 Service 接口和实现类的代码如下。

```
public interface UserBiz {
    /**
     * 登录
     * @param name      用户名
     * @param password 密码
     * @return 登录成功返回登录成功的用户信息，登录失败返回 null
     */
    public User login(String name, String password);

    /**
```

```
     * 用户注册
     * @param user 用户
     * @return 返回是否注册成功
     */
    public boolean register(User user);

    /**
     * 验证是否重名
     * @param name 输入用户名
     * @return 返回是否重名
     */
    public boolean validate(String name);

    /**
     * 按编号查询用户
     * @param id 用户编号
     * @return 返回用户信息
     */
    public User getUserById(Integer id);

}
```

实现类略。

任务 6 使用 HibernateCallback 开发自定义功能

虽然 HibernateTemplate 针对 Hibernate Session 提供了大量封装好的方法，简化了 Hibernate DAO 的开发，但它也失去了直接使用 Hibernate Session 的灵活性，在实现一些特殊功能的时候，HibernateTemplate 可能就无法解决了。例如，HibernateTemplate 提供了 setMaxResults( ) 方法，但是没有提供 setFirstResult( ) 方法，这样如果想通过 HQL 方式实现分页查询就变得复杂了。为了解决这个问题，Spring 提供了 HibernateCallback 接口。HibernateTemplate 则提供了一些方法和该接口配合。下面介绍其中一个常用的方法。

public <T> T execute(HibernateCallback<T> action) throws DataAccessException： 该方法是一个通用的执行回调功能的方法。

接下来就以使用 HQL 执行分页查询为例，介绍 HibernateCallback 的用法。在 DAO 类中添加分页查询的方法，关键代码如示例 17 所示。

示例 17

```
public List<House> query(final int first, final int size) {
    return this.getHibernateTemplate().execute(
        new HibernateCallback<List<House>>(){
```

```
            public List<House> doInHibernate(Session session)
                    throws HibernateException, SQLException {
                Query query =session.createQuery("from House");
                query.setFirstResult(first);
                query.setMaxResults(size);
                return query.list();
            }});
    }
```

HibernateCallback 接口中声明有 doInHibernate( ) 方法，该方法以 Hibernate Session 为参数，在该方法的实现中，就可以通过输入参数得到原始的 Hibernate Session，从而实现自定义的操作。

HibernateTemplate 的 execute( ) 方法要求提供一个 HibernateCallback 接口的实例作为参数，该方法执行时会调用该实例的 doInHibernate( ) 方法，并为该方法传入原始的 Hibernate Session 对象，从而实现自定义功能的调用。

在示例 17 的代码中，并没有事先定义一个 HibernateCallback 接口的实现类，而是把接口的实现及实例化的过程合二为一，这种用法叫作匿名内部类。当一个类不会在其他地方重用，仅用于唯一的一处功能时，采用此种做法可以减少不必要的类文件并控制该类的可见范围。

注意

当把方法中的局部变量传递给它的内部类使用时，必须把该变量声明为 final，如示例 17 中的 first 和 size 变量。

HibernateTemplate 和 HibernateCallback 是一种典型的模板设计模式，模板模式在 Spring 框架中的应用还有很多，它的设计思想：HibernateTemplate 提供了常用方法的封装，以简化编程；HibernateCallback 提供了对原始 Session API 的调用，解决了 HibernateTemplate 灵活性不足的问题。二者相互配合，兼顾开发效率和灵活性，是一种很好的解决方案。

任务 7　Spring 和 Struts 2 整合进阶

第二种整合方式的配置过程

前面介绍了 Spring 和 Struts 2 的整合方法，但有些时候，这种自动注入的方式显得灵活性不足，无法满足需求。为了解决这类问题，可以把 Action 像业务类和 DAO 一样声明在 Spring 的配置文件中，这样就可以更加灵活地配置 Action 了。关键代码如示例 18 所示。

示例 18

```
<!-- 在 Spring 配置文件中配置 Action Bean，注意 scope="prototype" 属性 -->
<bean id="userAction" class="cn.houserent.action.UserAction"
        scope="prototype">
        <property name="userBiz" ref="userBiz"></property>
</bean>
```

在 struts.xml 中配置 Action：

```
<!—- 省略 struts.xml 其他配置 -->
<!-- class 属性的值不再是 Action 类的全限定名，而是 Spring 配置文件中相应的
    Action Bean 的名称 -->
<action name="user" class="userAction">
    <result name="register_success">/page/success.jsp</result>
    <result name="register_input">/page/register.jsp</result>
    <result name="login_success" type="redirectAction">manage</result>
    <result name="login_input">/page/login_struts2.jsp</result>
</action>
```

需要注意的是，采用此种配置方式时，Action 的实例是由 Spring 创建的，Struts 2 框架的工厂类只需根据 Action Bean 的 id 查找该组件使用即可，所以 struts.xml 中 Action 的配置代码也发生了变化，<action> 标签的 class 属性的值不再是 Action 类的全限定名，而是 Spring 配置文件中该 Action Bean 的 id。

此种方式可以对 Action 进行更灵活的配置，但代价是需要在 Spring 配置文件中定义很多 Action Bean，增加了配置工作量，如非必需，应优先考虑 11.4 节的整合方法。

提示

采用此种配置方式时，同样需要在工程中添加 struts2-spring-plugin-2.3.16.3.jar 文件。

最后，解释一下在 Spring 中配置 Action Bean 时出现的 scope 属性。

singleton 是默认采用的作用域，即默认情况下 Spring 为每个 Bean 仅创建一个实例。对于不存在线程安全问题的组件，采用这种方式可以大大减少创建对象的开销，提高运行效率。

而对于存在线程安全问题的组件，如 Struts 2 的 Action，则不能使用 singleton 模式，可以使用 prototype 作用域，关键代码如下。

```
<!-- 指定 Bean 的作用域为 prototype -->
<bean id="userAction" class="cn.houserent.action.UserAction" scope="prototype">
        ......
</bean>
```

这样 Spring 在每次获取该组件时，都会创建一个新的实例，避免因为共用同一个实例而产生问题。

对于 Web 环境下的应用，还可以使用 request、session、global session 这三种作用域，配置方式如下。

```
<!-- 指定 Bean 的作用域为 request, 对于每次请求都创建一个新的实例 , 避免受到上一次请求状态的影响 ,Struts 2 的 Action 也可以采用该作用域 -->
<bean id="userAction" class="cn.houserent.action.UserAction" scope="request"/>

<!-- 指定 Bean 的作用域为 session, 在会话范围内共享 Bean 的实例 , 实现有状态的操作 -->
<bean id="xxx" class="Xxx" scope="session" />

<!-- 指定 Bean 的作用域为 global session -->
<bean id="xxx" class="Xxx" scope="globalSession" />
```

但需要强调的是，在使用 Web 环境下的作用域时，还要在 web.xml 文件中配置一个请求监听器，这样 Spring 才能感知请求，做出相应的操作。web.xml 中监听器配置的代码如下。

```
<listener>
    <listener-class>
        org.springframework.web.context.request.RequestContextListener
    </listener-class>
</listener>
```

对于不支持监听器的低版本 Web 容器（Servlet 2.3 及更早的版本），还可以使用过滤器代替。关键代码如下。

```
<filter>
    <filter-name>requestContextFilter</filter-name>
    <filter-class>
        org.springframework.web.filter.RequestContextFilter
    </filter-class>
</filter>
<filter-mapping>
    <filter-name>requestContextFilter</filter-name>
    <url-pattern>/*</url-pattern>
</filter-mapping>
```

技能训练

上机练习 2——使用 HibernateCallback 实现分页查询功能

➢ 需求说明

（1）使用 HibernateCallback 实现对房屋信息的分页查询。

（2）采用在 Spring 配置文件中配置 Action 的方式实现 Struts 2 与 Spring 的整合。

（3）合理配置 Action Bean 的作用域。

提示

关键代码参考示例 17 和示例 18。

任务 8 使用注解整合 SSH 框架

到目前为止，我们在集成 SSH 时都是在 XML 配置方式下实现的，主要包括对 struts.xml、applicationContext.xml、hibernate.cfg.xml 及 Hibernate 的 ORM 映射文件（如 House.hbm.xml）的管理与配置。特别是在 applicationContext.xml 和 ORM 映射文件中，当项目逐渐积累，其配置项会存在大量重复性工作，这会降低开发效率，所以我们要尽量避免这些不必要的重复性劳动。在前面我们分别学习过 Hibernate 和 Spring 的注解，使用注解也可以实现 SSH 集成。XML 配置方式与注解方式对比如下：

使用注解整合 SSH

- XML 配置方式：可读性好、可扩展性好、可维护性好，但是开发效率低。
- 注解方式：可以减少配置工作，提高开发效率。不足的是，注解和 Java 代码在同一文件中，虽然可提高内聚性，但如果对系统配置信息等进行调整和修改，则不得不修改 Java 文件，不够灵活、可扩展性差。

由此可看出，两者各有优缺点，通常我们在项目开发过程中是将两种方式取长补短，结合使用。比较好的做法是将配置项中不会变化或极少变化的部分使用注解，而经常变化或可能变化的部分采用 XML 配置方式。事实证明经常变化的部分都是少数，对其使用 XML 配置，而对大量的不变化的部分采用注解方式，这样既能够提高开发效率，又不会失去灵活性和可扩展性。

11.8.1 使用 Hibernate 注解配置 ORM 映射

对租房系统中的持久化类进行改造，使用注解实现 ORM 映射，如示例 19 所示。

示例 19

```
@Entity
@Table(name="HOUSE")
public class House implements java.io.Serializable {
    @Id
    @GeneratedValue(strategy = GenerationType.SEQUENCE,
                    generator = "seq_house")
```

```
    @SequenceGenerator(name = "seq_house", sequenceName = "SEQ_ID")
    private Integer id;

    @ManyToOne(fetch = FetchType.LAZY)
    @JoinColumn(name = "'USER_ID'")
    private User user;

    @ManyToOne(fetch = FetchType.LAZY)
    @JoinColumn(name = "'TYPE_ID'")
    private Type type;

    @ManyToOne(fetch = FetchType.LAZY)
    @JoinColumn(name = "'STREET_ID'")
    private Street street;

    @Column(name = "'TITLE'")
    private String title;

    @Column(name = "'DESCRIPTION'")
    private String description;

    @Column(name = "'PRICE'")
    private Double price;

    @Column(name = "'PUBDATE'")
    private Date date;

    @Column(name = "'FLOORAGE'")
    private Integer floorage;

    @Column(name = "'CONTACT'")
    private String contact;

    // 省略构造方法及 getter、setter
    ...
}
```

使用 Hibernate 注解后，在配置 SessionFactory 的对象关系映射时将不再需要 XML 配置文件，如 House.hbm.xml，同时由 AnnotationSessionFactoryBean 的 packagesToScan 属性替代 mappingResources 来完成注解映射类添加，如示例 20 所示。

示例 20

```
<!-- 定义 SessionFactory Bean -->
<bean id="sessionFactory"class="org.springframework.orm.hibernate3.annotation
```

```
                        .AnnotationSessionFactoryBean">
    <!-- AnnotationSessionFactoryBean 注入定义好的数据源 -->
    <property name="dataSource">
        <ref bean="dataSource" />
    </property>
    <!-- 添加 Hibernate 配置参数 -->
    <property name="hibernateProperties">
        <props>
            <prop key="hibernate.dialect">
                org.hibernate.dialect.Oracle10gDialect
            </prop>
            <prop key="hibernate.show_sql">true</prop>
            <prop key="hibernate.format_sql">true</prop>
        </props>
    </property>
    <!-- 加载由注解定义的持久化类 -->
    <property name="packagesToScan" value="cn.houserent.entity" />
</bean>
```

通过 packagesToScan 属性，可以添加某个包下的所有带注解的持久化类，对于持久化类数量很多的情况，这样做可以简化配置。

PackagesToScan 属性也可接受多个包路径，用英文逗号隔开即可。

通过以上改造便完成了 Spring 容器对 Hibernate 注解的支持，减少了对 ORM 映射文件的依赖。

11.8.2 使用 Spring 注解进行 SSH 框架整合

为了减少 applicationContext.xml 配置文件的代码量，我们使用 Spring 注解改造房屋模块。首先开启 Spring 注解扫描，在使用前需引入 context 命名空间，然后在 DAO、业务类中使用注解。

在 applicationContext.xml 中加入如下代码。

```
<context:component-scan base-package="cn.houserent"/>
```

DAO 中的关键代码如示例 21 所示。

示例 21

```
@Repository("houseDao")
public class HouseDaoImpl extends HibernateDaoSupport  implements HouseDao{

    public HouseDaoImpl(){}     // 保留无参构造方法
    @Autowired                  // 使用注解构造注入
    public HouseDaoImpl(@Qualifier("sessionFactory")
                                SessionFactory sessionFactory){
```

```
        this.setSessionFactory(sessionFactory);
    }
    // 省略其他接口实现方法 ...
}
```

业务类中的关键代码如示例 22 所示。

示例 22

```
@Service("houseBiz")
public class HouseBizImpl implements HouseBiz {
    @Autowired
    @Qualifier("houseDao")
    private HouseDao houseDao;
    // 省略 getter、setter 及其他接口实现方法 ...
}
```

前面提过 Struts 2 与 Spring 集成时有两种方式。

- 方式一：Struts 2 自己创建 Action，Action 所依赖的业务对象交由 Spring 来管理。
- 方式二：Action 及其依赖的业务对象都交由 Spring 来创建管理。

通常我们推荐使用方式一，此时在 IoC 容器中不存在 Action 配置项，故在 Action 中就没有使用 Spring 注解的必要了。在 struts.xml 中 <action> 元素的 class 属性直接使用全类名配置即可，到此使用 Spring 注解便完成了 SSH 框架的整合。

但在方式二中，Action 也可以使用注解完成，而不用在 applicationContext.xml 中配置。Action 关键代码如示例 23 所示。

示例 23

```
@Controller("manage")
public class Manage extends ActionSupport{
    @Autowired
    @Qualifier("houseBiz")
    private HouseBiz houseBiz;
    // 省略 getter、setter 及其他方法 ...
}
```

struts.xml 中的关键代码：

```
<action name="manage" class="manage" method="list">
    <result name="list">/page/manage.jsp</result>
    <result name="ajaxlist">/page/result.jsp</result>
</action>
```

通过上述改造后即可将如下代码从 applicationContext.xml 中删除。

```
<!-- 配置 DAO -->
<bean id="houseDao" class="cn.houserent.dao.impl.HouseDaoImpl">
    <property name="sessionFactory" ref="sessionFactory" />
```

```
</bean>
<!-- 省略其他 DAO -->...

<!-- 配置业务层 -->
<bean id="houseBiz" class="cn.houserent.service.impl.HouseBizImpl">
    <property name="houseDao" ref="houseDao"></property>
</bean>
<!-- 省略其他业务类 -->...

<!--Spring 管理 Action-->
<bean id="manage" class="cn.houserent.action.Manage" scope="prototype">
    <property name="houseBiz" ref="houseBiz"></property>
</bean>
```

到此便完成了由 XML 配置向注解配置的转换，可以看出目前只需在 application Context.xml 中配置少量的关键代码即可完成 SSH 框架的集成。

11.8.3 使用 Spring 注解配置声明式事务管理

使用 XML 配置方式在实现声明式事务处理时，需要定义事务管理器、事务属性及事务切面。其本质是在 AOP 基础之上，对指定的业务方法前后进行拦截，在方法开始前就加入一个事务，在方法之后根据执行情况决定提交或回滚。使用注解则更简单，只需在需要加入事务的业务类或方法前，添加 @Transactional 即可。需要注意一点，当 @Transactional 作用在类上时，类中所有 public 方法都具有该事务属性。

具体步骤如下。

（1）定义事务管理器，与 XML 配置方式相同。

（2）在 applicationContext.xml 中开启事务注解支持，如示例 24 所示。

（3）在需要加入事务的业务类或方法前添加 @Transactional 注解，如示例 25 所示。

示例 24

```
<!-- 开启事务的注解支持 -->
<tx:annotation-driven transaction-manager="txManager"/>
<!-- 省略其他配置 -->
```

示例 25

```
@Service("houseBiz")
public class HouseBizImpl implements HouseBiz {

    @Autowired
    @Qualifier("houseDao")
    private HouseDao houseDao;
    public void setHouseDao(HouseDao houseDao) {
        this.houseDao = houseDao;
    }
```

```
    @Transactional // 使用注解实现声明式事务
    public boolean save(House house){
        try {
            houseDao.save(house);
            return true;
        } catch (RuntimeException e) {
            return false;
        }
    }
  // 省略其他接口实现方法 ...
}
```

由此可见，相比 XML 配置方式，省去了事务切面的配置，简单了许多。@Transactional 提供的默认事务属性能够满足大部分应用情况，如果需要调整可以通过 @Transactional 注解的属性来指定。代码如下。

```
@Transactional(propagation=Propagation.REQUIRED,
                    isolation=Isolation.DEFAULT,readOnly=true)
```

表示事务属性如下。

- 传播行为：如果存在一个事务，则加入当前事务。
- 隔离级别：使用数据库的默认隔离级别。
- 事务类型：只读事务。

技能训练

上机练习 3——改造用户登录的业务逻辑，使用注解实现注入

- 需求说明

在使用 XML 配置方式集成完成 SSH 的基础上，将用户登录模块改造为使用注解实现，包括 Hibernate 注解和 Spring 注解。

- 实现思路及关键代码

（1）使用 Hibernate 注解完成 ORM 映射。

（2）添加 Spring 注解扫描。

（3）为 UserDaoImpl 类添加注解并构造注入 SessionFactory。

（4）为 UserBizImpl 类添加注解并自动装配 UserDao。

（5）使用注解实现声明式事务。

（6）使用第一种方式实现 Struts 2 与 Spring 的集成。

本章总结

- SSH 框架整合的系统架构，Action、Service、DAO、SessionFactory、DataSource 都可以作为 Spring 的 Bean 组件管理。

- 在 Spring 中配置数据源，在此基础上配置 SessionFactory 并注入数据源。
- 通过 HibernateDaoSupport 简化 Hibernate DAO 的编码。
- 在 DAO 中使用 HibernateTemplate 和 HibernateCallback。
- 使用 Spring 的声明式事务管理。
- 使用插件整合 Spring 和 Struts 2 框架。
- 使用注解实现 SSH 集成。

本章练习

1．根据你的理解，讲讲什么是声明式事务及其配置的要点。

2．根据你的理解，说明 Struts 2、Spring 和 Hibernate 集成要注意什么。

3．Spring 如何简化 Hibernate 编码？ Spring 如何管理 SessionFactory ？

4．某仓库管理系统中有库存表，结构如表 11-2 所示。

表 11-2　库存表 stock 的结构

字段名称	数据类型	说　　明
stock_id	number	物品编号
name	varchar2	物品名称
unit	varchar2	计量单位
now_stock	number	当前库存数
address	varchar2	存放地点
memo	varchar2	备注

现要求对库存表里的数据进行入库、出库管理，同时获取表单提交的入库内容，插入数据库，并对出库的物品修改库存数量。要求如下。

- 使用 SSH（Struts 2+Spring+Hibernate）架构实现。
- 使用三层结构。
- 使用 Spring 配置声明式事务。

提示：Spring 配置文件代码片段如下。

```
<bean id="sessionFactory"
    class="org.springframework.orm.hibernate3.annotation
    .AnnotationSessionFactoryBean">
    <property name="configLocation">
        <value>classpath:hibernate.cfg.xml</value>
    </property>
</bean>
```

```
<bean id="txManager"
    class="org.springframework.orm.hibernate3
                .HibernateTransactionManager">
    <property name="sessionFactory" ref="sessionFactory" />
</bean>
<tx:advice id="txAdvice" transaction-manager="txManager">
    <tx:attributes>
        <tx:method name="get*" read-only="true" />
        <tx:method name="add*" propagation="REQUIRED" />
        <tx:method name="del*" propagation="REQUIRED" />
        <tx:method name="*" propagation="REQUIRED" read-only="true"/>
    </tx:attributes>
</tx:advice>
<aop:config>
    <aop:pointcut id="serviceMethod"
        expression="execution(* cn.stock.service.*.*(..))" />
    <aop:advisor advice-ref="txAdvice" pointcut-ref="serviceMethod"/>
</aop:config>
```

库存 DAO 接口的代码如下。

```
public interface StockDao {
    public List<Stock> getStockList();
    public void addStock(Stock stock);
    public void delStock(Stock stock);
}
```

实现类的代码如下。

```
public class StockDaoHibImpl extends HibernateDaoSupport implements
StockDao{
    public void addStock(Stock stock) {
        this.getHibernateTemplate().save(stock);
    }
    public List<Stock> getStockList() {
        List<Stock> list = this.getHibernateTemplate().find("from
            Stock");
        return list;
    }
    public void delStock(Stock stock) {
        this.getHibernateTemplate().delete(stock);
    }
}
```

随手笔记

附录

附录 1 安装 Oracle

（1）运行 Oracle 11g 的安装程序 setup.exe 文件。在出现的“配置安全更新”窗口（见附图 1.1）中，单击“下一步”按钮。

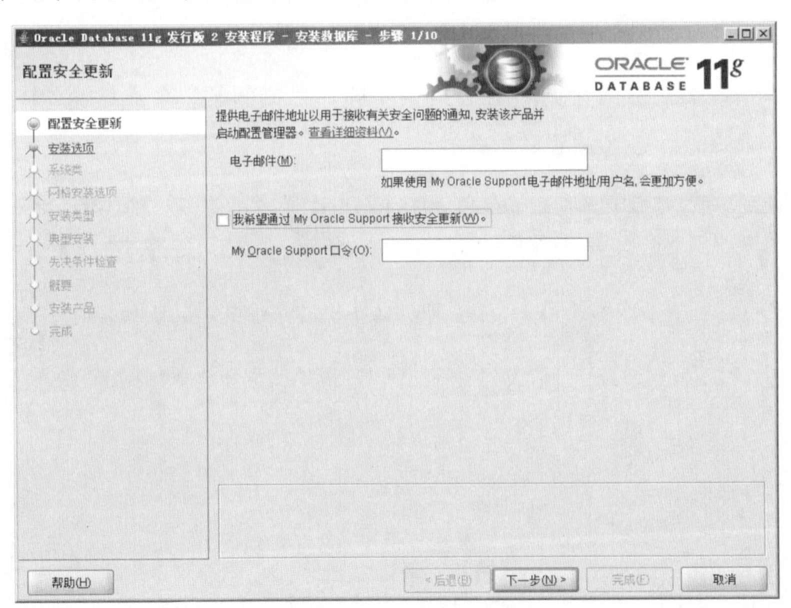

附图 1.1 配置安全更新

提示

取消勾选“我希望通过 My Oracle Support 接收安全更新”复选框，单击“下一步”按钮，此时会出现报错信息“未指定电子邮件地址”，忽略这个错误，单击“是”按钮。

（2）在“选择安装选项”窗口（见附图 1.2）中，选择“创建和配置数据库”单选按钮，单击“下一步”按钮。

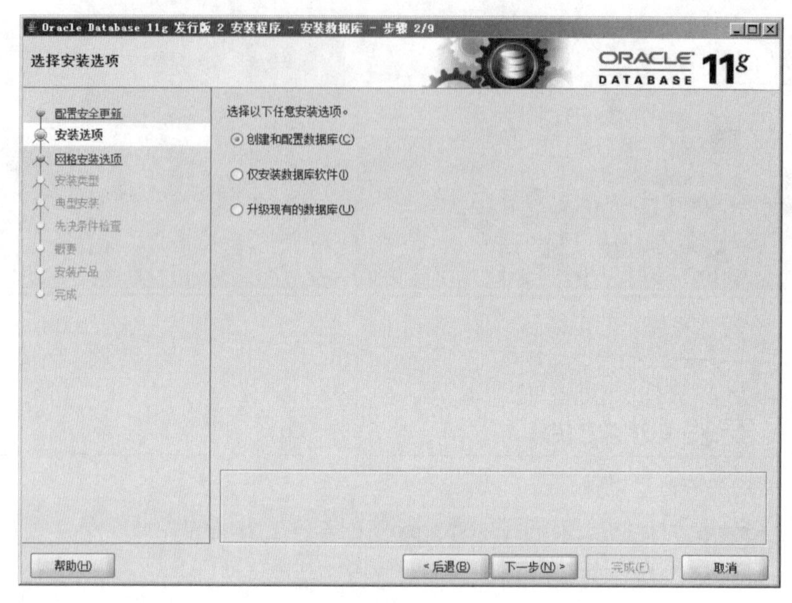

附图 1.2　选择安装选项

（3）在“系统类”窗口（见附图 1.3）中，选择“桌面类”单选按钮，单击“下一步”按钮。

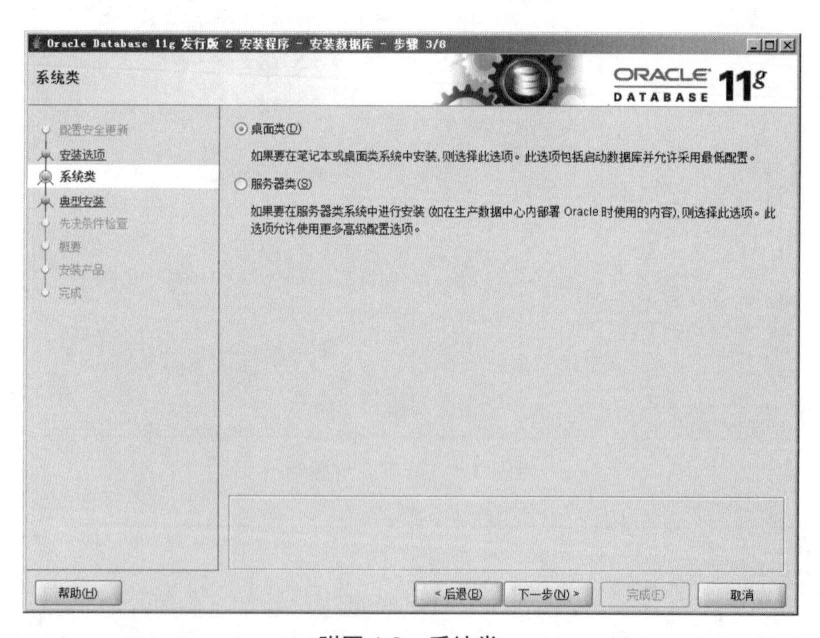

附图 1.3　系统类

（4）在“典型安装配置”窗口（见附图 1.4）中，选择 Oracle 的基目录，数据库版本选择“企业版”，全局数据库名为“orcl”（因为在本书中没有重名的数据库，所以不需要加域名）。输入统一密码为“orcl”，也可以输入其他，本书以此密码为例，单击“下一步”按钮。

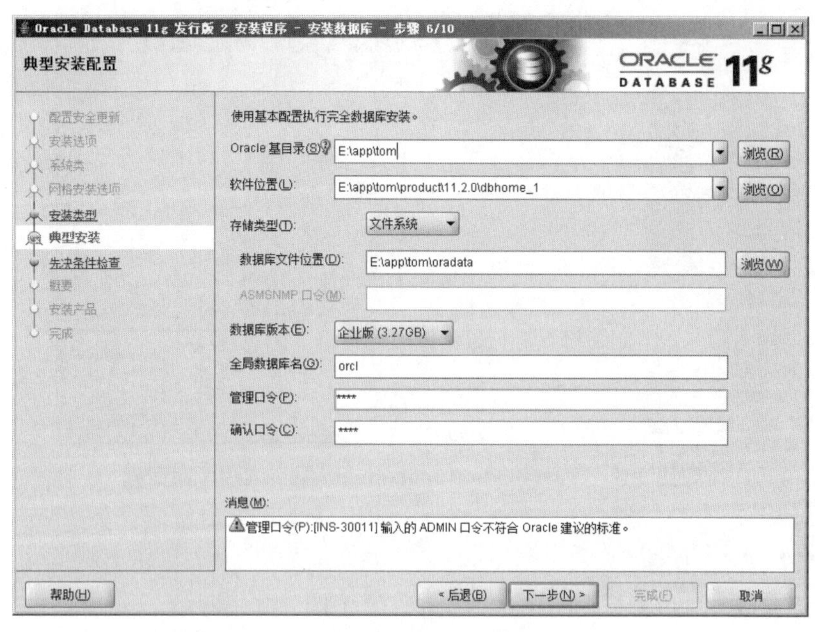

附图 1.4　典型安装配置

（5）在“概要”窗口（见附图 1.5）中，单击“完成”按钮，即可进行安装。

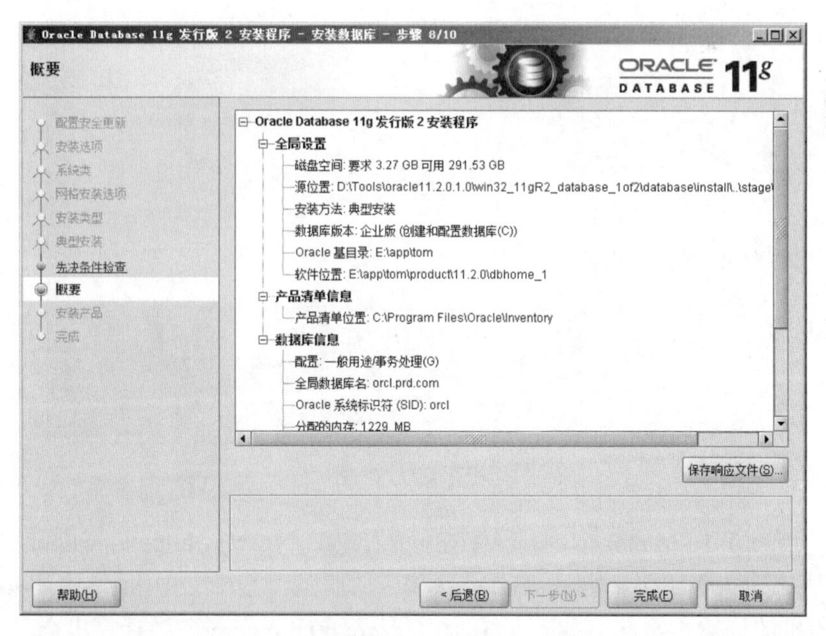

附图 1.5　概要

（6）数据库创建完成后，会出现“Database Configuration Assistant”对话框（见附图 1.6）。

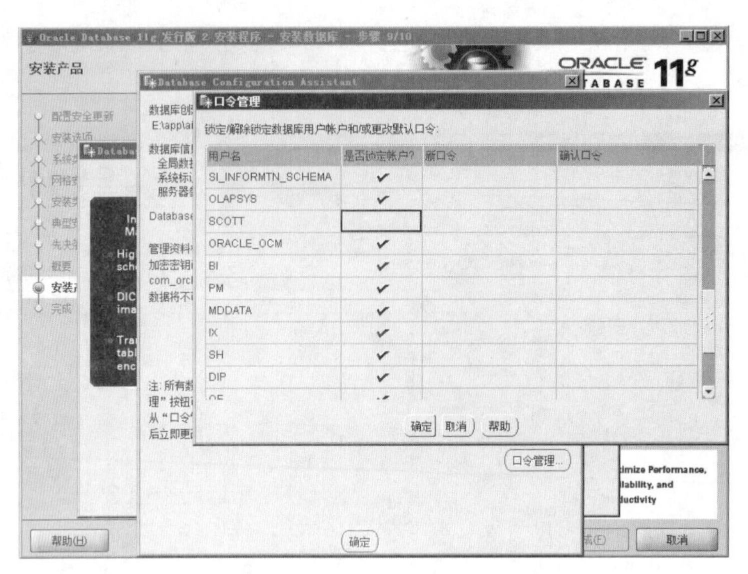

附图 1.6 “Database Configuration Assistant”对话框

单击“口令管理”按钮，将 SCOTT 用户解锁并为其指定密码，如“tiger”。修改完成后，单击“确定”按钮。

（7）在“完成”窗口（见附图 1.7）中，单击“关闭”按钮即可，至此 Oracle 安装完毕。

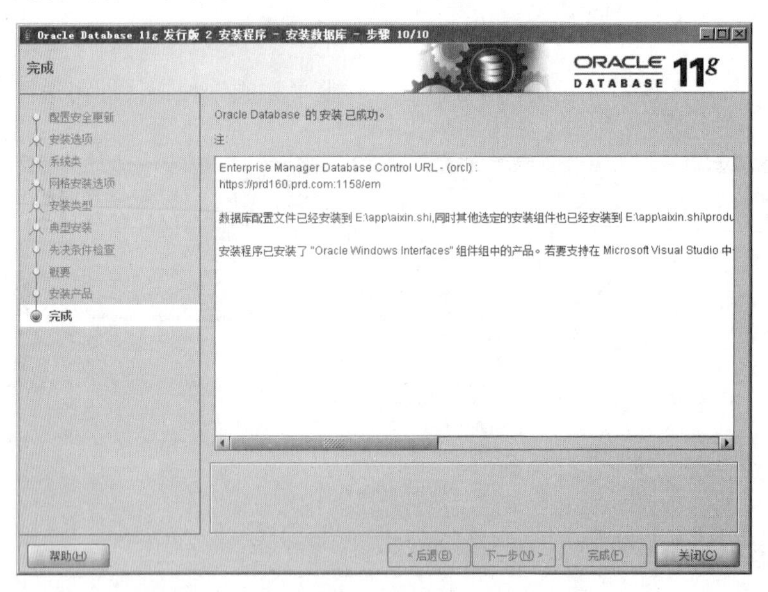

附图 1.7 完成

其中，Enterprise Manager Database Control URL - (orcl) : https://localhost:1158/em 为企业管理控制台的 URL 地址，需要启动相应的服务，其中 URL 地址中的 localhost 也可以写为本机的计算机全名，如附图 1.7 中的 prd160.prd.com 即为计算机全名。

Oracle 安装完成后，会在系统中进行服务的注册，在注册的这些服务中有以下两个服务必须启动，即 OracleOraDb11g_home1TNSListener 和 OracleServiceORCL，否则 Oracle 将无法正常使用，如附图 1.8 所示。

Oracle COMPANY VSS Writer Service		手动	本地系统
Oracle ORCL VSS Writer Service		手动	本地系统
OracleDBConsoleorcl		自动	本地系统
OracleJobSchedulerCOMPANY		禁用	本地系统
OracleJobSchedulerORCL		禁用	本地系统
OracleMTSRecoveryService		自动	本地系统
OracleOraDb11g_home1ClrAgent		手动	本地系统
OracleOraDb11g_home1TNSListener	已启动	自动	本地系统
OracleOraDb11g_home1TNSListenerlistener1		手动	本地系统
OracleServiceCOMPANY		自动	本地系统
OracleServiceORCL	已启动	自动	本地系统

附图 1.8　Oracle 服务

提示

如果没有安装成功，则需要卸载数据库重新安装。卸载数据库的过程并不像卸载一般应用软件那么简单，如果疏忽了一些步骤，就会在系统中留有安装 Oracle 数据库的痕迹，从而占用系统资源或者影响系统运行。

附录 2　配置数据库

配置 Oracle 服务器端与客户端都可以在其自带的图形化 Oracle 网络管理器（Oracle Net Manager）里完成（强烈建议在这个图形化的工具下完成 Oracle 服务端或客户端的配置）。

在 Windows 系统中，在“开始”菜单中依次选择“所有程序”→“Oracle - OraDb11g_home1”→“配置和移植工具”→“Net Manager”命令，启动 Oracle 网络管理器工具，如附图 2.1 所示。

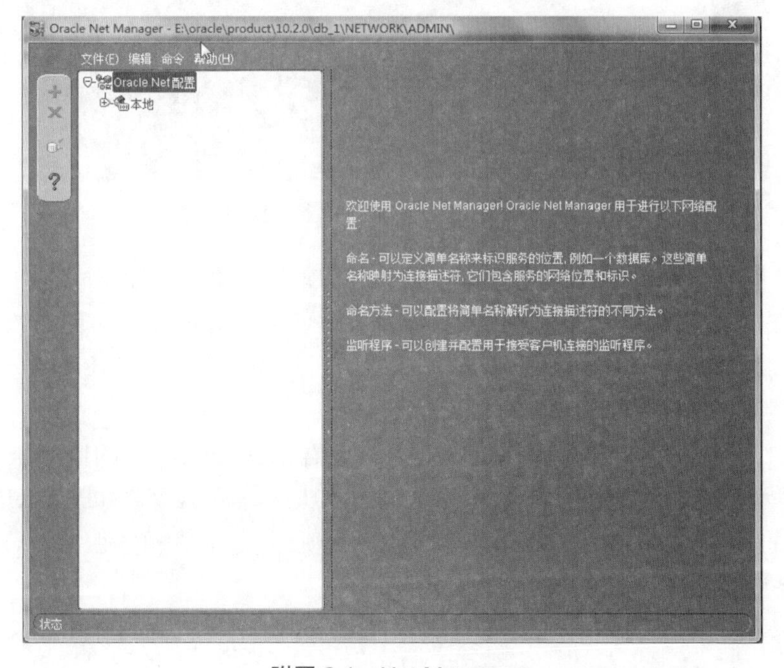

附图 2.1　Net Manager

1. Oracle 监听器配置 (LISTENER)

在安装 Oracle 数据库配置全局数据库时，监听程序就已经默认配置好了，实际上不用再配置监听程序。为了更好地掌握“监听程序配置”，现在再手动添加一个。选中树形目录中的监听程序项，默认已有一个监听程序 LISTENER。单击左上方的“+”按钮添加监听程序，单击“监听程序”目录，默认添加的监听器名称是 LISTENER1(该名称也可以由任意合法字符命名)。选中该名称，选中窗口右侧下拉列表中的“监听位置”选项，单击“添加地址”。在出现的“网络地址”栏的“协议”下拉列表中选中“TCP/IP”选项，在“主机”文本框中输入 IP 地址（此地址为 Oracle 数据库服务器安装机器的地址）或主机名称 (建议输入 IP 地址)。在“端口”文本框中输入数字端口，默认为 1521，如果已被使用，也可以自定义任意有效数字端口，如附图 2.2 所示。

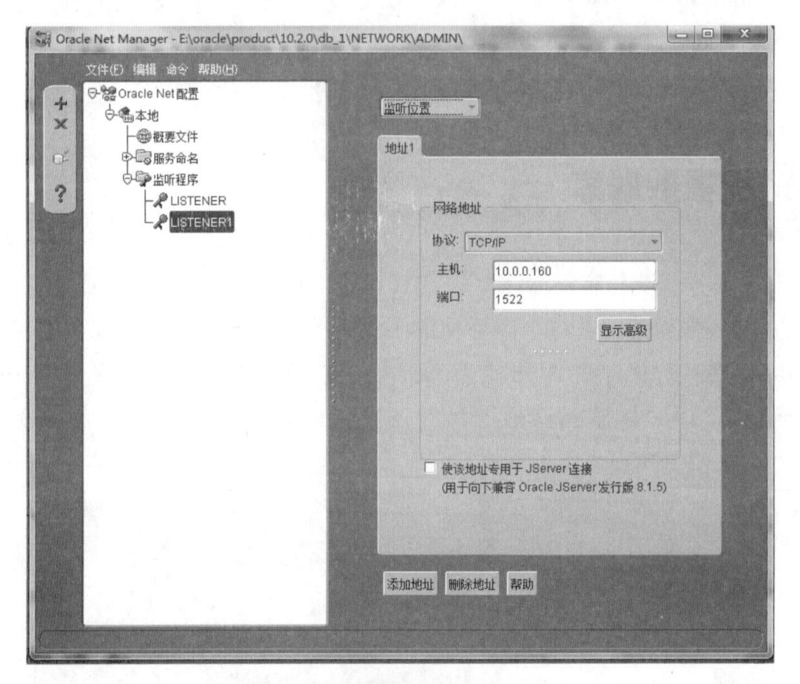

附图 2.2 “配置监听位置”窗口

选中窗口右侧下拉列表中的“数据库服务”选项，单击“添加数据库”。在出现的“数据库”栏中输入全局数据库名，如 orcl。注意这里的全局数据库名在创建数据库时就已经给定，通常与数据库 SID 一致。Oracle 主目录可以不填写，输入 SID（安装时对应的全局数据库名），如 ORCL，如附图 2.3 所示。

保存以上配置，可能在操作系统管理工具中看不到 Listener1 的监听服务，可以进入“命令提示符”，运行监听控制程序“LSNRCTL”，再运行“start listener1”，首次启动 Listener1 监听程序。为 Listener1 在操作系统服务里生成相关服务项，运行“stop listener1”停止 Listener1 监听服务。

Oracle 安装完后即可在 Oracle 安装目录下找到监听配置文件 (Windows 下如 Oracle 根目录 \dbhome_1\NETWORK\ADMIN\listener.ora)。至此，Oracle 服务端监听器配置就

完成了。

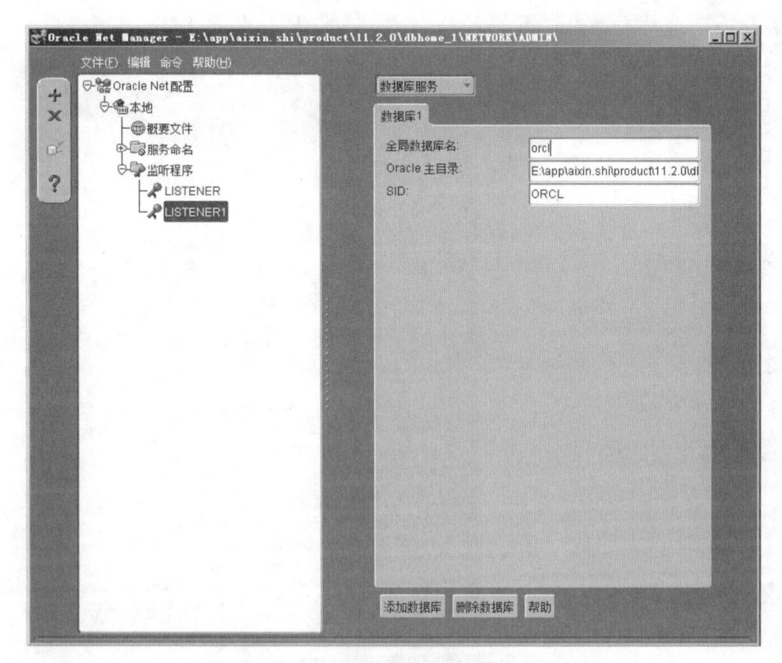

附图 2.3 “配置数据库服务”窗口

注意

按照以上说法配置完成后，会出现两个监听程序，一个是原来默认的监听程序 LISTENER，另一个是 LISTENER1。在后面的练习中将使用默认配置的监听程序 LISTENER，因此为了后面更好地练习，请在 LISTENER 监听程序中按以上方法也配置一个数据库服务。

2. **本地网络服务名配置** (Tnsnames)

本地网络服务名是基于 Oracle 客户端的网络配置，如果客户端需要连接数据库服务器进行操作，则需要配置该客户端。其依附对象可以是任意一台欲连接数据库服务器进行操作的 PC，也可以是数据库服务器自身。如前面所讲，可以利用 Oracle 自带的图形化管理工具 Net Manager 来完成 Oracle 客户端的配置，如附图 2.4 所示。

单击左上方的“+”按钮添加服务名程序，出现“Net 服务名向导”。输入一个网络服务名称，如附图 2.5 所示。

注意

（1）附图 2.5 中的网络服务名既不是全局数据库名也不是数据库 SID，只是为网络服务起的一个名称，可以是任意合法字符组成的服务名称。

（2）服务名称前不能有空格字符，否则将无法连接数据库服务器。

（3）该名称也被称为本地网络服务名。

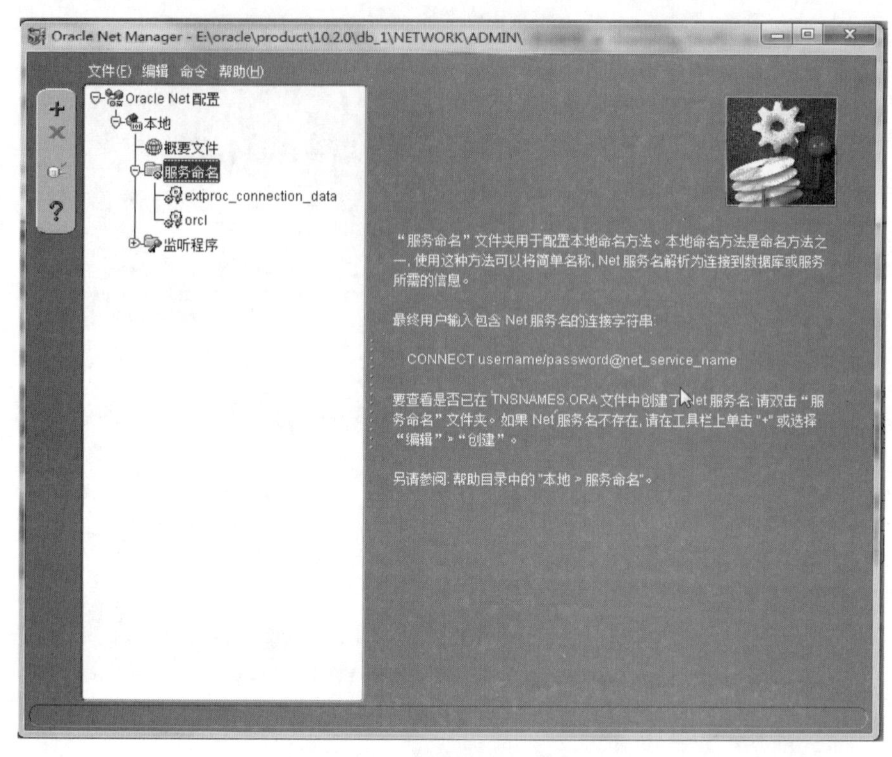

附图 2.4 “服务命名”窗口

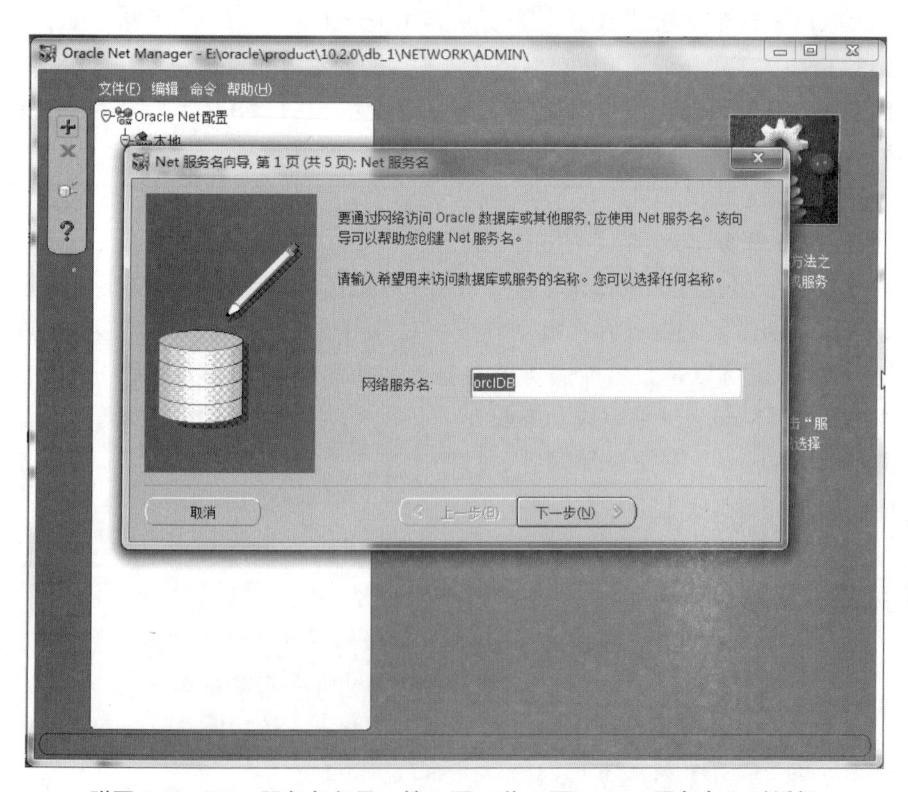

附图 2.5 “Net 服务名向导，第 1 页（共 5 页）：Net 服务名”对话框

按附图 2.6 至附图 2.8 所示步骤进行以下配置。

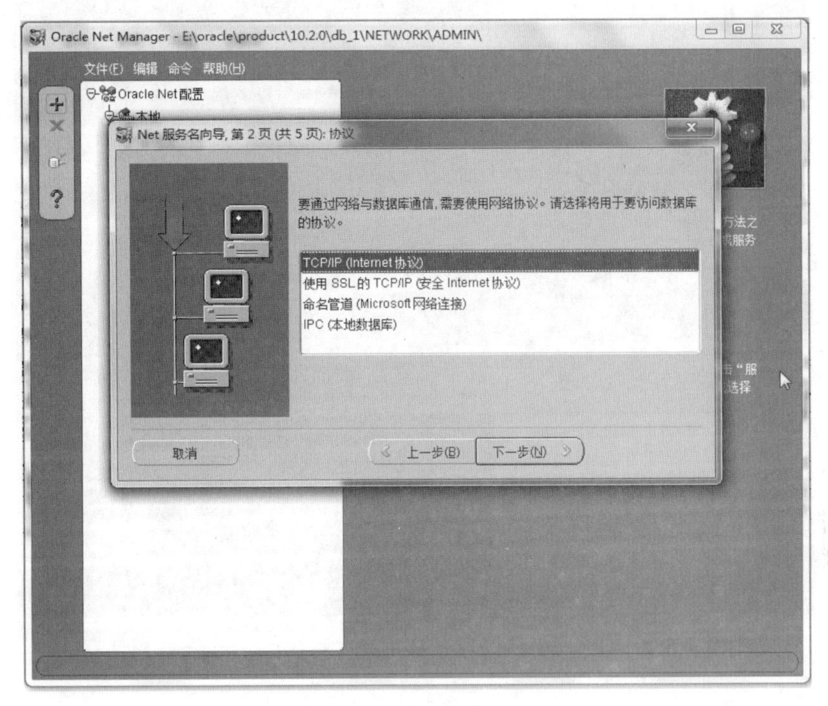

附图 2.6 “Net 服务名向导，第 2 页（共 5 页）：协议”对话框

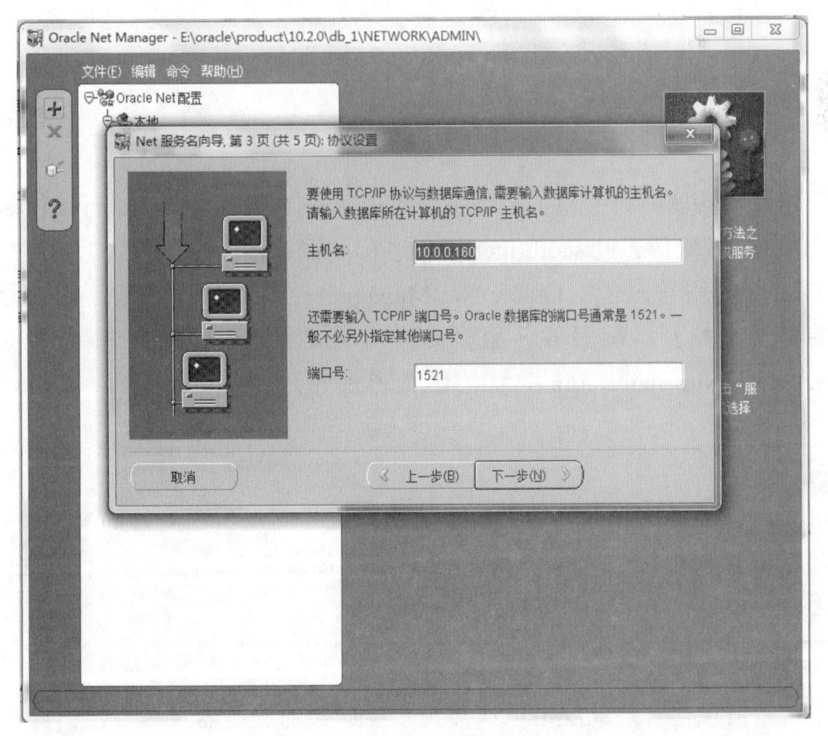

附图 2.7 “Net 服务名向导，第 3 页（共 5 页）：协议设置”对话框

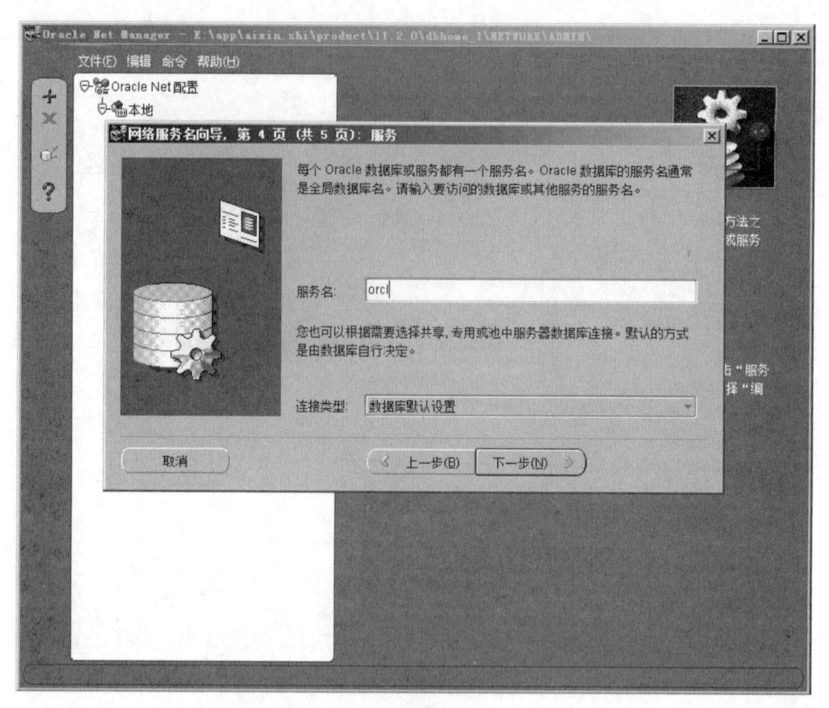

附图 2.8 “网络服务名向导，第 4 页（共 5 页）：服务”对话框

注意

附图 2.8 中的服务名必须与服务器端监听器配置中的数据库服务中的全局数据库名一致，否则连接时会出现“ORA-12514 TNS：监听进程不能解析在连接描述符中给出的服务”错误。

如果数据库服务器端相关服务启动了，可以单击“测试”按钮进行连接测试，如附图 2.9 所示。Oracle 默认通过 scott/tiger 用户进行测试连接。

回到 Oracle 网络管理器（Oracle Net Manager）主窗口，保存配置，默认即可在 Oracle 安装目录下找到本地服务名配置文件（Windows 下如 oracle 根目录 \dbhome_1\NETWORK\ADMIN\tnsnames.ora），如附图 2.10 所示。

提示

以上的服务器端和客户端的配置已经完成。可以打开对应的配置文件查看相关信息，通过图形化界面配置的信息都已经记录在 listener.ora 和 tnsnames.ora 两个配置文件中。

知道了这些信息，客户端就可以连接到想要连接的服务器。

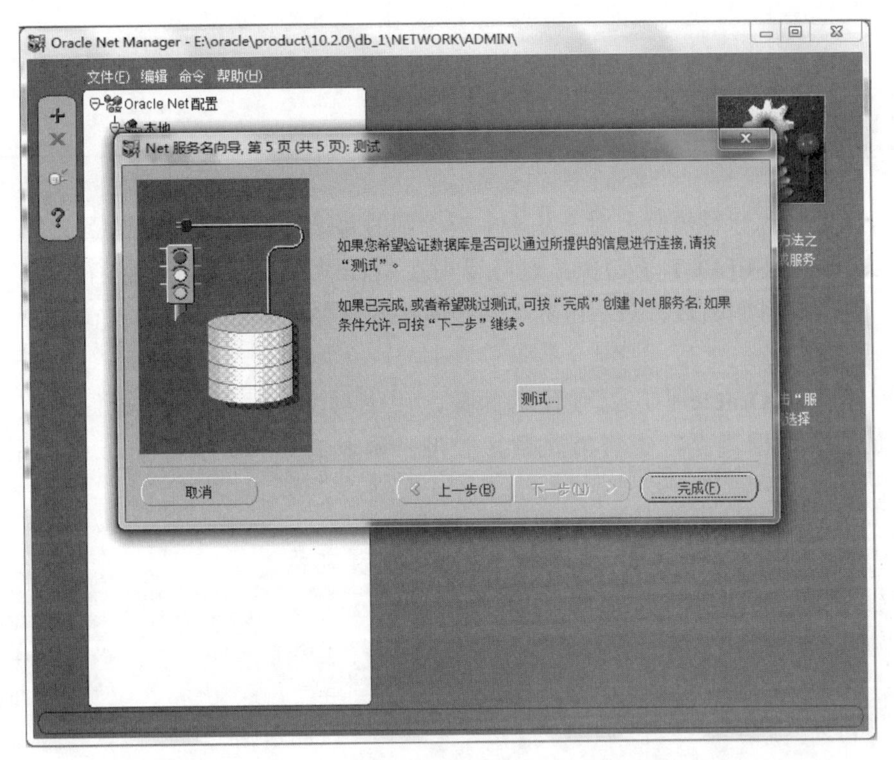

附图 2.9 “Net 服务名向导，第 5 页（共 5 页）：测试”对话框

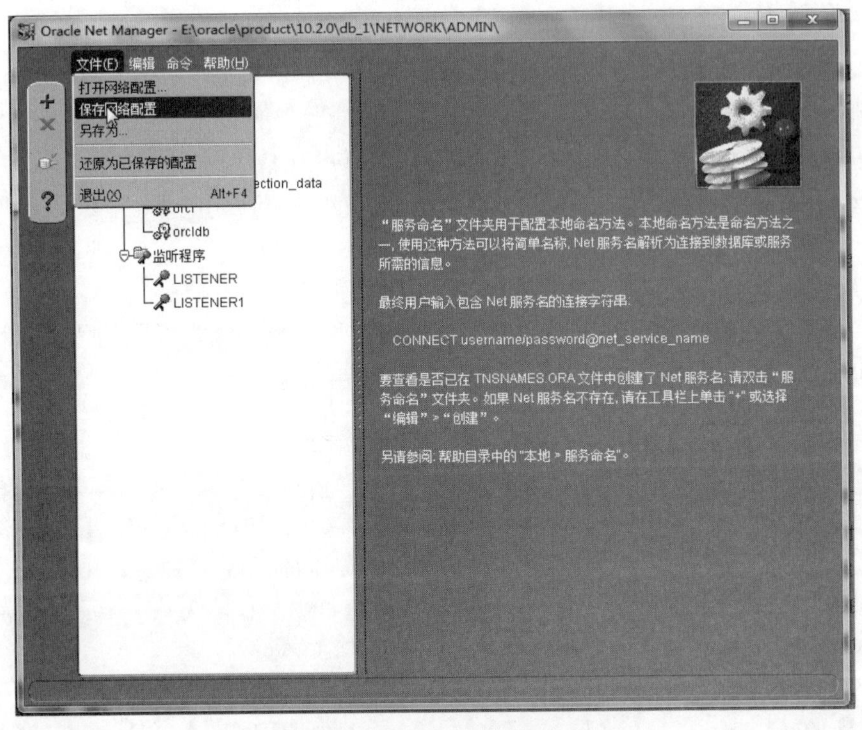

附图 2.10 “保存网络配置”窗口

附录 3 单行函数

单行函数也称标量函数，对于从表中查询到的每一行，该函数都返回一个值。单行函数可以出现在 SELECT 子句中，也可以用在 WHERE 子句中。单行函数可以大致划分为字符函数、日期函数、数字函数、转换函数和其他函数。

1. 字符函数

字符函数是 Oracle 中广泛使用的函数，用于对字符数据类型进行操作，操作结果可能是字符数据类型，也可能是数字类型。附表 3-1 列出了 Oracle 中常用的字符函数。

附表 3-1　常用的字符函数

函　　数	说　　明	输　　入	输出结果
INITCAP (char)	首字母大写	INITCAP ('hello')	Hello
LOWER (char)	转换为小写	LOWER ('FUN')	fun
UPPER (char)	转换为大写	UPPER ('sun')	SUN
LTRIM (char, set)	左剪裁	LTRIM ('xyzadams', 'xyz')	adams
RTRIM (char, set)	右剪裁	RTRIM ('xyzadams', 'ams')	xyzad
TRANSLATE (char, from, to)	按字符翻译	TRANSLATE ('Jack', 'abcd', '1234')	J13k
REPLACE (char, search_str, replace_str)	字符串替换	REPLACE ('jack and jue', 'j', 'bl')	black and blue
INSTR (char, substr[, pos])	查找子串位置	INSTR ('worldwide', 'd')	5
SUBSTR (char, pos, len)	取子字符串	SUBSTR ('abcdefg',3,2)	cd
CONCAT (char1, char2)	连接字符串	CONCAT ('Hello', 'world')	Helloworld

2. 数字函数

数字函数接受数字输入并返回数字作为输出结果。数字函数返回的值可以精确到小数点后 38 位。附表 3-2 列出了 Oracle 中常用的数字函数。

附表 3-2　常用的数字函数

函　　数	说　　明	输　　入	输出结果
ABS(n)	取绝对值	ABS(−15)	15
CEIL(n)	向上取整	CEIL(44.778)	45
SIN(n)	正弦	SIN(1.571)	.999999979
COS(n)	余弦	COS(0)	1
SIGN(n)	取符号	SIGN(−32)	-1
FLOOR(n)	向下取整	FLOOR(100.2)	100
POWER(m,n)	m的n次幂	POWER(4,2)	16

续表

函　数	说　明	输　入	输出结果
MOD(m,n)	取余数	MOD(10,3)	1
ROUND(m,n)	四舍五入	ROUND(100.256,2)	100.26
TRUNC(m,n)	截断	TRUNK(100.256,2)	100.25
SQRT(n)	平方根	SQRT(4)	2

3. **日期函数**

日期函数对日期值进行运算，根据函数的用途产生日期数据类型或数值类型的结果。附表 3-3 列出了 Oracle 中常用的日期函数。

附表 3-3　常用的日期函数

函　数	功　能	实　例	结　果
SYSDATE	返回当前日期	SELECT SYSDATE FROM　DUAL;	当前日期
MONTHS_BETWEEN	返回两个日期间相差的月份	MONTHS_BETWEEN ('04-11月-05','11-1月-01')	57.7741935
ADD_MONTHS	返回把月份数加到日期上的新日期	ADD_MONTHS('06-2月-03',1) ADD_MONTHS('06-2月-03',-1)	06-3月-03 06-1月-03
NEXT_DAY	返回指定日期后的星期对应的新日期	NEXT_DAY('06-2月-03','星期一')	10-2月-03
LAST_DAY	返回指定日期所在月的最后一天	LAST_DAY('06-2月-03')	28-2月-03
ROUND	按指定格式对日期进行四舍五入	ROUND(to_date('13-2月-03'),'YEAR') ROUND(to_date('13-2月-03'),'MONTH') ROUND(to_date('13-2月-03'),'DAY')	01-1月-03 01-2月-03 16-2月-03
TRUNC	对日期按指定方式进行截断	TRUNC(to_date('06-2月-03'),'YEAR') TRUNC(to_date('06-2月-03'),'MONTH') TRUNC(to_date('06-2月-03'),'DAY')	01-1月-03 01-2月-03 02-2月-03

提示

SQL>SELECT　SYSDATE　FROM　DUAL;

在该语句中 SYSDATE 为取得当前系统时间的函数；DUAL 为伪表，在 Oracle 的查询语句中要求 SELECT 和 FROM 关键字一定有值，但在某些情况下不需要 FROM，如查询常量或者函数。为了满足规定要求，Oracle 使用 DUAL 伪表来实现要求。

附录 4　卸载数据库

卸载 Oracle 11g 数据库的过程并不像卸载一般应用软件那么简单，如果疏忽了一些步骤，就会在系统中留有安装 Oracle 数据库的痕迹，从而占用系统资源或者影响系统运行。

可以按照以下步骤卸载，也可以从 Oracle 官方网站下载专门卸载的压缩包。目前 Oracle 公司免费提供 Oracle Database 11g 第 2 版 (11.2.0.1.0) 的卸载压缩包。

下面是卸载 Oracle 的具体步骤。

（1）在“服务”窗口中停止 Oracle 的所有服务。

（2）在“开始”菜单中依次选择“所有程序”→“Oracle - OraDb11g_home1”→“Oracle 安装产品”→“Universal Installer”命令，打开“Oracle Universal Installer（OUI）”窗口，如附图 4.1 所示。

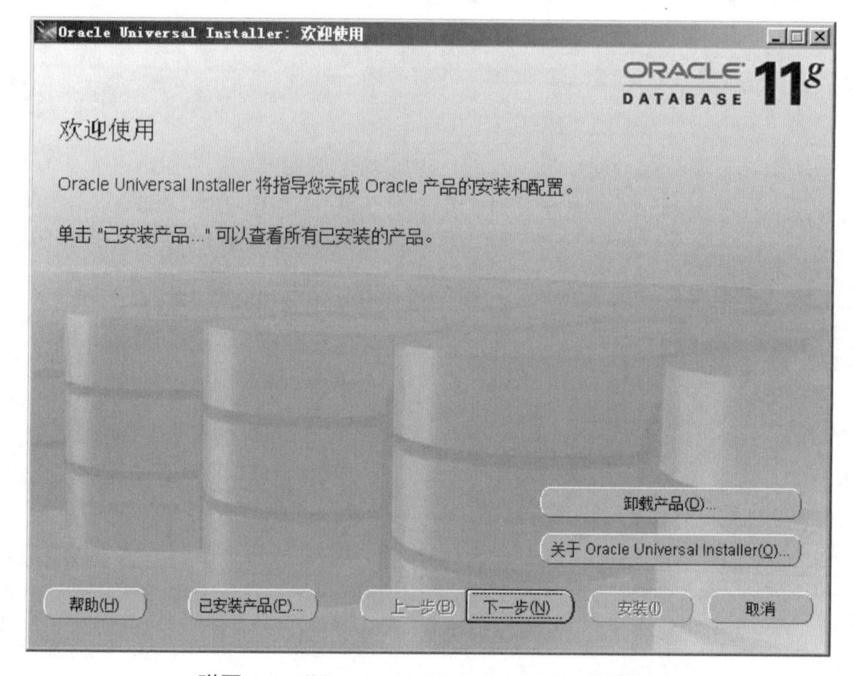

附图 4.1 “Oracle Universal Installer”窗口

提示

运行此程序时可能会报“程序异常终止”错误。解决方案之一是设置 Universal Installer 文件的属性，选择以 XP SP3 兼容模式和管理员身份运行此程序，这样卸载程序就可以继续运行了。

（3）单击“卸载产品”按钮，打开“产品清单”对话框，如附图 4.2 所示，选中要删除的 Oracle 产品，单击“删除”按钮，打开“确认删除”对话框。在“确认删除”对话框中单击“是”按钮，开始删除选择的 Oracle。

（4）删除对应的注册表项。运行 regedit 命令，打开注册表窗口。删除 HKEY_LOCAL_MACHINE\SOFTWARE\ORACLE 项，删除 HKEY_LOCAL_MACHINE\SYSTEM\

CurrentControlSet\Services 列表下所有 Oracle 项。

（5）重新启动计算机。

（6）删除 Oracle 的安装目录。

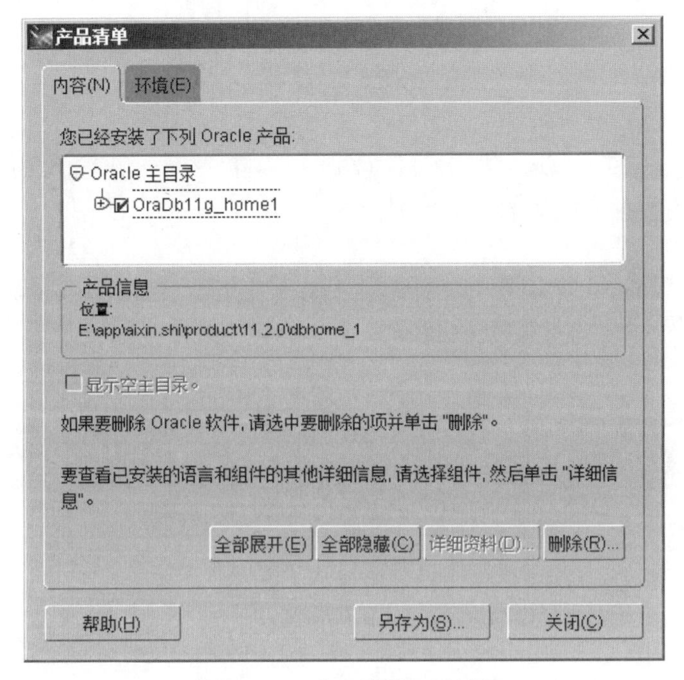

附图 4.2 “产品清单”对话框

附录 5 创建数据库连接

（1）单击 MyEclipse 右上角图标，进入 MyEclipse 数据库窗口，如附图 5.1 和附图 5.2 所示。

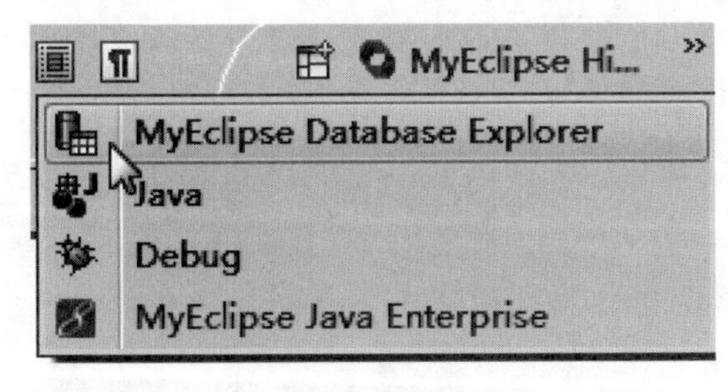

附图 5.1 MyEclipse Database Explorer

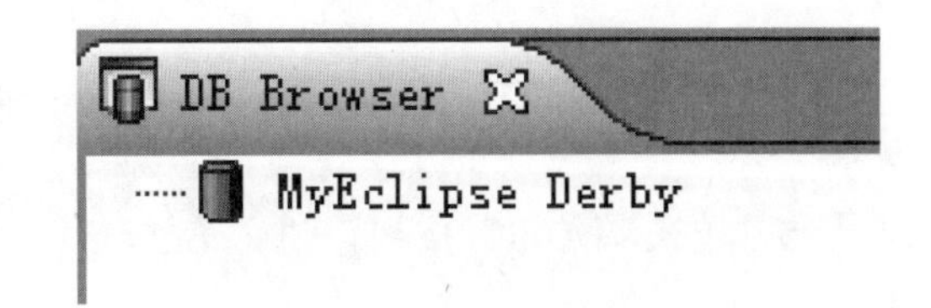

附图 5.2 DB Browser

（2）在“DB Browser”的空白处右击，弹出快捷菜单，如附图 5.3 所示。

附图 5.3 选项

（3）选择“New”选项，进入创建数据库连接界面，并输入相应内容，其中，house 为所创建的数据库连接的名称，如附图 5.4 所示。

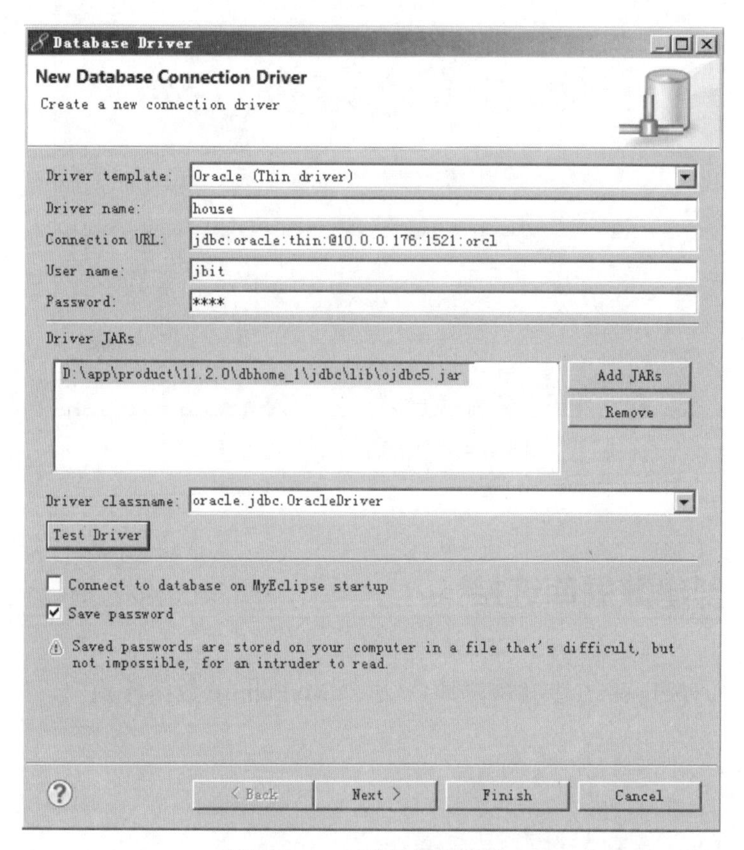

附图 5.4 创建数据库连接

（4）单击“Next”按钮，进入选择 Schema 的界面，选择需要的单选按钮，如附图 5.5 所示。

（5）单击“Add”按钮，进入 Schema 列表界面，选择所需的 Schema，如附图 5.6 所示。

（6）单击“OK”按钮，完成 Schema 的选择。单击附图 5.5 中的“Finish”按钮，数据库连接 house 创建成功。在已经创建好的数据库连接上右击，可以打开数据库连接。

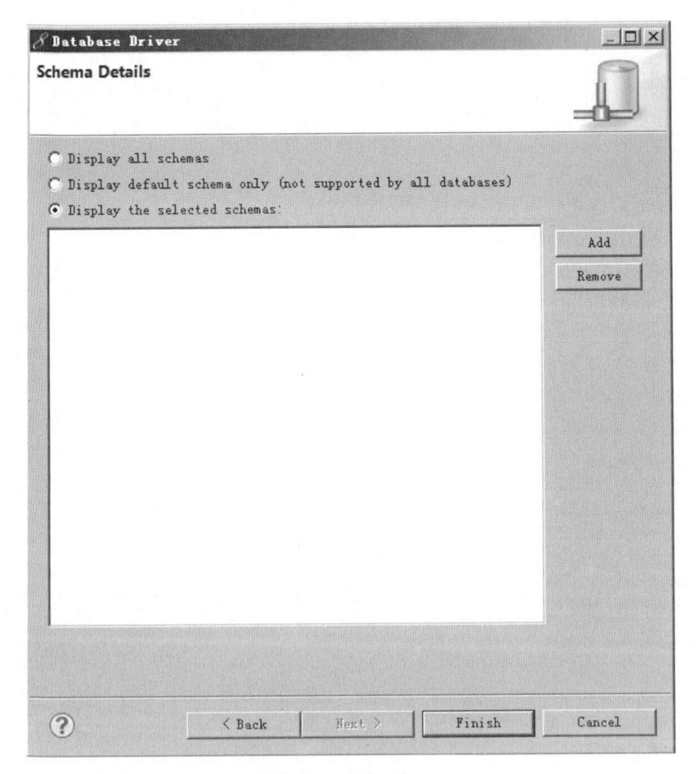

附图 5.5 选择 Schema

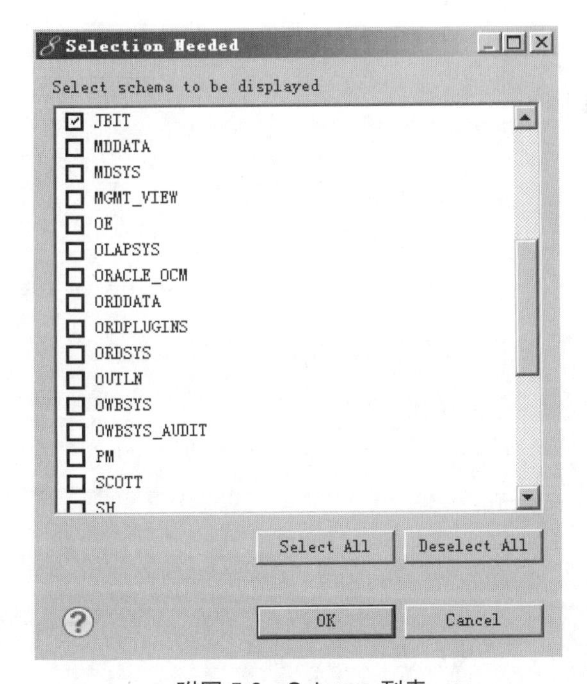

附图 5.6 Schema 列表

随手笔记